4

39,80

Hans J. Fahrenwaldt

Schweißtechnik

Aus dem Programm Fertigungstechnik

Werkzeugmaschinen, von B. Perović

Wirtschaftliche Fertigungstechnik, von H. Raab

Umformtechnik, von K. Grüning

Zerspantechnik, von E. Paucksch

Schweißtechnik
von H. J. Fahrenwaldt

Spanlose Fertigung, von E. Semlinger

Meß- und Prüftechnik, von M. Naumann

Fertigungsmeßtechnik, von E. Lemke

Vieweg

Hans J. Fahrenwaldt

Schweißtechnik

Verfahren und Werkstoffe

Mit 160 Abbildungen

Friedr. Vieweg & Sohn Braunschweig / Wiesbaden

CIP-Titelaufnahme der Deutschen Bibliothek

Fahrenwaldt, Hans J.:
Schweißtechnik: Verfahren u. Werkstoffe/
Hans J. Fahrenwaldt. – Braunschweig;
Wiesbaden: Vieweg, 1988
(Viewegs Fachbücher der Technik)
ISBN 3-528-04478-0

Der Verlag Vieweg ist ein Unternehmen der Verlagsgruppe Bertelsmann.

Die Wiedergabe der Normen erfolgt mit freundlicher Genehmigung des DIN Deutsches Institut für Normung e.V.

Umschlag: Hanswerner Klein, Leverkusen
Satz: Satzstudio Frohberg, Freigericht
Druck: Lengericher Handelsdruckerei, Lengerich
Printed in Germany

ISBN 3-528-04478-0

Vorwort

Das Schweißen ist nach wie vor das wichtigste Fügeverfahren. Eine große Zahl neuer, oft für besondere Anwendungsfälle entwickelte Verfahren ergänzt die klassischen Schweißverfahren; viele ältere Verfahren sind dafür in den Hintergrund getreten, wurden durch wirtschaftlichere verdrängt.

Das vorliegende Buch soll in der Nachfolge der von A. Puhrer 1968 im Verlag Fr. Vieweg & Sohn veröffentlichten „Schweißtechnik" die wichtigsten Verfahren des Schweißens, Lötens und Klebens in ihrem derzeitigen Entwicklungsstand und aktueller Anwendung vorstellen. Ergänzt wird diese Darstellung wie heute allgemein üblich durch die wichtigsten Verfahren des Thermischen Trennens und das Thermische Spritzen.

Grundlage des Manuskripts ist die vom Verfasser an der Fachhochschule für Technik und Wirtschaft Reutlingen gehaltene Vorlesung „Fügetechnik". Die Vorgaben des Verlags verlangten an manchen Stellen eine Straffung des Stoffs, teilweise auch eine andere Schwerpunktsetzung im Hinblick auf den anzusprechenden Leserkreis und mit Rücksicht auf weitere Buchprojekte des Verlags.

Für interessante Gespräche und Hinweise bin ich meinen Kollegen Prof. Dipl.-Ing. K. Schekulin und Prof. Dr.-Ing. G. Obieglo zu Dank verpflichtet. Herrn SFI Dipl.-Ing. (FH) C. Schult (FH Reutlingen) und Herrn Lehrschweißer E. Trost (BBZ Tübingen) danke ich für die kritische Durchsicht des Manuskripts, ebenso Frau H. Federschmid für das sorgfältige Schreiben der Reinschrift. Dem Verlag und seinen mit diesem Buch befaßten Mitarbeitern habe ich für die gute Zusammenarbeit und die ansprechende Ausstattung des Buches zu danken.

Hans Joachim Fahrenwaldt

Stuttgart, im Juni 1988

Inhaltsverzeichnis

1 Einleitung

Das Schweißen zählt systematisch zu den Fügetechniken. In DIN 8953 sind die Verfahren des Fügens in sechs Gruppen geordnet, Bild 1.1. Die Gruppe 4.6, Stoffverbinden, unterscheidet nach drei Untergruppen in

Schweißen,
Löten und
Kleben, Leimen, Kitten.

Alle dort genannten Verfahren zählen zu den unlösbaren, stoffschlüssigen Verbindungen.

Die Abgrenzung der unlösbaren Verbindungen zueinander erfolgt für die drei wichtigsten Verfahren zweckmäßig über deren Definition wie folgt:

Schweißen ist das unlösbare Vereinigen von Grundwerkstoffen (Verbindungsschweißen) oder das Beschichten eines Grundwerkstoffes (Auftragschweißen) unter Anwendung von Wärme oder von Druck oder von beidem, mit oder ohne Zusatzwerkstoffe.

Löten ist das Verbinden metallischer Werkstücke mit Hilfe eines geschmolzenen Zusatzmetalls (Lots), dessen Schmelztemperatur unterhalb derjenigen der zu verbindenden Grundwerkstoffe liegt.

Die Grundwerkstoffe werden nicht aufgeschmolzen, sondern nur benetzt. Gegebenenfalls wird mit Flußmitteln gearbeitet.

Kleben ist das Fügen zweier Teile unter Verwendung eines Klebstoffs, d.h. eines nichtmetallischen Werkstoffs, der die Fügeteile durch Oberflächenhaftung (Adhäsion) sowie zwischen- und innermolekulare Kräfte im Kleber (Kohäsion) miteinander verbindet.

Das wichtigste Verfahren davon ist derzeit das Schweißen. Je nach Art des zu verbindenden Grundwerkstoffes, dem Zweck des Schweißens oder der Art der Fertigung können weitere systematische Unterteilungen vorgenommen werden.

Das sogenannte „Schweißtechnische Dreieck" umreißt den Problemkreis der Schweißtechnik, Bild 1.2. Es verdeutlicht, daß der Werkstoff, die Konstruktion und die Fertigung beim Schweißen aufeinander abgestimmt sein müssen, wenn die „Schweißbarkeit des Bauteils" gegeben sein soll. DIN 8528 Teil 1 definiert diesen Begriff wie folgt:

– Die Schweißbarkeit eines Bauteils aus metallischem Werkstoff ist vorhanden, wenn der Stoffschluß durch Schweißen mit einem gegebenen Schweißverfahren bei Beachtung eines geeigneten Fertigungsablaufs erreicht werden kann. Dabei muß die Schweißung hinsichtlich ihrer örtlichen Eigenschaften und ihres Einflusses auf die Konstruktion, deren Teile sie sind, die gestellten Anforderungen erfüllen.

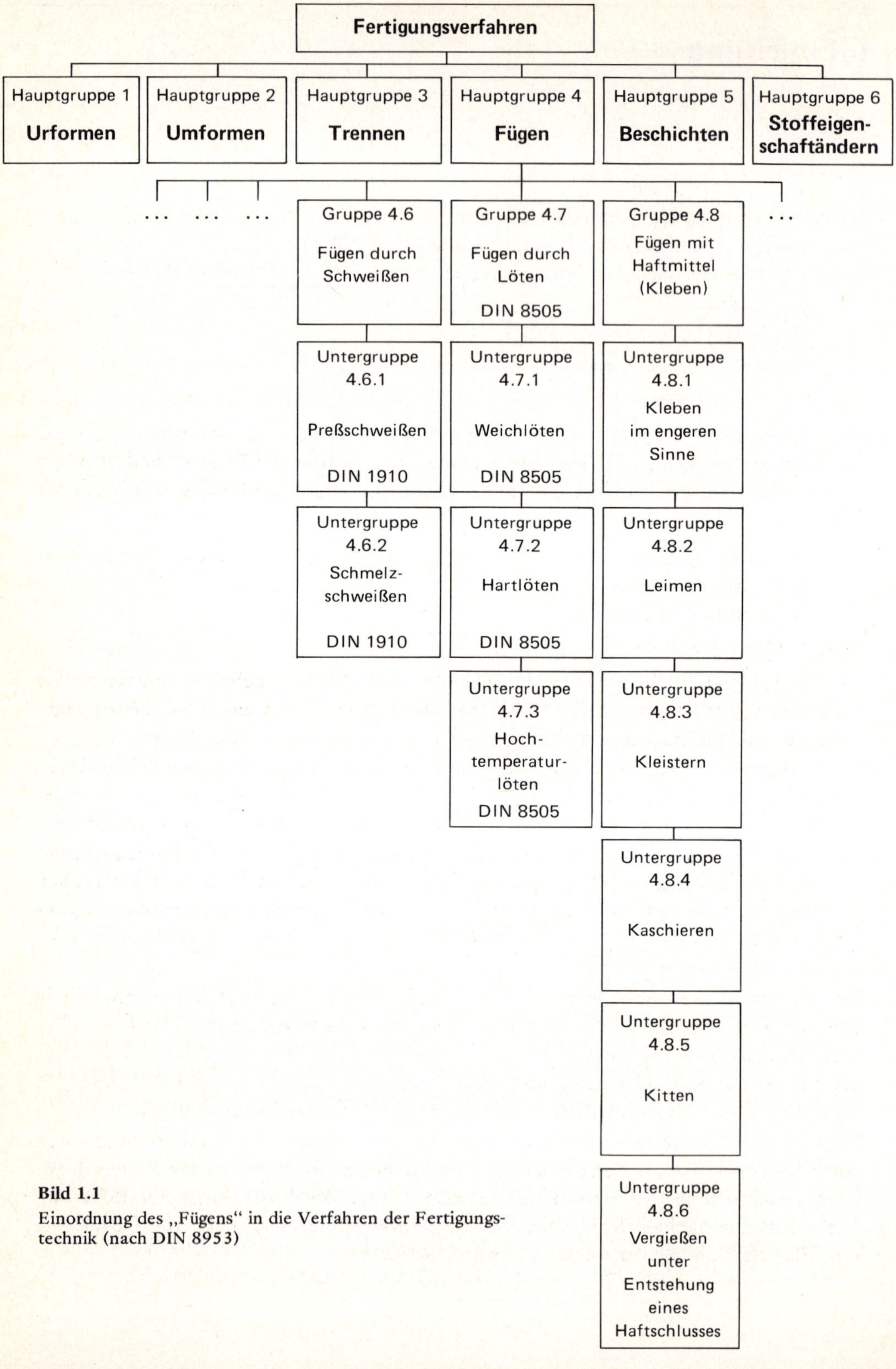

Bild 1.1

Einordnung des „Fügens“ in die Verfahren der Fertigungstechnik (nach DIN 8953)

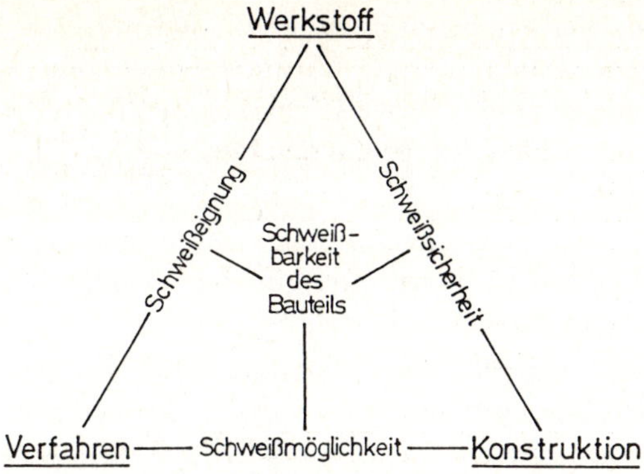

Bild 1.2
Das Schweißtechnische Dreieck (nach von Hofe)

Die drei Einflußgrößen Werkstoff, Konstruktion und Verfahren beeinflussen sich gegenseitig im Sinne eines technischen Systems, d.h. wird eine Größe verändert, so ist dies von Einfluß auf die beiden anderen Größen. Die genannten Größen werden durch die Eigenschaften:

Schweißeignung,
Schweißsicherheit und
Schweißmöglichkeit

miteinander verknüpft.

Die Schweißeignung bezieht sich auf den Werkstoff. Sie ist gegeben, wenn der für die Konstruktion vorgesehene *Werkstoff* mit einem ganz bestimmten *Verfahren* ohne wesentliche Beeinträchtigung der Eigenschaften geschweißt werden kann.

Durch Schweißen können Verbindungen geschaffen werden, die in der Schweißnaht die gleichen Eigenschaften aufweisen, wie sie der Grundwerkstoff zeigt. Eine Ausnahme bildet dabei derzeit noch die Dauerschwingfestigkeit, deren Werte in allen Fällen für die Schweißnaht unter denen des Grundwerkstoffs liegen. Für die Stähle stehen in den meisten Fällen geeignete Schweißverfahren zur Verfügung; auch die klassischen Gußwerkstoffe können heute in vielen Fällen zuverlässig geschweißt werden. Abgesehen von Legierungen mit besonderen Eigenschaften wird das Schweißen von NE-Metallen ebenfalls beherrscht.

Der Werkstoff wird beim Schweißen durch die eingebrachte Wärme beeinflußt. Die dadurch u.U. eintretende Änderung der Gebrauchseigenschaften ist besonders zu berücksichtigen. Beim Schweißen von Stählen ist beispielsweise zu achten auf die Neigung zu Alterung, Aufhärtung und Ausbildung von Sprödbrüchen; von Einfluß ist weiterhin das Seigerungsverhalten und die Anisotropie der Eigenschaften.

Eine *„sichere"* Schweißkonstruktion liegt dann vor, wenn die Schweißverbindungen einer Konstruktion im Betrieb weder verspröden, noch brechen oder Risse bilden. Zum anderen muß die Schweißkonstruktion unter der Einwirkung der Belastung funktionsfähig bleiben. Schweißsicherheit ist also definitionsgemäß eine Größe, die von *Werkstoff* und *Konstruktion* beeinflußt wird.

Vom Werkstoff her besteht u.U. die Gefahr der Versprödung durch die Wärmeeinwirkung (Aufhärtung) oder durch die verformungsbehindernde Wirkung eines mehrachsigen Spannungszustands. Letzterer bildet sich möglicherweise bei dickeren Bauteilen aus, hervorgerufen durch eine Behinderung der Schrumpfung der Fügeteile nach Beendigung des Schweißens.

Der Konstrukteur kann die Schweißsicherheit somit beeinflussen durch eine beanspruchungsgerechte Gestaltung des Bauteils, d.h. durch eine günstige Nahtanordnung, die Vermeidung von Nahtanhäufungen und Steifigkeitssprüngen.

Unter dem Begriff der Schweißmöglichkeit sind alle Voraussetzungen zu verstehen, die von der Fertigung erfüllt werden müssen, damit eine einwandfreie Schweißkonstruktion entsteht. Die wesentlichen Größen, die die Schweißmöglichkeit beeinflussen, sind also *Fertigung* und *Konstruktion*. Das Hauptproblem ist hier die Auswahl des geeigneten Schweißverfahrens nach verfahrenstechnischen und wirtschaftlichen Gesichtspunkten aus der Vielzahl der zur Verfügung stehenden Verfahren, soweit diese im Betrieb zur Verfügung stehen. Weiter sind hier von Einfluß die Nahtvorbereitung, die Schweißfolge, das Vorwärmen bzw. die Nachbehandlung der Naht oder die Wahl des richtigen Schweißzusatzwerkstoffs.

2 Verfahren des Schmelzschweißens

Unter dem Begriff Schmelzschweißen werden die Verfahren zusammengefaßt, bei denen das Schweißen bei örtlich begrenztem Schmelzfluß ohne Anwendung von Kraft mit oder ohne Schweißzusatz erfolgt (DIN 1910 Teil 2). Eine Übersicht über die zu dieser Verfahrensgruppe zählenden Verfahren gibt Tabelle 1.

2.1 Gasschmelzschweißen

Beim Gasschmelzschweißen, auch autogenes Schweißen genannt, entsteht der Schmelzfluß durch unmittelbares, örtlich begrenztes Einwirken einer Brenngas-Sauerstoff-Flamme. Wärme und Schweißzusatzwerkstoff werden im allgemeinen getrennt zugeführt (Definition nach DIN 1910 Teil 2) Bild 2.1.

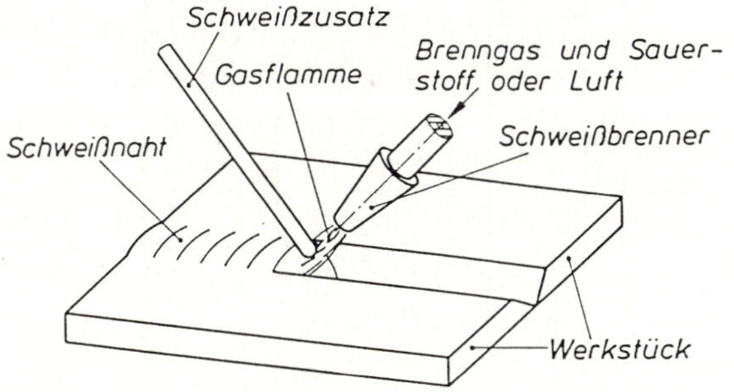

Bild 2.1
Gasschmelzschweißen (nach DIN 1910)

Brenngase

Als Brenngase kommen die in Tabelle 2 genannten Gase in Betracht. Für die Beurteilung der Verwendbarkeit zum Schweißen ist neben der erreichbaren Flammentemperatur und der Verbrennungsgeschwindigkeit die Flammenleistung von Bedeutung. Als am besten geeignetes Gas ergibt sich daraus das Acetylen. Dieses Gas erfüllt darüber hinaus noch weitere für die Anwendung wichtige Bedingungen: es ist nicht giftig, bildet bei richtiger Brennereinstellung keine Verbrennungsrückstände in der Naht und bietet bei reduzierend eingestellter Flamme einen guten Schutz des Schmelzbades.

Tabelle 1 Einteilung der Schmelzschweißverfahren (nach Killing)

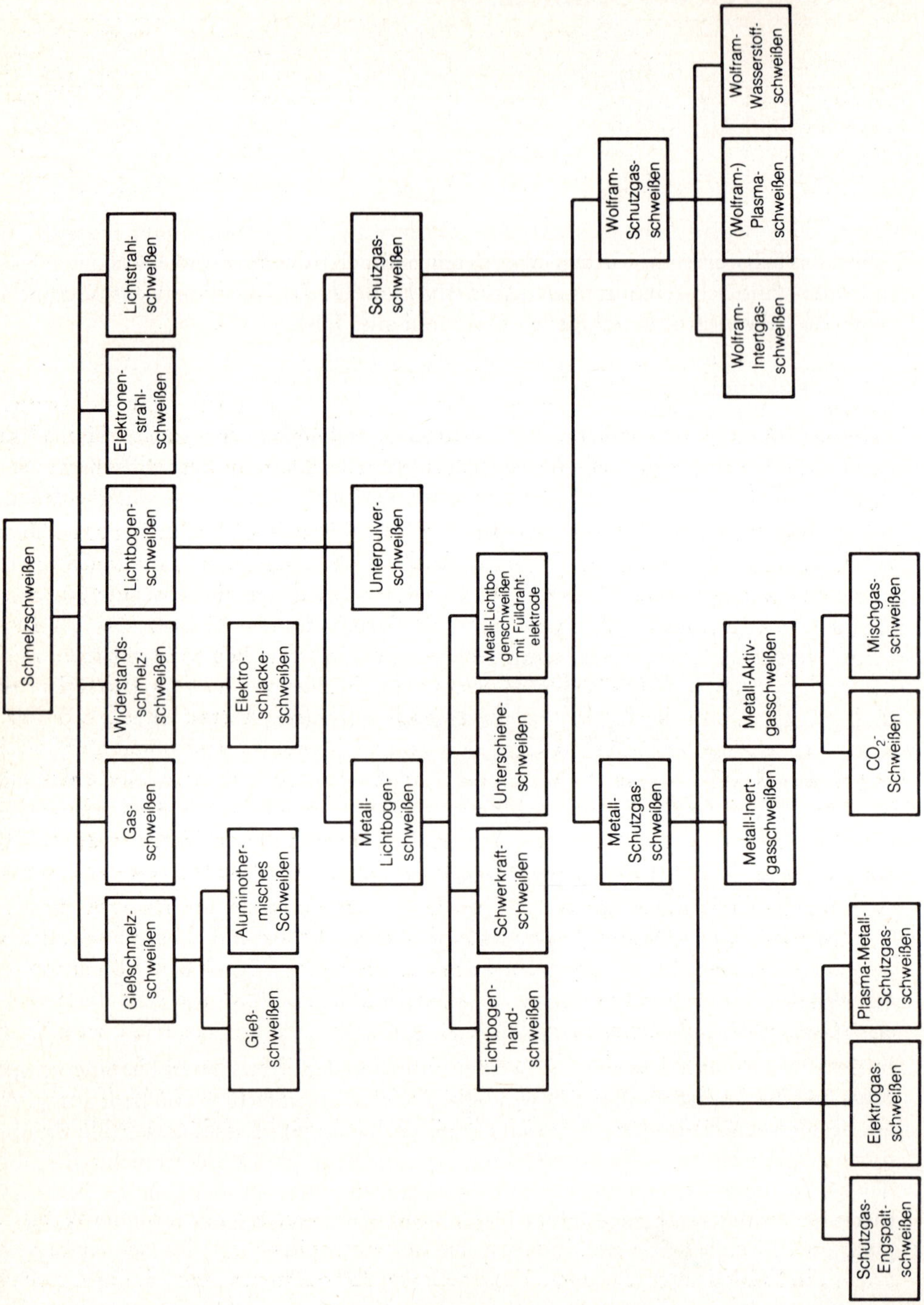

Tabelle 2 Eigenschaften der Brenngase

Brenngas	Dichte kg/m³	Heizwert H_u kJ/m³	max. Flammentemp. °C	Zündtemp. in Luft °C	Explosionsgrenzen in Luft Vol.-%	Verbrennungsgeschw. m/s	Flammenleistung kW/cm²
Wasserstoff (H_2)	0,09	10 800	2480	585	4 ... 74	8,9	13,98
Acetylen (C_2H_2)	1,1	57 000	3150	335	3,4 ... 80	13,5	42,74
Propan (C_3H_8)	2,0	93 000	2750	510	2,0 ... 9,5	3,7	10,27
Methan (CH_4)	0,72	36 000	2770	645	4 ... 17	3,3	8,51

Acetylen (Ethin, C_2H_2) ist ein Kohlenwasserstoff mit der Strukturformel H—C≡C—H. Gewonnen wird Acetylen in der Regel aus der Reaktion von Calciumcarbid und Wasser nach der Formel

$$CaC_2 + 2H_2O \rightarrow C_2H_2 + Ca(OH)_2 + \text{Wärme} .$$

Daneben existieren thermische Herstellungsverfahren, die von Kohlenwasserstoffen ausgehen. Acetylen wird heute gebrauchsfertig in Stahlflaschen in den Handel gebracht; die Verwendung von eigenen Acetylen-Entwicklern im Betrieb ist nicht mehr aktuell.

Infolge der Dreifachbindung ist Acetylen bereits bei Drücken über 3,5 bar bzw. höheren Temperaturen instabil. Im Gegensatz zu anderen Gasen kann es somit nicht unter hohem Druck gespeichert werden. Ausgenutzt wird daher die sehr gute Lösungsfähigkeit des Acetons für Acetylen (bei 1 bar Druck können 25 Liter Gas in 1 Liter gelöst werden). Die zur Speicherung verwendeten Stahlflaschen werden heute mit einer hochporösen monolithischen Masse aus Calziumsilikaten mit Faserasbest (Porosität bis 91%) gefüllt, in die sich das mit Acetylen beladene Aceton einlagert. So wird eine gleichmäßige Verteilung des Acetons im Speicherraum erreicht und gleichzeitig vermieden, daß Lösungsmittel bei der Gasentnahme mitgerissen wird. Diese Maßnahme erlaubt auch die Erhöhung des Flaschendrucks bis auf 19 bar. In der Praxis enthält eine 40 l-Flasche 13 Liter Aceton. Bei einem Flaschendruck von 18 bar ergibt dies ein speicherbares Volumen von ca. 6000 Liter Acetylen, wovon 5600 Liter nutzbar sind.

Aus Sicherheitsgründen ist die maximale Entnahmemenge im Dauerbetrieb auf 700 Liter Acetylen je Stunde begrenzt; bei höherem Bedarf sind daher Flaschenbatterien zu verwenden. Die Flaschen tragen eine gelbe Kennfarbe; sind sie bereits mit der modernen hochporösen Füllung versehen, so sind sie zusätzlich mit einem roten Ring am Flaschenhals gekennzeichnet. Diese Flaschen dürfen auch waagrecht liegend verwendet werden; sonst sind die Flaschen unter einem Winkel von mindestens 15° zur Waagrechten zu lagern. Alle Flaschen sind vor Sonneneinstrahlung zu schützen. Der Anschluß der Entnahmearmaturen an die Flasche erfolgt mit einem Spannbügel.

Sauerstoff

Der zur Verbrennung erforderliche Sauerstoff wird großtechnisch durch Verflüssigung und anschließende Rektifikation aus der atmosphärischen Luft gewonnen. Er kommt in Stahlflaschen mit einem Fülldruck von 200 bar in den Handel. Für Großverbraucher ist es günstig, den Sauerstoff in Großbehältern als Flüssigkeit zu beziehen und in Kaltvergasern an Ort und Stelle in den Verbrauchszustand umzuwandeln.

Nach den Gasgesetzen (Boyle-Marriot) enthält eine 50 l-Flasche bei 200 bar Fülldruck 10 m^3 Sauerstoff von 1 bar.

Die Kennfarbe für Sauerstofflaschen ist blau. Der Anschluß des Druckminderers an die Flasche erfolgt über ein R ¾ Rechts-Gewinde. Alle Teile, die mit dem Sauerstoff in Kontakt kommen, müssen unbedingt frei von Fett und Öl gehalten werden. Reiner Sauerstoff darf niemals zum Reinigen von Kleidungsstücken oder zum Belüften von Räumen bzw. Behältern verwendet werden. Sauerstoff ist schwerer als Luft und reichert Kleider und Räume von unten her an.

Armaturen

- Druckminderventile (DIN 8546)
  Der Arbeitsbereich des Brenners liegt bei 0,5 bar für das Acetylen und 2,5 bar für den Sauerstoff. Das unter wesentlich höherem Druck in den Flaschen gespeicherte Gas muß also auf diesen Arbeitsdruck entspannt werden, was üblicherweise in einem membrangesteuerten Druckminderventil erfolgt. Bild 2.2 zeigt schematisch den Aufbau eines solchen Ventils. Der Ventilteller wird von zwei Federn belastet, einmal von der Schließfeder – sie ist bestrebt, das Ventil zu schließen – und über die vom Arbeitsdruck beaufschlagte Membran von der Einstellfeder, deren Spannung mit der Einstellschraube verändert werden kann und die der Schließkraft entgegenwirkt. Bei eingestelltem Arbeitsdruck herrscht Kräftegleichgewicht. Wird der Arbeitsdruck zu hoch, so drückt dieser die Membran entgegen der Wirkung der Einstellfeder nach unten und das Ventil schließt sich. Beim Absinken des Arbeitsdruckes drückt die Einstellfeder den Ventilteller gegen die Schließkraft nach oben, so daß sich das Ventil wieder öffnet.
  Die Reduzierung des Druckes erfolgt dabei einstufig über die Drosselwirkung des Ventilsitzes.

- Rückschlagsicherungen (DIN 8521)
  Durch defekte Brenner kann es zu einem schleichenden Rücktritt von Sauerstoff in die Brenngasflasche kommen bzw. können Flammen in diese zurückschlagen. Um dies zu verhindern bzw. nach einem Flammenrückschlag die Zufuhr von Brenngas zu unterbinden, werden Rückschlagsicherungen oder Gebrauchsstellenvorlagen unmittelbar hinter dem Druckminderer in der Brenngasleitung angeordnet. Üblich sind heute trockene, druckgesteuerte Gebrauchsstellenvorlagen mit oder ohne thermische Steuerung.
  Wie Bild 2.3 zeigt, handelt es sich um federbelastete Ventile. Der Druck des durchströmenden Gases öffnet diese Ventile gegen die Federkraft. Die Flammensperre wird im allgemeinen durch poröse Körper (Keramik, Sintermetall) gebildet.

- Schläuche und Schlauchanschlüsse (DIN 8541, 8542 und 8544)
  Die Gasschläuche sind entsprechend den zulässigen Betriebsdrücken in zwei Klassen eingeteilt: Klasse A bis 10 bar, Klasse B bis 20 bar. Die Innendurchmesser folgen der Reihe R 20. Für Brenngase ist die Kennfarbe rot vorgeschrieben, Sauerstoffschläuche sind blau. Um einem falschen Anschluß vorzubeugen, sind die Schlauchanschlüsse am Druckminderventil unterschiedlich ausgeführt. Für Brenngase sind Linksgewinde, für alle anderen nichtbrennbaren Gase Rechtsgewinde vorgesehen.

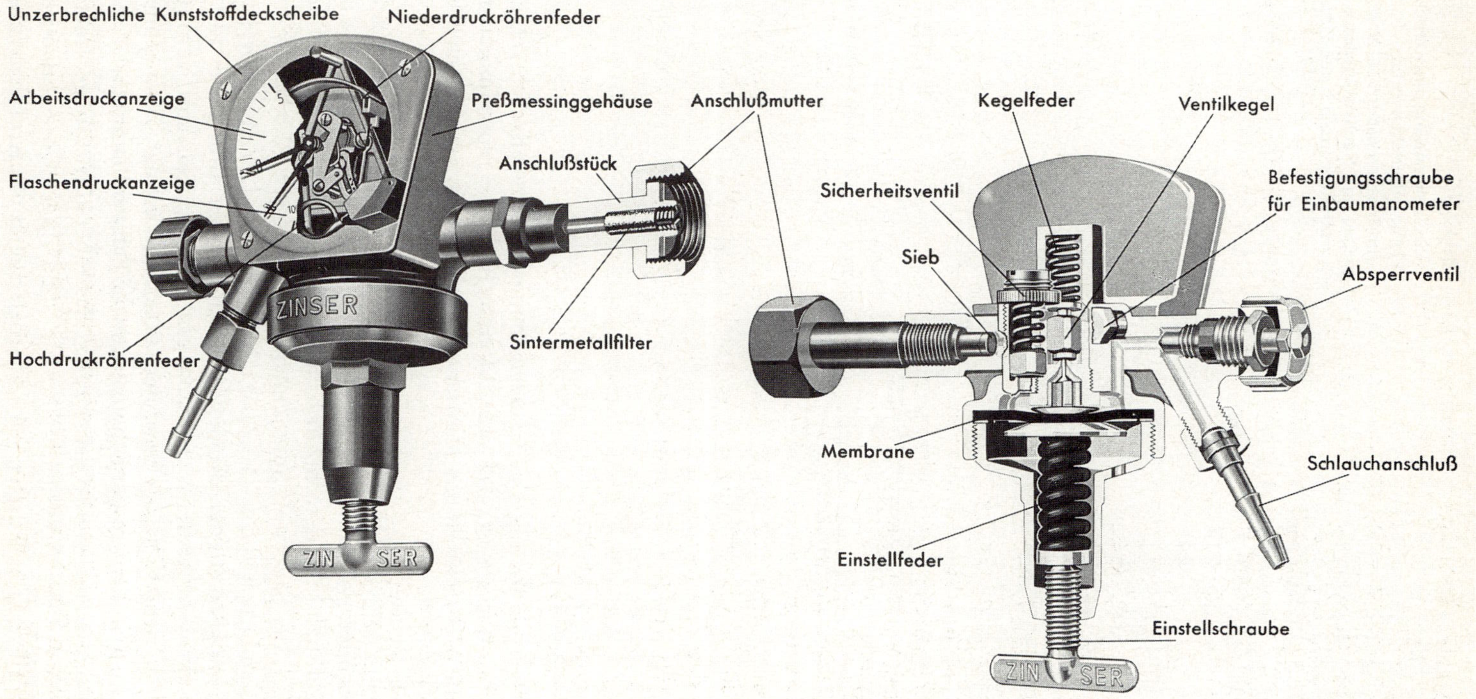

Bild 2.2 Druckminderventil Bauart Zinser
Bei dieser Ventilbauart werden Flaschen- und Arbeitsdruckanzeige in einem Manometer vereinigt
Werkbild Zinser

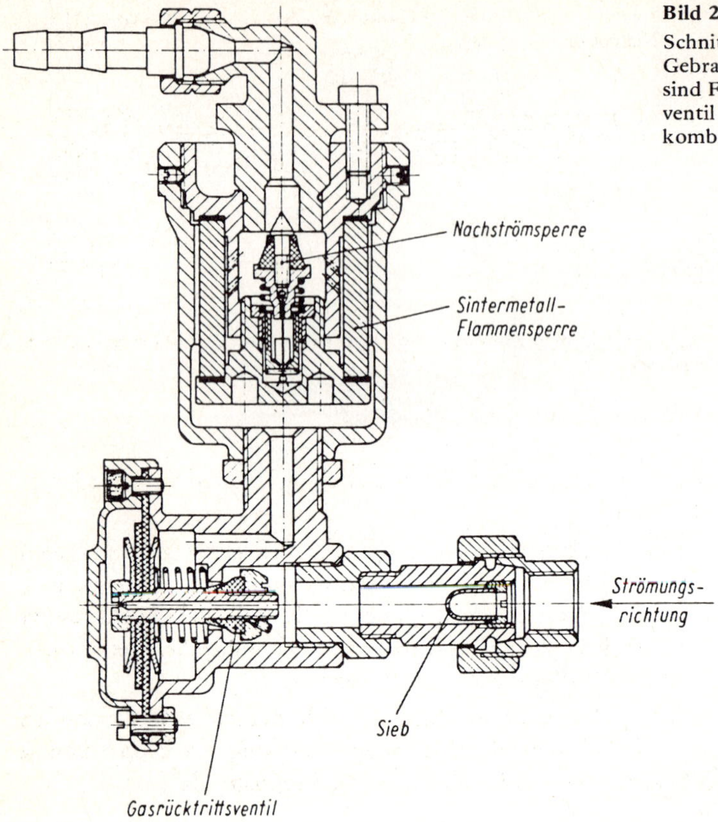

Bild 2.3
Schnittzeichnung einer trockenen Gebrauchsstellenvorlage. In ihr sind Flammensperre, Gasrücktrittventil und Nachströmsperre kombiniert (nach Roch/BAM)

Schweißbrenner (DIN 8543)

Im Schweißbrenner werden Brenngas und Sauerstoff in einem einstellbaren Verhältnis miteinander gemischt. Wichtig ist, daß dies auf einfache Weise reproduzierbar geschieht und während des Schweißens konstante Betriebsbedingungen eingehalten werden.

Die Bauarten werden unterschieden nach Gleichdruck- und Injektor-(Saug-)brenner. Beim Gleichdruckbrenner, wie er in den USA üblich ist, werden die beiden Gase unter gleichem Druck zugeführt. Im Gegensatz dazu steht bei dem in Deutschland üblichen Saugbrenner, Bild 2.4, der Sauerstoff unter einem Druck von etwa 2,5 bar, während das Acetylen mit einem Druck von etwa 0,2 bar zugeführt wird. Der Sauerstoff strömt mit höherer Geschwindigkeit aus der Druckdüse in den Injektor. Infolge des dort entstehenden Unterdrucks wird Acetylen angesaugt und mit dem Sauerstoff vermischt, was im wesentlichen in der Mischdüse bzw. dem Mischrohr erfolgt. Nach Zündung des Gasgemisches entsteht dann an der Schweißdüse die Schweißflamme.

Bei Inbetriebnahme des Brenners wird daher zuerst das Sauerstoffventil geöffnet und dann durch Einregulieren des Acetylendruckes ein zündfähiges Gasgemisch hergestellt. Umgekehrt wird nach beendigter Schweißarbeit zuerst das Acetylenventil ge-

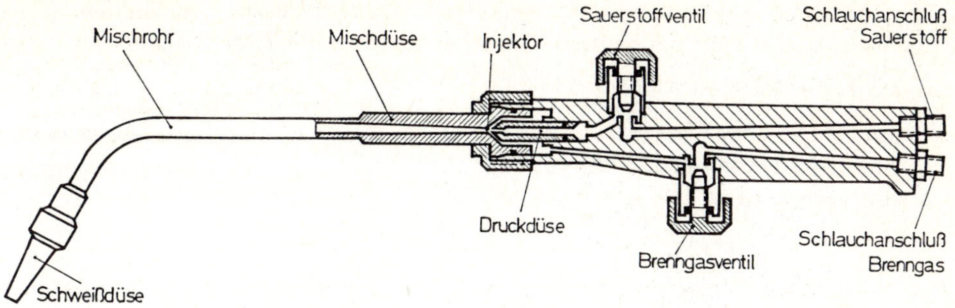

Bild 2.4 Schnittzeichnung eines Schweißbrenners nach dem Injektorprinzip. Der Injektor ist nicht verstellbar und gehört zum Brennereinsatz

schlossen und erst dann das Sauerstoffventil. Die umgekehrte Reihenfolge würde zur Zerstörung des Brenners führen.

Der Schweißeinsatz ist bei beiden Bauarten auf die Dicke des zu verschweißenden Blechs abzustellen. Damit wird erreicht, daß der Flamme nur soviel Gas zugeführt wird, wie zum Schweißen der Blechdicke erforderlich ist. Beim Gleichdruckbrenner muß das Mischrohr mit Brennerdüse, beim Saugbrenner der einteilige Schweißeinsatz (Mischrohr, Mischdüse und Injektor) ausgewechselt werden.

Der Gasverbrauch richtet sich nach dem Schweißeinsatz, d.h. der zu verschweißenden Blechdicke. Als Richtwert gilt bei neutraler Flammeneinstellung ein Bedarf von je 100 Liter Sauerstoff und Acetylen je mm Blechdicke und Brennstunde.

Schweißflamme

Für das Schweißen von Stahl soll die Acetylen-Sauerstoff-Flamme so eingestellt sein, daß ein Mischungsverhältnis von ca. 1:1, also eine neutrale Flamme vorliegt. Bei dieser Flammeneinstellung beträgt die maximale Flammentemperatur etwa 3200 °C, und die Flamme hat im Arbeitsbereich eine reduzierende Wirkung. Bild 2.5 zeigt schematisch eine neutrale Flamme. Sie gliedert sich in die erste Verbrennungsstufe mit dem Flammenkegel und seiner leuchtenden Hülle und die zweite Verbrennungsstufe, die Bei- oder Streuflamme.

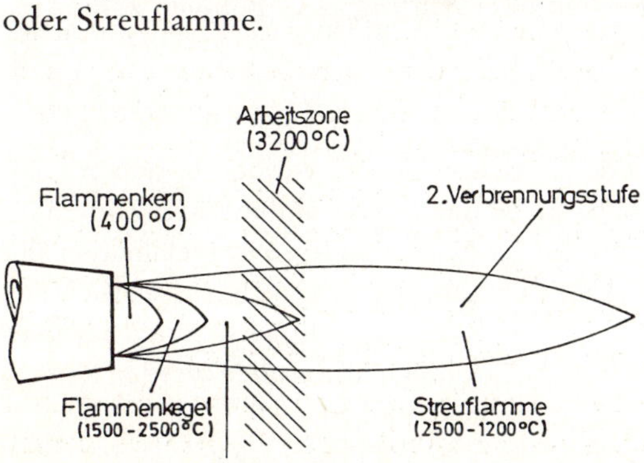

Bild 2.5
Zoneneinteilung und Temperaturen in einer neutral eingestellten Acetylen-Sauerstoff-Flamme

In der 1. Verbrennungsstufe wird das Acetylen in der Hitze gespalten. Mit dem beigemengten Sauerstoff läuft bei neutraler Flamme die folgende Reaktion ab:

$$2\,C_2H_2 + 2\,O_2 \rightarrow 4\,CO + 2\,H_2$$

Kohlenmonoxid und Wasserstoff, die Produkte der unvollständigen Verbrennung der 1. Stufe werden in der 2. Verbrennungsstufe mit dem der Umgebung entzogenen Sauerstoff verbrannt

$$4\,CO + 2\,H_2 + 3\,O_2 \rightarrow 4\,CO_2 + 2\,H_2O$$

Diese vollständige Verbrennung erfolgt in einem Bereich etwa 2 bis 4 mm vor dem Flammenkegel. Hier herrscht die höchste Flammentemperatur, gleichzeitig ist hier der beste Schutz des Schweißbads vor Sauerstoff und Stickstoff gegeben. In diesem Bereich hat damit das Schweißen zu erfolgen. Wird mit einem höheren Sauerstoffanteil gearbeitet, so entsteht eine kurze harte Flamme von bläulich-violettem Aussehen und spitzem Flammenkegel. Bereits in der 1. Verbrennungsstufe tritt hier eine vollständige Verbrennung auf.

1. Stufe: $4\,O_2 + 2\,C_2H_2 \rightarrow 2\,CO_2 + 2\,H_2$

2. Stufe: $2\,CO_2 + 2\,H_2 + O_2 \rightarrow 2\,CO_2 + 2\,H_2O$

Damit fehlt die reduzierende und temperaturerhöhende Wirkung der Verbrennung des CO. Kennzeichnend für diese Flammeneinstellung sind beim Schweißen von Stahl eine rauhe Nahtoberfläche und Schlackeneinschlüsse in der Naht. Verwendet wird diese Flammeneinstellung für das Schweißen von Messing, da dadurch die Ausdampfung des Zinks vermindert wird.

Eine große, weiche Flamme mit hellrotem, leuchtendem Aussehen und breitem, verschwommenem Flammenkegel erhält man beim Arbeiten mit Acetylenüberschuß. In der 1. Verbrennungsstufe tritt hier elementarer Kohlenstoff auf, der auch in der 2. Stufe nicht vollständig verbrannt werden kann.

1. Stufe: $O_2 + 2\,C_2H_2 \rightarrow 2\,CO + 2\,H_2 + 2\,C$

2. Stufe: $2\,CO + 2\,H_2 + 2\,C + 2\,O_2 \rightarrow 2\,CO_2 + 2\,H_2O + 2\,C$

Dieser freie Kohlenstoff kohlt bei Stahl die Schmelze auf, wodurch diese dünnflüssig wird. Die Nahtoberfläche wird glatt, die Naht selbst hängt durch und ist hart. Beim Schweißen von Gußeisen, von Aluminium und bei Auftragschweißungen kann diese Flamme mit Actylenüberschuß Vorteile haben.

Schweißzusatzwerkstoffe (DIN 8554)

Die zum Schweißen von Stählen dienenden Gasschweißstäbe werden in sieben Klassen I, II . . . VI und VII eingeteilt, Tabelle 3. In der Praxis finden davon nur noch Stäbe der Klassen III und IV Verwendung. Die einzelnen Klassen unterscheiden sich in der chemischen Zusammensetzung und im sich daraus ergebenden Schweißverhalten. Tabelle 4 gibt einen Überblick über die Legierungszusammensetzung der Gasschweißstäbe, aus der auch das Verhalten beim Schweißen entnommen werden kann.

Tabelle 3 Schweißzusatzwerkstoffe für das Gasschmelzschweißen (in Anlehnung an DIN 8554)

Grundwerkstoff		Schweißstabklasse					
		I	II	III	IV	V	VI
Allgemeine Baustähle nach DIN 17 100	St 33*	X	X	X	X		
	St 37-2 U St 37-2 R St 37-2 St 44-2		X	X	X		
	St 37-3 St 44-3 St 52-3			X	X		
Kesselblech DIN 17 155	H I			X	X		
	H II			X	X		
	17 Mn 4				X		
Rohrstahl DIN 1629 DIN 1630	St 37 St 44 St 52	X	X	X	X		
	St 37.4 St 44.4 St 52.4			X	X		
Kesselrohre DIN 17 175	St 35.8			X	X		
	St 45.8				X		
	15 Mo 3				X		
	13 CrMo 44					X	
	10 CrMo 9 10						X

* Schweißeignung nicht garantiert

Die komplette Bezeichnung eines Schweißzusatzwerkstoffes, wie sie z.B. in den Fertigungsunterlagen vermerkt werden sollte, lautet beispielsweise wie folgt:

Schweißstab G III 21 DIN 8554

Darin bedeuten

G Schweißverfahren: Gasschmelzschweißen
III Schweißstabklasse
2 Mindestkerbschlagarbeit: 14 Joule bei 0°C
1 24 Joule bei 20°C

Tabelle 4 Chemische Zusammensetzung und Schweißverhalten der Gasschweißstäbe (nach DIN 8554)

Schweißstabklasse	Chemische Zusammensetzung						Fließverhalten	Spritzer	Porenneigung
	C %	Si %	Mn %	P %	S %	Sonstige %			
G I	0,03–0,10	$\leqq$ 0,20	0,35–0,65	$\leqq$ 0,030	$\leqq$ 0,025		dünnfließend	viel	ja
G II	0,03–0,20	0,05–0,25	0,50–1,20	$\leqq$ 0,025	$\leqq$ 0,025		weniger dünnfließend	wenig	ja
G III	0,05–0,15	0,05–0,25	0,95–1,25	$\leqq$ 0,020	$\leqq$ 0,020	Ni 0,35–0,80			gering
G IV	0,08–0,15	0,10–0,25	0,90–1,20	$\leqq$ 0,020	$\leqq$ 0,020	Mo 0,45–0,65			
G V	0,10–0,15	0,10–0,25	0,80–1,20	$\leqq$ 0,020	$\leqq$ 0,020	Mo 0,45–0,65 Cr 0,80–1,20	zähfließend	keine	nein
G VI	0,03–0,10	0,10–0,25	0,40–0,70	$\leqq$ 0,020	$\leqq$ 0,020	Mo 0,90–1,20 Cr 2,00–2,20			

Schweißarten

Beim Gasschmelzschweißen werden zwei Arten von Schweißungen unterschieden: das Nachlinks- und das Nachrechts-Schweißen. Die Bezeichnung erfolgt dabei aus der Aufeinanderfolge von Bad, Draht und Flamme.

Das Nachlinks-Schweißen, Bild 2.6, wird nur bei Blechdicken bis ≈ 3 mm angewandt. Der Grund für diese Einschränkung ist das geringere Wärmeeinbringen durch die Folge „Naht – Flamme – Zusatzwerkstoff" in Schweißrichtung. Der Schweißbrenner wird bei diesem Verfahren geradlinig geführt, wobei ein Fortschreiten nach links erfolgt. Der Flammenkegel ist auf den ruhig geführten, tupfenden Draht gerichtet, wodurch gleichzeitig das Bad in die Fuge läuft. Die Beiflamme wärmt die Nahtfuge allerdings nur bei dünnen Blechen ausreichend vor.

Ab einer Blechdicke von 3 mm ist das Nachrechts-Schweißen anzuwenden, das durch die Folge „Naht – Zusatzwerkstoff – Flamme" gekennzeichnet ist, Bild 2.7. Hier wird der Brenner ohne Pendelbewegung in Schweißrichtung nach rechts geführt. Mit dem Schweißdraht werden halbkreis- bis kreisförmige Rührbewegungen im Bad ausgeführt; dabei taucht der Stab in das Bad ein. Der Flammenkegel ist auf den Stab und die Schmelze gerichtet, wobei eine Schweißöse entsteht, die das Durchschweißen der Wurzel sicherstellt. Die Streuflamme hält die bereits fertige Naht warm, was eine gute Entgasung bewirkt.

Neben einer höheren Schweißgeschwindigkeit hat das Nachrechts-Schweißen gegenüber dem Nachlinks-Schweißen noch weitere Vorteile, z.B. wirkt die Streuflamme auch wie ein Schutzgasschleier auf das Schmelzbad. Günstig ist weiterhin, daß die heißeste Zone der Flamme auf die Flanke der Fuge und die Spitze des Flammenkegels in den Spalt gerichtet ist.

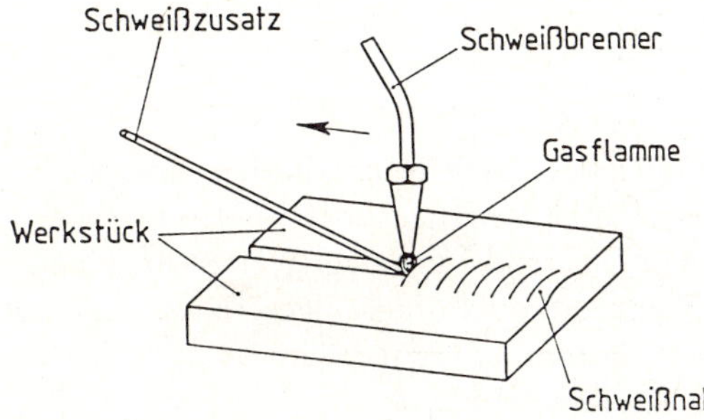

Bild 2.6
Nachlinksschweißen
(nach DIN 1910)

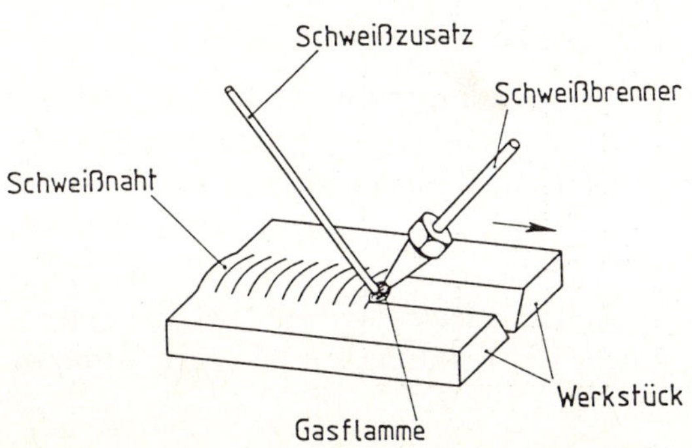

Bild 2.7
Nachrechtsschweißen
(nach DIN 1910)

Fehler beim Gasschmelzschweißen

Neben den von einer falschen Flammeneinstellung herrührenden Fehlern sind beim Gasschweißen Fehler zu beobachten, die wesentlich auf eine falsche Ausführung der Schweißung zurückzuführen sind. Es sind dies

durchhängende oder überhöhte Nähte,
Poren,
Bindefehler,
Wurzelfehler.

Die beschriebenen Nahtfehler treten bei zu geringer Schweißgeschwindigkeit auf. Wird dabei zu wenig Schweißgut eingebracht, so hängt die Naht durch; ist die Menge des eingebrachten Schweißgutes jedoch zu groß, so erhält man eine überhöhte Naht. Ein schuppenförmiges Aussehen der Naht deutet auf eine ungleichmäßige Schweißgeschwindigkeit hin.

Die Bildung von Poren kann aus einer mit Rost und Fett verschmutzten Oberfläche der Fugenkanten herrühren. Auch eine falsche Führung des Brenners bzw. des Schweißstabes kann die Ursache für diesen Fehler sein.

Bindefehler treten im Bereich der Schmelzlinie, d.h. im Übergang vom Schmelzgut zum Grundwerkstoff auf. Ursächlich für ihre Entstehung kann eine zu geringe Wärmeeinbringung oder eine falsche Brennerführung sein, die eine einseitige Erwärmung bzw. einen zu großen Flammenabstand zur Folge hat.

Beim Gasschmelzschweißen können im Wurzelbereich verschiedene Fehler auftreten. Zu nennen ist einmal die nicht durchgeschweißte Wurzel, die durch einen zu engen Wurzelspalt oder eine zu kleine Schweißöse bedingt sein kann. Eine durchhängende Wurzel tritt u.U. auf, wenn die Nachlinksschweißung bei einem zu dicken Blech angewandt wird.

2.2 Metall-Lichtbogenschweißen

Das Metall-Lichtbogenschweißen umfaßt mehrere Verfahrensgruppen, wie sie in Tabelle 5 dargestellt sind. DIN 1910 definiert diese Verfahren wie folgt: Der Lichtbogen brennt zwischen einer abschmelzenden Elektrode und dem Werkstoff. Gegen die Atmosphäre wird nur durch Schlacken und/oder Schutzgase geschützt, die von der Elektrodenumhüllung oder einem Pulver stammen. Gemeinsam ist allen diesen Verfahren die Verwendung des Lichtbogens als Energiequelle.

2.2.1 Die Vorgänge im Lichtbogen

Beim Lichtbogen handelt es sich um eine Bogenentladung zwischen zwei Elektroden in einem Gas durch Ionisation der Gasmoleküle. In der Regel ist die atmosphärische Luft ein schlechter Leiter für den elektrischen Strom. Wird der Abstand zwischen den Elektroden jedoch klein und die angelegte Spannung hoch, so kann es zu einer Gasentladung, d.h. der Bildung eines Lichtbogens kommen.

In dem sich zwischen den ungleichnamig gepolten Elektroden aufbauenden elektrischen Feld können elektrisch geladene Teilchen in Richtung auf den gegennamigen

Tabelle 5 Die Verfahren des Metall-Lichtbogen-Schweißens (nach Killing)

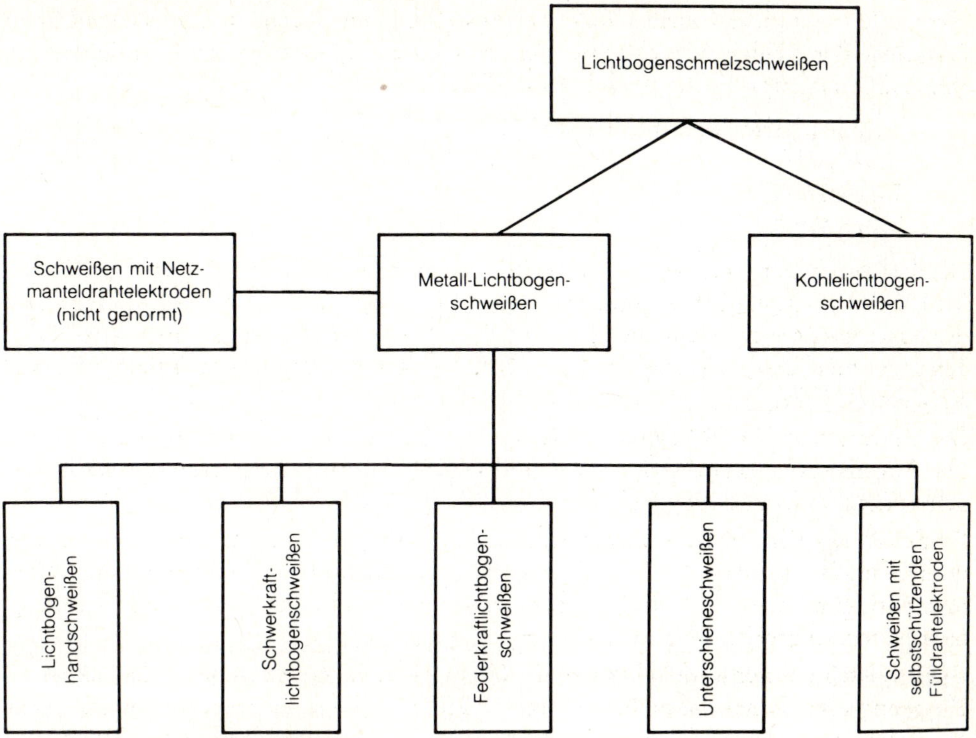

Pol beschleunigt werden. Wichtig sind in diesem Zusammenhang Elektronen, die als fast masselose negativ geladene Teilchen sehr stark beschleunigt werden und damit in der Lage sind, Energie zu transportieren. Bei ihrer auf die Anode gerichteten Bewegung treffen sie mit hoher Energie auf Gasmoleküle, die sich bei diesem Zusammenstoß in die sie bildenden Atome zerlegen. Diese können wieder ionisiert werden. Die positiven Ionen bewegen sich zur Kathode, die negativ geladenen Ionen und die aus der Atomhülle herausgeschlagenen Elektronen entsprechend zur Anode. Auf ihrem Weg zur Anode können die Elektronen durch solche Stoßvorgänge wieder Gasmoleküle ionisieren, so daß die Zahl der Ladungsträger exponentiell anwächst. Ein so durch Ionisation zum elektrischen Leiter gewordenes Gas wird auch als Plasma bezeichnet. Wie in Bild 2.8 dargestellt, fließt der Strom im so gebildeten Lichtbogen in beiden Richtungen.

Dieser Vorgang, die Stoßionisation, ist in erster Linie für die Bildung des Lichtbogens von Bedeutung. Für die Aufrechterhaltung des Lichtbogens sind weitere physikalische Vorgänge maßgebend. Im wesentlichen sind es die Feldemission und die Glühemission. Unter der Feldemission versteht man den Austritt von Elektronen aus den Metallen aufgrund eines anliegenden elektrischen Felds. Die auch ohne Feld die Oberfläche dünn belegenden Elektronen werden beim Anlegen eines Feldes abgezogen und

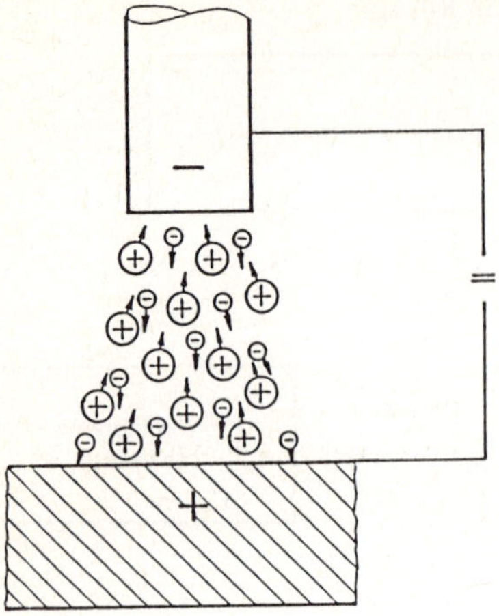

Bild 2.8 Der Stromfluß im Gleichstromlichtbogen

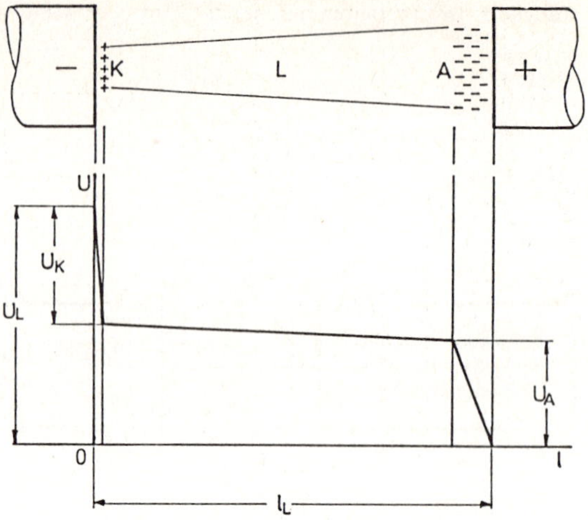

Bild 2.9 Der Spannungsverlauf im Lichtbogen beim Schweißen mit Gleichstrom

in Richtung auf die Anode beschleunigt, wodurch aus dem Metall neue Elektronen austreten können. Die Zahl der so emittierten Elektronen ist von der Höhe der angelegten Spannung abhängig. Wird einem Metall thermische Energie zugeführt, so kommt es ebenfalls zum Austritt von Elektronen aus der Oberfläche; dieser Effekt wird als Glühemission bezeichnet. Dabei muß die materialabhängige Austrittsarbeit überwunden werden, die aber bei den meisten Metallen selbst bei Temperaturen im Bereich des Schmelzpunktes nicht erreicht wird. Aus statistischen Betrachtungen kann jedoch abgeleitet werden, daß bei jeder Temperatur Elektronen vorhanden sind, deren Energie höher als die Austrittsarbeit ist. Damit kann bei den üblichen Lichtbogentemperaturen davon ausgegangen werden, daß die Glühemission zur Erhaltung des Lichtbogens beiträgt.

Im Lichtbogen fällt entsprechend seinem Widerstand im Stromkreis die Spannung ab. Wie Bild 2.9 zeigt, ist dieser Spannungsabfall nicht kontinuierlich, vielmehr sind drei Bereiche zu unterscheiden.

Vor der Kathode wie auch der Anode bildet sich eine dünne Schicht ungleichnamig gepolter Teilchen. Zwischen diesen Ladungsträgern und den Oberflächen der Elektroden entsteht so ein Spannungsgefälle mit großem Gradienten, das als Kathoden- bzw. Anodenfall bezeichnet wird. Der größte Teil des Spannungsabfalls entfällt auf diese beiden Bereiche. Der Abfall im Lichtbogenplasma selbst erfolgt linear und ist im Verhältnis zu Kathoden- und Anodenfall gering. Aus dem Spannungsverlauf in der Lichtbogensäule kann abgeleitet werden, daß mit der Länge des Lichtbogens auch die Lichtbogenspannung zunimmt.

Der Lichtbogen ist somit ein beweglicher Teil des Schweißstromkreises; er folgt demgemäß den physikalischen Gesetzen, die für stromdurchflossene Leiter gelten.

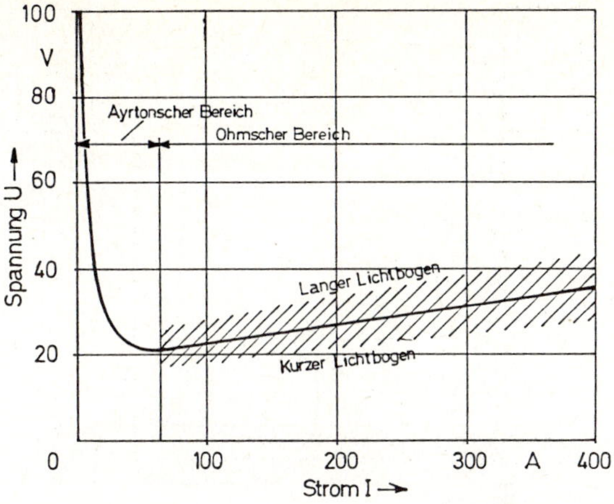

Bild 2.10
Die Lichtbogenkennlinie

Für die Beschreibung des Lichtbogenverhaltens ist die Lichtbogenkennlinie von Bedeutung, die den Zusammenhang von Lichtbogenspannung und Lichtbogenstrom wiedergibt. In Bild 2.10 sind deutlich zwei Bereiche zu erkennen. Von untergeordneter Bedeutung für das Schweißen ist der Spannungsabfall bei kleinen Stromstärken, der sogenannte Ayrton'sche Bereich. Für das Schweißen wird der durch ein Ansteigen der Spannung mit zunehmender Stromstärke gekennzeichnete Ohmsche Bereich verwendet.

Wie bereits erwähnt, ist die Spannung im Lichtbogen je nach Länge des Lichtbogens verschieden. Bei konstanter Stromstärke erhält man also unterschiedliche Lichtbogenspannungen. Aus der Abbildung ist zu entnehmen, daß ein langer Lichtbogen bei gleicher Stromstärke eine höhere Spannung aufweist als ein kurzer.

Die Temperaturverteilung im Lichtbogen ist nicht einheitlich; sie ist zudem von der Art des Bogens und der Beschaffenheit des Plasmas abhängig. Im Plasma selbst treten beim Schweißen mit Metallelektroden Temperaturen um 5000 K auf, beim WIG-Schweißen über 10000 K. Die höhere Temperatur wird an der Anode gemessen, da hier durch das Auftreffen der energiereichen Elektronen eine zusätzliche Erwärmung eintritt.

Der Lichtbogen wird in der Regel durch Kurzschluß, d.h. durch ein kurzzeitiges Berühren von Elektrode und Werkstück gebildet. Wo dies nicht möglich ist, werden dem Schweißstrom Hochspannungsimpulse überlagert, was zu einem Überschlag mit einer Ionisation der Funkenstrecke führt. In Bild 2.11 sind der Verlauf von Spannung und Strom beim Zündvorgang wiedergegeben. Bei Herstellung des Kurzschlusses geht die Spannung auf einen Wert nahe Null zurück, während die Stromstärke kurzzeitig auf den Wert des Stoßkurzschlußstroms I_{KSt} ansteigt, um dann auf den Kurzschlußstrom I_K abzufallen. Um den Lichtbogen zu zünden, ist eine bestimmte Spannung erforderlich; die Elektrode muß also wieder abgehoben werden. Ist die erforderliche Zündspannung erreicht, so bildet sich durch die oben beschriebene Stoßionisation der Lichtbogen. Spannung und Stromstärke stellen sich dann auf den Arbeitspunkt A ein, den Schnittpunkt der Lichtbogenkennlinie mit der statischen Kennlinie der verwendeten Stromquelle.

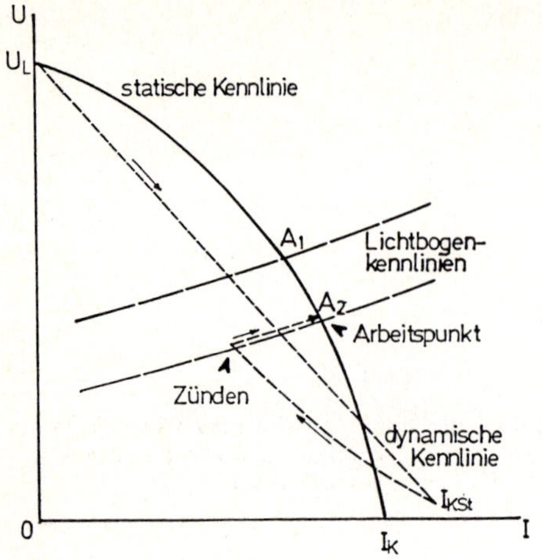

Bild 2.11 Der Verlauf von Strom und Spannung beim Zünden des Schweißlichtbogens

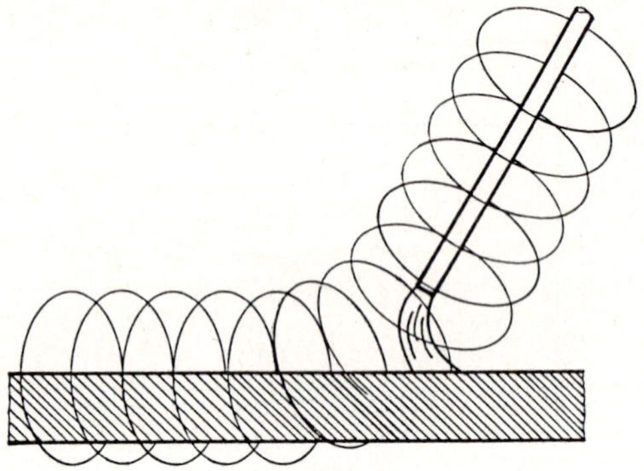

Bild 2.12 Die magnetische Blaswirkung beim Schweißen mit Gleichstrom beruht auf der Umlenkung des Magnetfelds

Das Lichtbogenschweißen kann grundsätzlich sowohl mit Gleichstrom als auch mit Wechselstrom erfolgen. Am günstigsten ist das Schweißen mit Gleichstrom. Durch die konstante Spannung bei unveränderter Polung brennt der Lichtbogen über längere Zeit, womit günstige Voraussetzungen für die Bildung der Ladungsträger und die Ionisation bei allen Verfahren gegeben sind.

Zu beachten ist beim Arbeiten mit Gleichstrom die magnetische Blaswirkung. Jeder stromdurchflossene elektrische Leiter ist von einem kreisförmigen Magnetfeld umgeben. Beim Schweißen ist der Lichtbogen ein äußerst beweglicher Leiter, der den Stromübergang zwischen Elektrode und Grundwerkstoff gestattet. Wie Bild 2.12 zeigt, kommt es durch die mehr oder weniger starke Umlenkung des Magnetfelds am Fußpunkt des Lichtbogens zu einer Verdichtung des Feldes auf der einen, zu einer Schwächung auf der anderen Seite. Durch diese Verdichtung wird der Lichtbogen als beweglicher Leiter in die Richtung des geschwächten Magnetfeldes abgedrängt. Diese Erscheinung wird als magnetische Blaswirkung bezeichnet und sowohl bei magnetischen wie auch bei unmagnetischen Metallen beobachtet.

Bei magnetisierbaren Werkstoffen überlagert sich ein zweiter Effekt, der in dem unterschiedlichen magnetischen Leitwert von Luft und Metallen begründet ist. So wird der Lichtbogen bei großen stromdurchflossenen Werkstoffmassen zu diesen hin abgelenkt. Dabei ist es möglich, daß die magnetische Blaswirkung völlig aufgehoben wird.

Die Blaswirkung kann u.U. zum Erlöschen des Lichtbogens führen; daher müssen entsprechende Maßnahmen getroffen werden, die ihr entgegenwirken.

Dies kann durch eine entsprechende Neigung der Elektrode und die Verlegung des Anschlusses des Massekabels erfolgen. Die Verwendung von Wechselstrom löst das

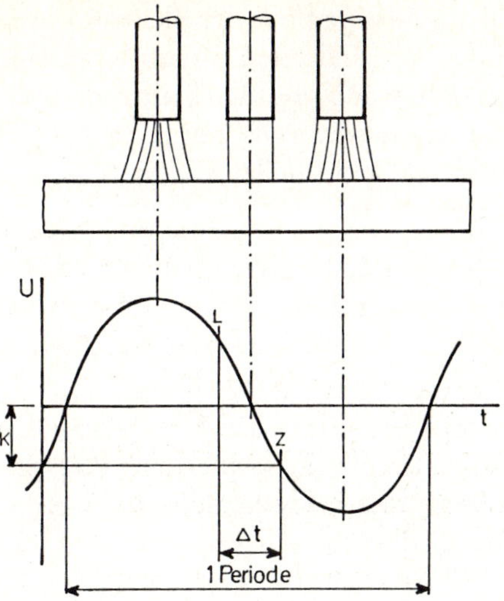

Bild 2.13 Beim Schweißen mit Wechselstrom erlischt der Lichtbogen periodisch und muß wieder neu gezündet werden

Problem ebenfalls. Ist dies nicht möglich, so kann durch Auflegen von größeren Stahlstücken an bestimmten Stellen der Lichtbogen in die gewünschte Richtung abgelenkt werden. In vielen Fällen wird aber auch hier eine Neigung der Elektrode Abhilfe bringen.

Beim Schweißen mit Wechselstrom wechselt die Polung im Takt der Frequenz. Während einer Periode erlischt der Lichtbogen zweimal beim Wechsel der Polung und muß jedesmal neu gezündet werden. Aus Bild 2.13 wird deutlich, wie mit abnehmender Spannung und Stromstärke der Lichtbogen erlischt und nach dem Nulldurchgang mit veränderter Polung wieder neu gezündet werden muß. Dies setzt voraus, daß genügend Ladungsträger im Bereich zwischen Elektrode und Werkstück vorhanden sind. Eine höhere Frequenz, eine höhere Leerlaufspannung der Stromquelle, die Verwendung von Zündhilfen und das Schweißen mit umhüllten Elektroden erleichtern dies.

Beim Metall-Lichtbogenschweißen und beim Metall-Schutzgasschweißen wird mit einer abschmelzenden Elektrode gearbeitet; sie ist somit sowohl Träger des Lichtbogens als auch Schweißzusatz. Der Werkstoffübergang erfolgt dabei unabhängig von der Polung immer von der Elektrode zum Werkstück in Tropfenform. Die Elektrode verflüssigt sich infolge der hohen Temperatur am Ansatz des Lichtbogens. Der abgeschmolzene Werkstoff formt sich zum Tropfen, dessen Form und Größe von den Eigenschaften des Metalls aber auch von den im Lichtbogen herrschenden Kräften beeinflußt wird.

Die Abschnürung des Tropfens am verflüssigten Elektrodenende ist eine Folge des Pinch-Effekts, der mit der Lorentz-Kraft erklärt werden kann. Danach übt das Magnetfeld eines stromdurchflossenen Leiters auf diesen eine radial wirkende Kraft aus, die sich mit der Stromdichte nach einem quadratischen Gesetz ändert. Diese Stromdichte ist aus verschiedenen Gründen an der Elektrodenspitze immer höher als am Werkstück. Geringe Änderungen des Querschnitts führen weiterhin zu einer starken

Vergrößerung der Stromdichte mit der Folge, daß das flüssige Ende der Elektrode zum Tropfen abgeschnürt wird. Ist der Tropfen gebildet, so erhält die Lorentz-Kraft eine axiale Komponente, die den Tropfen nach seiner Ablösung von der Elektrode u.U. auch gegen die Wirkung der Schwerkraft in Richtung auf das Schweißbad befördert. Die Größe des Tropfens ist also u.a. auch von der Stromdichte an der Elektrodenspitze abhängig.

Daneben ist die Tropfengröße eine Funktion der Viskosität des abgeschmolzenen Metalls und dessen Oberflächenspannung. Mit zunehmender Temperatur nehmen beide Größen ab, so daß feinere Tropfen gebildet werden. Bei Stählen führt ein erhöhter Gehalt an Sauerstoff ebenfalls zur Verminderung der Oberflächenspannung.

Die Bewegung des Tropfens von der Elektrode zum Werkstück wird beim Schweißen in waagrechter und senkrechter Position wesentlich durch die Schwerkraft bewirkt. Ist die Masse des Tropfens auf einen kritischen Wert angewachsen, so wird er gegen die Wirkung der Oberflächenspannung durch die Erdbeschleunigung von der Elektrode abgelöst.

Eine Kraftwirkung auf den Tropfen geht auch von der Plasmaströmung im Lichtbogen aus. Wie oben erwähnt, ist die Stromdichte im Lichtbogen an der Elektrodenspitze am größten. Dadurch tritt dort auch die größte radiale Kraftwirkung des Magnetfelds auf mit der Folge, daß über die Länge des Lichtbogens eine ungleichmäßige Verteilung des Drucks vorliegt. So entsteht eine Strömung des Plasmas mit hoher Geschwindigkeit, deren Sogwirkung die Ablösung des Tropfens unterstützt und einen Werkstoffübergang gegen die Schwerkraft ermöglicht (Schweißen in Überkopfposition).

In gleicher Weise unterstützen im Tropfen gelöste Gase die Ablösung des Tropfens von der Elektrode und seine Beschleunigung in Richtung Werkstück. Die Lösungsfähigkeit einer Metallschmelze für Gase ist von deren Temperatur abhängig. Bei höherer Temperatur können beachtliche Gasmengen gelöst werden, die bei sinkender Temperatur wieder ausgeschieden werden müssen. Beim Schweißen führt dies zu einem explosionsartig verlaufenden Austritt des Gases kurz unterhalb der Elektrodenspitze und damit zur Ablösung, eventuell auch Zerstäubung des Tropfens. Verschiedene Untersuchungen zeigen, daß beim Schweißen von Stählen Kohlenmonoxid eine besondere Rolle spielt. Dieses kann sich aus im Kernstab vorhandenem Kohlenstoff und Sauerstoff bilden, wobei letzterer aus der Umgebung stammt.

2.2.2 Schweißstromquellen

Verschiedene Gründe verbieten es, den für das Schweißen erforderlichen Strom direkt aus dem öffentlichen Netz zu entnehmen. Einmal stellen die hohen Netzspannungen eine lebensgefährliche Bedrohung für den Schweißer dar, zum anderen treten beim Schweißen sprunghaft starke Schwankungen der Stromstärke auf, die das Netz zu stark belasten würden. Darüber hinaus besteht kein öffentliches Netz für Gleichstrom, der für die Schweißtechnik nach wie vor von Bedeutung ist.

Allgemein sind an die Schweißstromquellen folgende Anforderungen zu stellen:

1. Die Leerlaufspannung darf den Schweißer nicht gefährden, muß aber ein gutes Zünden gewährleisten. Diese Forderung wird erfüllt durch die Begrenzung der ma-

ximalen Spannung beim Gleichstrom auf 100 V, bei Wechselstrom auf 80 V. Für das Schweißen unter erhöhter elektrischer Gefährdung, z.B. im Stahl- und Kesselbau, sind 42 V Leerlaufspannung vorgeschrieben.

2. Der Kurzschlußstrom darf einen Höchstwert nicht überschreiten.
   Dieser maximal zulässige Strom richtet sich nach der Bauart der Stromquelle und muß gewährleisten, daß deren Wicklung und Isolierung sich nicht zu hoch erwärmen.
3. Die Spannung muß sich nach dem Kurzschluß verzögerungsfrei auf den Arbeitswert einstellen. Diese Forderung ist zu stellen im Hinblick auf einen ruhig brennenden Lichtbogen (dynamische Eigenschaften).

Zur Kennzeichnung des Verhaltens von Schweißstromquellen unter Last dienen die statischen Kennlinien. Sie beschreiben den Zusammenhang von Schweißstromstärke und Lichtbogenspannung bei langsamem Wechsel der Belastung.

Zu unterscheiden sind zwei charakteristische Kennlinien: die Stromquelle mit fallender Kennlinie und die Stromquelle mit Konstantspannungs-Charakteristik. Als dritte Möglichkeit ist die Stromquelle mit Konstantstrom-Charakteristik der Vollständigkeit halber zu nennen.

– Stromquelle mit fallender Kennlinie.
  Bild 2.14 zeigt die statische Kennlinie einer Schweißstromquelle mit fallender Charakteristik. Entsprechend dem Kurvenverlauf mit großer Steilheit ergibt sich auch bei größeren Spannungsschwankungen entsprechend unterschiedlicher Lichtbogenlängen nur eine kleine Änderung der Stromstärke. Stromquellen mit dieser Charakteristik sind besonders geeignet für das Lichtbogenhandschweißen, das WIG-Schweißen und das UP-Schweißen mit großem Drahtdurchmesser (> 3 mm).

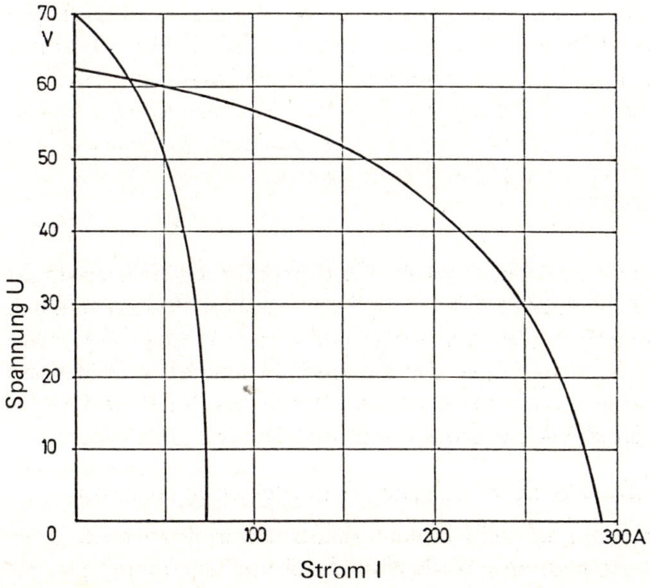

Bild 2.14
Statische Kennlinie einer Schweißstromquelle mit fallender Charakteristik (DALEX)

– Stromquelle mit Konstantspannungs-Kennlinie.
  Wie Bild 2.15 zeigt, führt eine kleine Änderung der Länge des Lichtbogens, d.h. eine geringfügige Änderung der Lichtbogenspannung, bei dieser Kennlinie zu einer großen Änderung der Stromstärke. Der Spannungsabfall liegt dabei zwischen 2 und 8 V je 100 A.
  Wird beispielsweise der Lichtbogen kürzer, wobei sich die Spannung vermindert, so steigt die Stromstärke stark an. Das bewirkt ein stärkeres Abschmelzen der Elektrode und damit eine Verlängerung des Lichtbogens. Bei dieser „Inneren Regelung" oder ΔI-Regelung liegt also ein „Selbstregeleffekt" vor, der diese Stromquellen besonders geeignet macht für alle Verfahren mit automatischer Zuführung des Zusatzwerkstoffs, insbesondere das MIG-/MAG-Schweißen, aber auch das UP-Schweißen mit dünnen Drahtelektroden (< 3 mm).

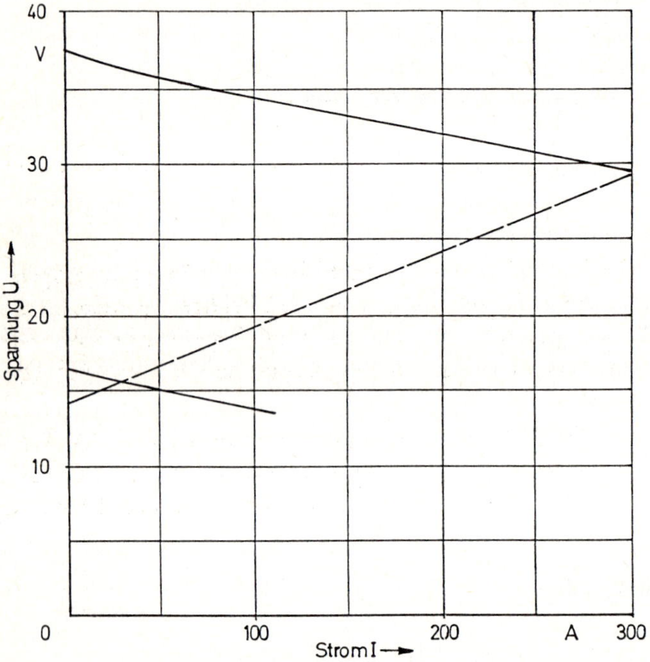

Bild 2.15
Statische Kennlinie einer Schweißstrtomquelle mit Konstantspannungscharakteristik (Oerlikon COK 302)

Den raschen Wechsel von Spannung und Stromstärke während des Schweißvorganges und deren Verhalten gibt die dynamische Kennlinie wieder. Bild 2.16 zeigt schematisch den Zusammenhang von Spannung und Stromstärke in Abhängigkeit von der Zeit beim Schweißen. Eingezeichnet ist auch der Zusammenhang mit der statischen Kennlinie der Stromquelle.

Während des Leerlaufs liegt an den Klemmen der Stromquelle die Leerlaufspannung U_0 an, die Stromstärke liegt wenig über 0. Wird die Elektrode auf das Werkstück aufgesetzt, so tritt Kurzschluß ein, d.h. die Stromstärke steigt sprungartig auf den Wert der Kurzschlußstromspitze I_{KSt} an, um sich dann auf den Kurzschlußstrom I_K einzupendeln. Die Spannung sinkt dabei auf die Kurzschlußspannung U_K ab.

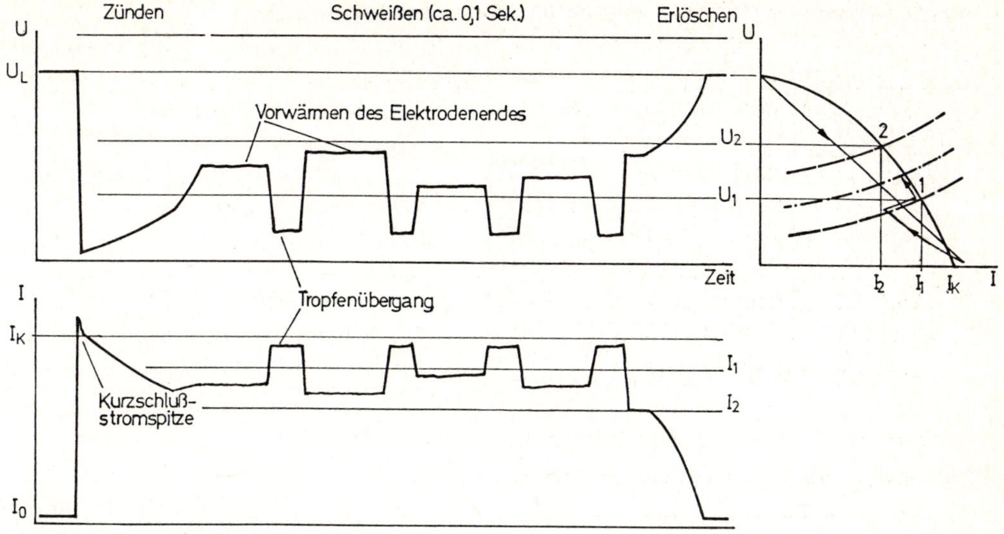

Bild 2.16

Verlauf von Stromstärke und Spannung in Abhängigkeit von der Zeit beim Schweißen mit Werkstoffübergang im Kurzschluß (nach Puhrer)

Durch Abheben der Elektrode wird nunmehr der Lichtbogen gezündet. Die Spannung steigt dabei kurzzeitig auf die Zündspannung U_Z an, um bei brennendem Lichtbogen auf den Wert der Arbeitsspannung U_A abzusinken. Gegenläufig sinkt die Stromstärke auf die Zündstromstärke I_Z ab und pendelt sich auf den Wert des Arbeitspunktes ein.

Der Lichtbogen brennt stabil zwischen den Grenzarbeitspunkten A_1 und A_2. Wird der Lichtbogen zu lang, der Arbeitsbereich bei A_1 nach oben überschritten, so reißt der Lichtbogen ab. Bei kürzer werdendem Lichtbogen erlischt dieser, wenn der Punkt A_2 unterschritten wird.

Bauarten von Schweißstromquellen

A. Schweißtransformatoren

Der Transformator besteht im Prinzip aus zwei getrennten Wicklungen auf einem gemeinsamen Eisenkern. Netzseitig liegt eine Spule mit vielen Windungen. Es bildet sich ein zeitlich veränderliches Magnetfeld, das den Eisenkern erfaßt. Dieses Magnetfeld ändert mit der Frequenz des Wechselstroms aus dem Netz seine Größe und Richtung, wodurch in der Sekundärspule mit weniger Windungen eine Wechselspannung gleicher Frequenz aber geringerer Spannung induziert wird. Bild 2.17 zeigt den prinzipiellen Aufbau eines Schweißtransformators.

Die Spannung U_2 im Sekundärstromkreis, dem Schweißstromkreis, errechnet sich dabei aus dem Verhältnis der Windungen N von Primär- und Sekundärspule $U_1 : U_2 = N_1 : N_2$. Die zugehörigen Ströme verhalten sich im verlustlosen Betrieb gem. $U_1 : U_2 = I_2 : I_1$.

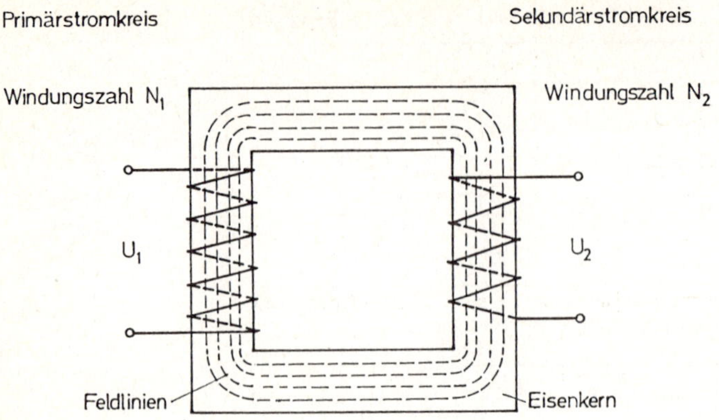

Bild 2.17
Prinzipieller Aufbau des Transformators

Diese Umwandlung ist mit einem Umspannverlust von etwa 10% behaftet, so daß der Wirkungsgrad eines Transformators rund 90% beträgt. Die Blindleistung, die für den Aufbau des Magnetfeldes benötigt wird, wird zusätzlich noch mit dem Leistungsfaktor cos φ erfaßt. Mit Blindstromkompensation ist ein Leistungsfaktor zwischen 0,7 und 0,9 erreichbar; ohne Kompensation liegt er bei 0,3 bis 0,4. Der Leerlaufverlust ist mit 0,4 kW anzusetzen.

Kleinere Schweißtransformatoren bis etwa 4 kVA Leistung werden mit Wechselstrom betrieben, darüber muß mit Drehstrom gearbeitet werden. Bild 2.18 zeigt einen Schweißtransformator mittlerer Leistung.

Die Schweißstromquellen müssen auf die jeweilige Schweißaufgabe eingestellt werden können. Dazu ist es erforderlich, Spannung und Stromstärke durch Veränderung des Kennlinienverlaufs den Gegebenheiten anzupassen. Bei Schweißtransformatoren kleiner Leistung kann die Einstellung durch Anzapfen der Sekundärwicklung erfolgen, Bild 2.19. Diese Art der Regelung ist jedoch nur bei kleiner Stromstärke und niedriger Leerlaufspannung möglich. Mit zunehmender Windungszahl auf der Sekundärseite

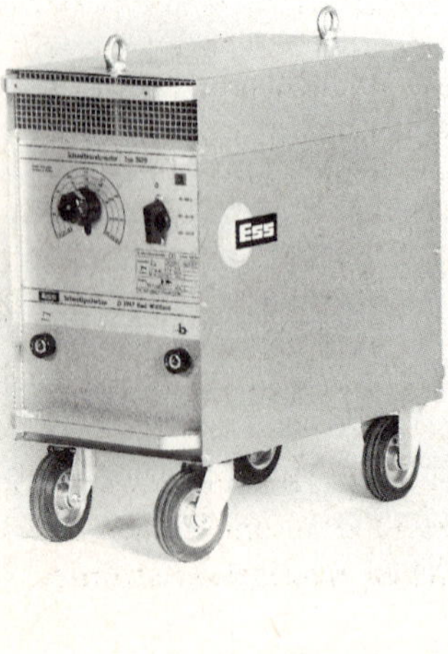

Bild 2.18
Schweißtransformator für Schweißstromstärken zwischen 40 und 350 A.
Werkfoto ESS

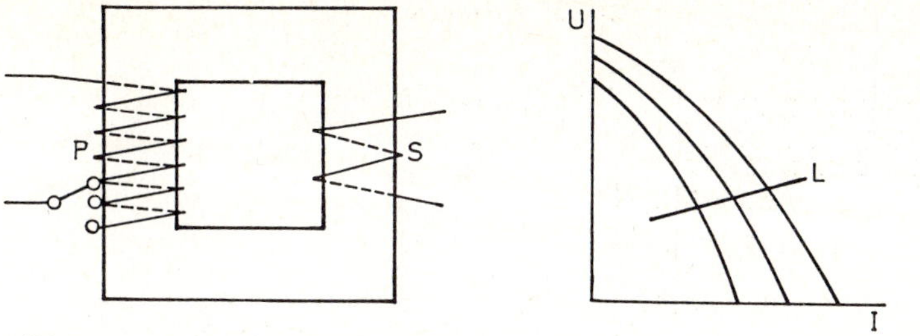

Bild 2.19 Regelung bei Schweißtransformatoren. Regelung durch Anzapfung der Primär- oder Sekundärspule

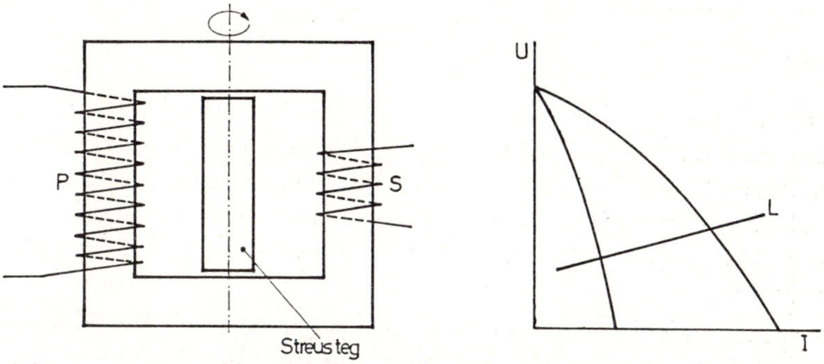

Bild 2.20 Regelung bei Schweißtransformatoren. Regelung durch Verstellung eines Streustegs

fällt die Stromstärke ab, die Spannung steigt. Möglich ist auch die Änderung der Windungszahl auf der Primärseite. Diese Art der Regelung führt zu einer Schar parallel verschobener Kennlinien. Sie hat einen hohen Wirkungsgrad, ist aber mit dem Nachteil behaftet, daß die Stufen nur im Leerlauf geschaltet werden können.

Eine andere Art der Einstellung ist die Regelung mittels eines Streustegs. Wie Bild 2.20 zeigt, wird hier in den Eisenkern ein drehbarer Streukern aus Transformatorenblech eingefügt. Liegt der Streukern in der Ebene des Eisenkerns, so zieht er einen großen Teil der magnetischen Feldlinien auf sich und schwächt so das Magnetfeld im Bereich der Sekundärspule und damit den Schweißstrom. Steht er senkrecht auf der Ebene des Eisenkerns, so wird das Feld kaum geschwächt und man erhält einen großen Schweißstrom.

Auf dem gleichen Prinzip beruht die Regelung mittels der Änderung des Abstands von Primär- und Sekundärspule. In Bild 2.21 kann die Primärspule gegenüber der Sekundärspule verschoben werden. Wird der Abstand vergrößert, so wird die Wirkung des Magnetfelds auf die Sekundärspule vermindert, wodurch auch der Schweißstrom vermindert wird.

Die statische Kennlinie wird in beiden Fällen in gleicher Weise verändert, wie die Bilder zeigen. Bei wenig geänderter Leerlaufspannung ergibt sich eine fächerartig angeordnete Schar von Kennlinien mit stark unterschiedlichen Kurzschlußströmen.

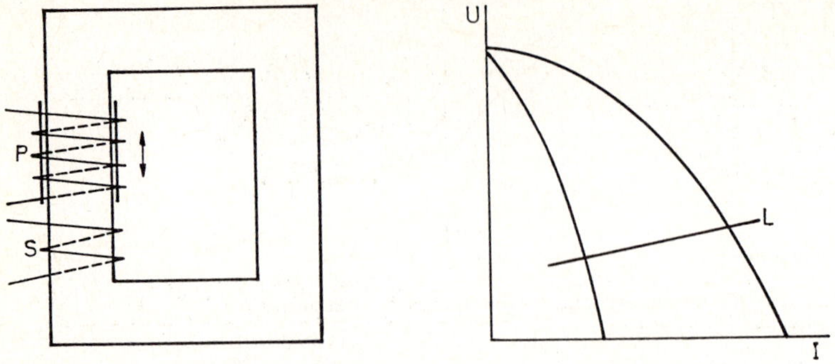

Bild 2.21 Regelung bei Schweißtransformatoren. Regelung durch Veränderung des Abstands von Primär- und Sekundärspule

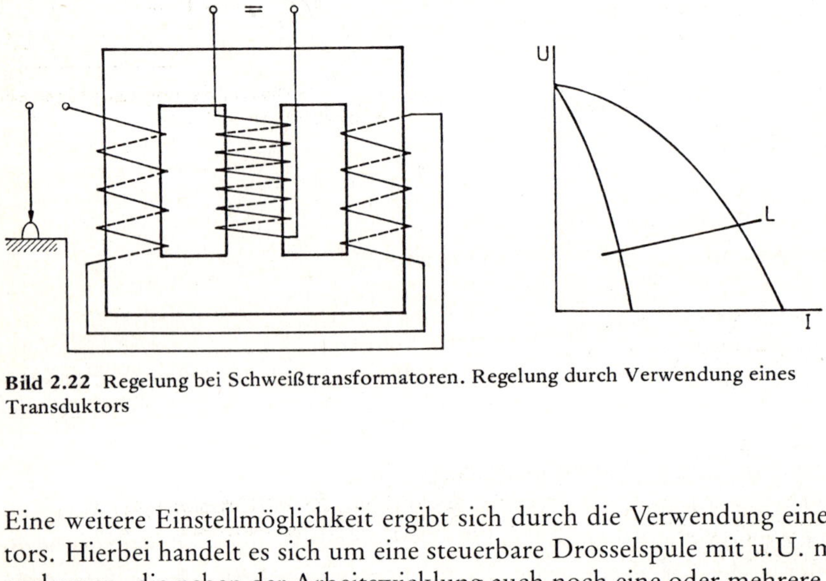

Bild 2.22 Regelung bei Schweißtransformatoren. Regelung durch Verwendung eines Transduktors

Eine weitere Einstellmöglichkeit ergibt sich durch die Verwendung eines Transduktors. Hierbei handelt es sich um eine steuerbare Drosselspule mit u.U. mehreren Eisenkernen, die neben der Arbeitswicklung auch noch eine oder mehrere Steuerwicklungen enthält, Bild 2.22. Der Transduktor erlaubt eine Feineinstellung auch während des Schweißens.

B. Schweißgleichrichter

Die Schweißgleichrichter haben die Aufgabe, den Wechselstrom hoher Spannung, wie er dem Netz entnommen wird, in einen Gleichstrom niedriger Spannung umzuwandeln. Vom Aufbau her bestehen sie aus einem Transformator zur Umspannung des Netzwechselstroms und einem nachgeschalteten Gleichrichter, Bild 2.23. Als Gleichrichter werden heute fast ausnahmslos Halbleiterbauelemente, bevorzugt Silizium-Dioden verwendet. Dioden sind dadurch gekennzeichnet, daß sie den elektrischen Strom nur in einer Richtung passieren lassen, in der Gegenrichtung jedoch als Isolator wirken.

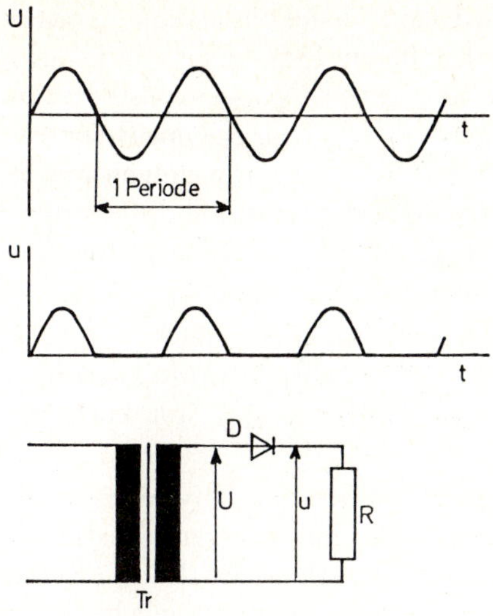

Bild 2.23 Prinzipielle Schaltung eines Einphasen-Gleichrichters unter Verwendung nur einer Diode

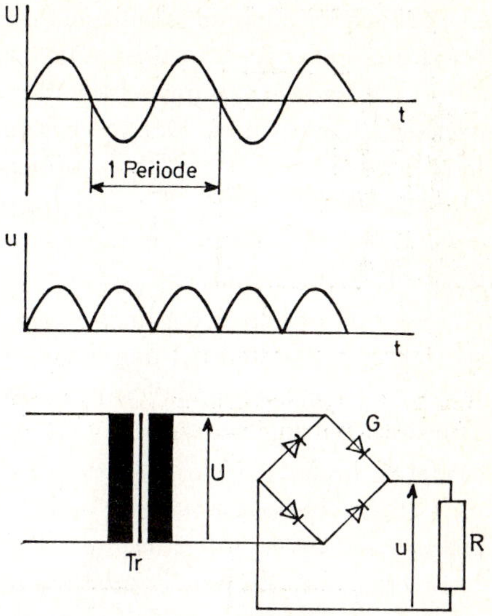

Bild 2.24 Brückenschaltung eines Einphasen-Gleichrichters nach Graetz

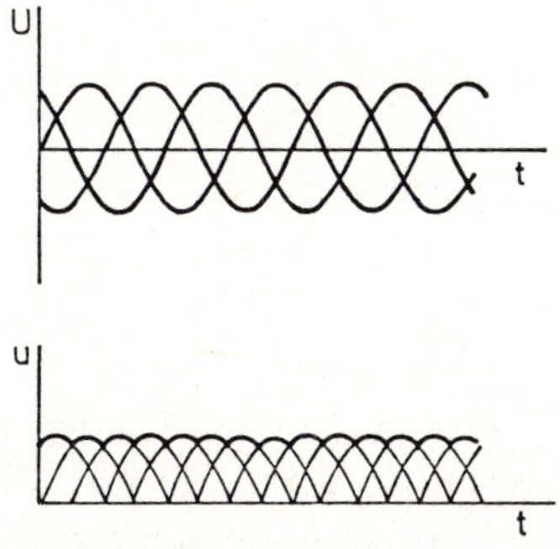

Bild 2.25

Die Gleichrichtung eines Drehstroms ergibt einen Gleichstrom geringer Welligkeit

Ordnet man im Sekundärstromkreis nur eine einzelne Diode an, so würde nur eine Halbwelle durchgelassen, während die zweite Halbwelle unterdrückt würde. Es entstünde ein Spannungsverlauf nach Bild 2.23, der für das Schweißen ungeeignet ist.

Durch eine Brückenschaltung nach Graetz, Bild 2.24, gelingt es, die negative Halbwelle in eine positive umzuwandeln. Dadurch erzielt man bei Wechselstrom einen pulsierenden Gleichstrom, allerdings mit ausgeprägter Welligkeit. Diese kann durch den Einbau von Drosseln weitgehend geglättet werden.

Ein Gleichstrom geringerer Welligkeit kann gewonnen werden durch die Verwendung von Drehstrom, Bild 2.25. Die Primärseite des Transformators weist entsprechend den drei Phasen des Drehstroms drei Spulen auf einem gemeinsamen Eisenkern auf.

Die auf der Sekundärseite anliegende Spannung wird dann wieder mittels einer Graetz-Schaltung gleichgerichtet. Eine neuere Entwicklung für die Erzeugung von Gleichstrom ist der Schweißumrichter. Bei diesem wird der netzseitige Wechselstrom zunächst gleichgerichtet. Der so gewonnene Gleichstrom wird in einer Umrichterstufe wieder in einen Wechselstrom höherer Frequenz und anderer Form umgewandelt. Dieser rechteckförmige Wechselstrom wird in einem Transformator auf die erforderliche niedrige Spannung gebracht und anschließend gleichgerichtet und geglättet. Die hohe Frequenz ermöglicht kleinere und damit leichtere Transformatoren.

Die Einstellung der Kennlinie erfolgt bei den Gleichrichtern bevorzugt im Wechselstromkreis. Von den bei den Schweißtransformatoren beschriebenen Möglichkeiten werden insbesondere die Streukernverstellung und die Verstellung mit Hilfe des Transduktors angewandt.

Daneben findet sich bei Drehstrom-Gleichrichtern zunehmend die Thyristorverstellung. Beim Thyristor handelt es sich um ein „steuerbares Halbleiterventil", also um einen steuerbaren Gleichrichter, der die Dioden in der Graetz-Schaltung ersetzt. Kennzeichnend für den Thyristor ist ein stabiler Lichtbogen und die Möglichkeit der stufenlosen Einstellung. In Bild 2.26 ist ein Schweißgleichrichter mittlerer Leistung wiedergegeben.

Bild 2.26
Schweißgleichrichter für Schweißströme bis 220 A
Werkfoto ESS

C. Schweißumformer

Die älteste Schweißstromquelle ist der Schweißumformer. Er erzeugt den zum Schweißen erforderlichen Strom aus mechanischer Energie. So besteht der Maschinensatz aus einem Antriebsmotor und einem auf der gleichen Welle sitzenden Generator. Je nach Ausbildung des Kollektors am Generator entsteht dabei Wechsel- oder Gleichstrom. Im Vordergrund steht allerdings die Erzeugung von Gleichstrom über eine „mechanische Gleichrichtung".

Als Antrieb kommt einmal ein Verbrennungsmotor in Betracht; man spricht dann von einem Schweißaggregat. Der Einsatz erfolgt vorwiegend auf Baustellen, wo kein

Netzstrom zur Verfügung steht. Zum anderen kann als Antrieb ein Drehstrommotor, zumeist ein Asynchronmotor, verwendet werden. Wichtig ist, daß der verwendete Motor auch bei schwankender Last eine konstante Drehzahl hält.

Die Generatorbauarten unterscheiden sich einmal nach der Art der Erregung, zum anderen im Aufbau des Magnetfeldes. Bei der Art der Erregung sind drei Möglichkeiten zu unterscheiden

a) *Selbsterregt*
Hier wird der remanente Magnetismus zwischen den Polen ausgenutzt. So erregte Generatoren verhalten sich dynamisch träge, kommen daher für Schweißzwecke nicht in Betracht.

b) *Eigenerregt*
Auf der Generatorwelle ist eine eigene Erregerstromquelle, der Hilfsgenerator, angeordnet, der den erforderlichen Erregerstrom liefert.

c) *Fremderregt*
Die Magnetisierung der Pole erfolgt durch einen Strom, der über Gleichrichter aus dem Netz entnommen wird.

Nach der Art des inneren Aufbaus des Magnetfeldes sind zu unterscheiden

a) *Der Gegenverbundgenerator*
Die Erregerwicklung ist hier so geschaltet, daß der in ihr fließende Strom dem Schweißstrom in der Hauptwicklung entgegengesetzt gerichtet ist. Es entsteht eine fallende Kennlinie, Bild 2.27.

b) *Der Streufeldgenerator*
Im Aufbau ist dieser Typ dem Gegenverbundgenerator ähnlich. Er unterscheidet sich jedoch in der Anordnung der Hauptwicklungen, die hier auf eigenen Polen, den Streupolen, angeordnet sind, Bild 2.28.

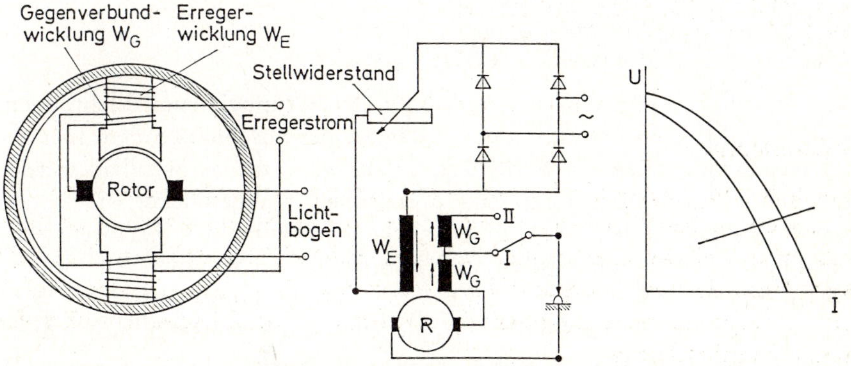

Bild 2.27 Schaltbild, Wicklungsanordnung und statische Kennlinie eines Gegenverbundgenerators

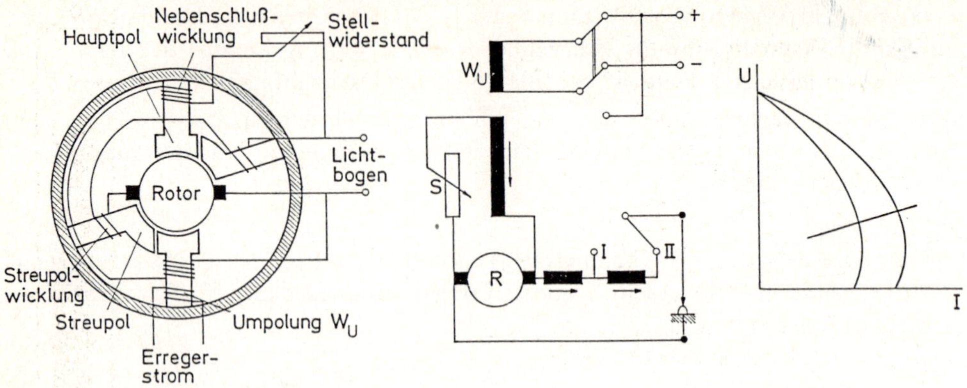

Bild 2.28 Schaltbild, Wicklungsanordnung und statische Kennlinie eines Streufeldgenerators

c) *Der Verbundgenerator*
Auch der Verbundgenerator ist im Bau dem Gegenverbundgenerator ähnlich. Die Erregerwicklung ist hier aber gleichsinnig zur Hauptwicklung angeordnet. Dadurch entsteht eine Konstantspannungs-Charakteristik der statischen Kennlinie.

d) *Der Querfeldgenerator*
Diese Bauart ist dadurch gekennzeichnet, daß nur eine Hauptwicklung vorhanden ist. Das zur Induzierung im Anker erforderliche magnetische Feld wird durch das Kurzschließen einer Hilfsbürstenbrücke erzeugt.

Von praktischer Bedeutung sind heute noch der Gegenverbund- und der Streufeldgenerator. Neuere Entwicklungen sind der bürstenlose Generator, der zunächst einen Wechselstrom höherer Frequenz erzeugt, welcher in einer zweiten Stufe dann gleichgerichtet wird. Beim Wechselstromgenerator wird ein Wechselstrom mittlerer Frequenz direkt erzeugt.

2.2.3 Das Lichtbogenhandschweißen (LBH)

Das Lichtbogenhandschweißen ist ein Verfahren der Gruppe Metall-Lichtbogenschweißen. Der Lichtbogen brennt dabei zwischen einer abschmelzenden, manuell geführten Stabelektrode und dem Werkstück. Lichtbogen und Schweißbad werden vor dem Zutritt der Atmosphäre durch Gase und Schlacken abgeschirmt, die von der Elektrodenumhüllung stammen. Die grundsätzliche Anordnung des Verfahrens zeigt Bild 2.29. Mit dem Lichtbogenhandschweißen können Stähle, Stahlguß, Aluminium, Kupfer, Nickel und deren Legierungen geschweißt werden. Unter bestimmten Voraussetzungen ist auch das Schweißen der verschiedenen Gußeisensorten möglich.

Einschränkungen hinsichtlich der verschweißbaren Blechdicken bestehen nicht; die kleinstmögliche Blechdicke liegt bei etwa 1,5 mm.

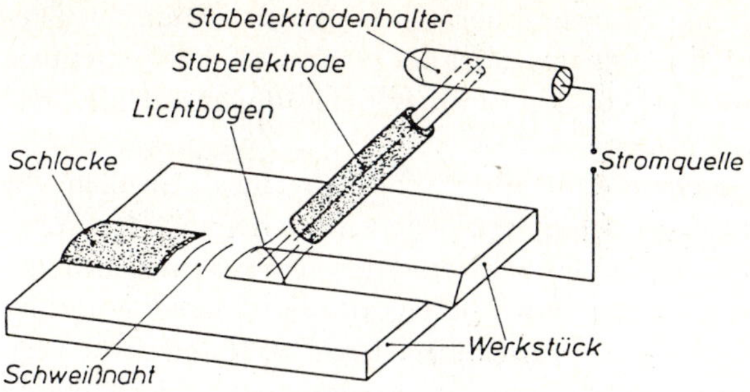

Bild 2.29 Prinzipielle Verfahrensanordnung beim Lichtbogenhandschweißen (nach DIN 1910)

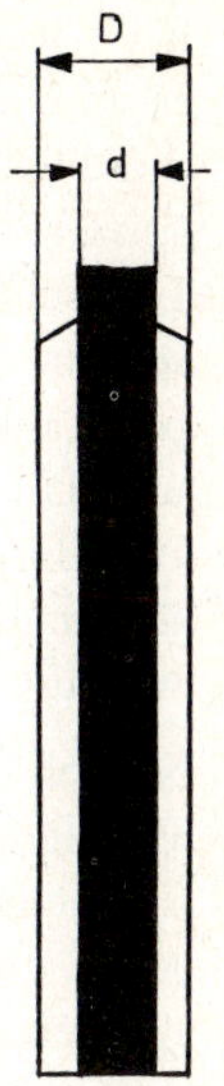

Bild 2.30
Zur Definition der Umhüllungsdicke

Elektroden

Unter Stabelektroden versteht man die stromführend abschmelzenden Zusatzwerkstoffe. In Betracht kommen beim Lichtbogenhandschweißen Stabelektroden, bei den anderen Verfahren auch Drahtelektroden, wobei bei den Stabelektroden noch weitere Unterscheidungen möglich sind. Genormt sind diese Elektroden in DIN 1913, 8529, 8555, 8573 und 8575. Stabelektroden sind abgelängte Stäbe von kaltgezogenem Draht mit einer Umhüllung. Je nach Dicke der Umhüllung werden sie eingeteilt in dünn umhüllte ($D \leqq 1{,}2.d$), mitteldick ($1{,}2.d \leqq D \leqq 1{,}55.d$) und sehr dick umhüllte ($D > 1{,}55.d$) Elektroden, Bild 2.30. Elektroden ohne Umhüllung sind nicht mehr gebräuchlich.

Die Umhüllung hat mehrere Aufgaben:

1. Sie soll den Lichtbogen stabilisieren.
   Dies wird erreicht durch die Zugabe von Stoffen, die sich bei geringer Energiezufuhr ionisieren lassen. Dadurch wird es auch möglich, mit Wechselstrom zu schweißen.
2. Sie soll den Lichtbogen mit einem Schutzgasmantel umgeben.
   Hierzu eigenen sich organische Stoffe wie z.B. Zellulose, die beim Verbrennen entsprechende gasförmige Verbrennungsprodukte freisetzen. Geeignet sind auch anorganische Verbindungen wie Calciumkarbonat $CaCO_3$. Bei der Zerlegung im Lichtbogen entsteht dabei neben CaO das gasförmige CO_2, das als Schutzgas dient.
3. Sie soll Schlacke bilden.
   Um ein rasches Erkalten des abgeschmolzenen Schweißguts zu verhindern – damit

u.U. auch eine Aufhärtung – ist eine Wärmeisolierung der Raupe erwünscht. Diese wird erzielt durch die Bildung einer Schlacke über der Naht. Gleichzeitig schützt diese Schlacke das flüssige Schweißgut vor den Einflüssen der umgebenden Atmosphäre.
Die Schlacke hat nicht zuletzt auch eine metallurgische Aufgabe zu erfüllen. Sie soll im Schweißbad vorhandene Verunreinigungen wie z.B. Schwefel oder Phosphor aufnehmen und damit die Qualität des Schweißgutes verbessern. Da Metall und Umhüllung gleichzeitig abschmelzen, wird bereits der sich bildende und im Lichtbogen übergehende Tropfen von den Mineralien der Umhüllung überzogen und damit geschützt. Für die Tropfengröße ist der Sauerstoffgehalt der Umhüllung wichtig, da über das Sauerstoffangebot die Oberflächenspannung beeinflußt wird.

4. Sie soll das Schweißgut auflegieren.
Bei den hohen Temperaturen im Lichtbogen werden einige im Draht enthaltene Elemente, z.B. Kohlenstoff, Silizium und Mangan, verbrannt. Dieser Abbrand kann durch die in der Umhüllung enthaltenen Ferrolegierungen wieder ausgeglichen werden. Diese wirken zudem desoxidierend.
Es ist aber auch möglich, durch die Zugabe von Metallen in die Umhüllung einen ausgesprochenen Legierungseffekt zu erzielen. Durch Zugabe von Eisenpulver in die Umhüllung kann im übrigen das Ausbringen einer Elektrode stark erhöht werden (Hochleistungselektrode).

Unabhängig vom chemischen Charakter beeinflußt die Dicke der Umhüllung den Tropfenübergang und die Einbrandtiefe. Mit zunehmender Umhüllungsdicke wird der Werkstoffübergang immer feintropfiger. Dies hat zur Folge, daß die Spaltüberbrückbarkeit einer dünn umhüllten Elektrode wegen des grobtropfigen Übergangs wesentlich besser ist, als die einer dick umhüllten Stabelektrode. Diese ergibt allerdings wegen des sehr feintropfigen Übergangs ein besseres Nahtaussehen. In gleicher Weise nimmt mit zunehmender Dicke der Umhüllung die Einbrandtiefe zu.

Die Stabelektroden werden nach dem chemischen Charakter der Umhüllung in vier Grundtypen eingeteilt:

Saure Elektroden A,
Rutilelektroden R,
Basische Elektroden B,
Zelluloseelektroden C.

Daneben gibt es in der Praxis noch verschiedene Mischtypen wie „rutilsaure“ Elektroden (AR) oder „Rutil-Zellulose-Elektroden“ (RC).

Entsprechend der vorgenannten Aufgaben der Umhüllung enthält diese verschiedene Bestandteile. Als Schlackenbildner dienen Erze, Silikate, Kalkstein und Flußspat. Graphit, Zellulose, Kohlehydrate und Karbonate werden als Schutzgasbildner zugesetzt. Zusammen mit den Legierungselementen, in Form reiner Metalle oder Vorlegierungen, werden diese Stoffe durch Wasserglas zur Umhüllungsmasse gebunden.

Die Standardelektrode ist eine mitteldick bis dick umhüllte Rutilelektrode (RR6). Sie enthält etwa 45% Rutil (TiO_2), daneben Quarz, Magnetit und Kalkspat sowie Ferromangan. Gekennzeichnet ist sie durch einen stabil brennenden Lichtbogen mit guter Wiederzündbarkeit.

Häufig verwendet werden auch Elektroden des Rutil-Zellulose-Mischtyps R(C)3. Die mitteldick umhüllte Elektrode zeigt einen kräftigen Lichtbogen und ist auch für das Schweißen von Fallnähten geeignet. Gegenüber der für diese Schweißposition üblicherweise verwendeten C4-Elektrode ist die R(C)3-Elektrode durch geringere Spritzerbildung ausgezeichnet.

Die rutilsauren Elektroden (AR7, AR11) verhalten sich ähnlich wie die sauren Typen. Die guten Eigenschaften dieses Mischtyps haben dazu geführt, daß dieser Elektrodentyp den unten beschriebenen Typ A7 weitgehend ersetzt hat.

Elektroden vom sauren Typ enthalten vorwiegend Magnetit (Fe_3O_4) und Quarz in der Umhüllung. Bevorzugt verwendet werden aus dieser Gruppe dick umhüllte Elektroden (A7). Der Tropfenübergang ist bei dieser Elektrode feinsttropfig, was zu einer hohen Abschmelzleistung führt. Bei Verwendung dieser Elektrode ist jedoch die Neigung zu Bildung von Einbrandkerben zu berücksichtigen. Auch wird die Zähigkeit des Schweißguts durch einen hohen Sauerstoffgehalt stark beeinträchtigt.

Bei Elektroden vom basischen Typ besteht die Umhüllung im wesentlichen aus Flußspat (CaF_2) und Kalkspat ($CaCO_3$) zu gleichen Teilen. Charakteristisch für Elektroden dieses Typs ist der grobtropfige Werkstoffübergang. Sie sind daher in allen Lagen verschweißbar. Das Schweißgut ist zäh, da das sich aus der Umhüllung bildende Gas eine gute Abschirmung des Schweißbads gegen die Atmosphäre bildet. Besonders geeignet ist diese Elektrode zum Verschweißen von Stählen mit Phosphor- und Schwefelseigerungen, da diese Elemente von der basischen Schlacke gebunden werden.

Die Elektroden vom Typ B9 und B10 können nur mit Gleichstrom geschweißt werden. Zum Schweißen mit Wechselstrom muß die Umhüllung etwas saure Anteile enthalten; die häufig verwendete Type B(R)10 ist daher auch zum Verschweißen an Wechselstrom geeignet.

Zelluloseelektroden werden in Deutschland nur zum Fallnahtschweißen eingesetzt. Die Norm enthält von diesem Typ auch nur eine mitteldick umhüllte Elektrode (C4). Beim Abbrennen entwickelt diese Elektrode viel Rauch, auch sprüht sie erheblich.

Neben den normalen umhüllten Elektroden findet man auch selbstschützende Fülldraht-Elektroden, welche die zur Lichtbogenstabilisierung, Schutzgas- und Schlakkenbildung erforderlichen Stoffe im Innern der röhrchenförmig oder als Falzdraht ausgebildeten Elektroden aufweisen.

Bezeichnung der Stabelektroden

Die für das Verbindungsschweißen von unlegierten und niedriglegierten Stählen vorgesehenen Stabelektroden sind in DIN 1913 genormt. Tabelle 6 gibt einen Überblick über die wichtigsten Elektrodentypen. Danach werden die Elektroden je nach Dicke der Umhüllung und der Zuordnung zu einem der Grundtypen in 12 Klassen eingeteilt. Außerdem werden jedem Elektrodentyp die geeignete Stromart (Stromeignung) und die möglichen Schweißpositionen zugeordnet, Bild 2.31.

Die Elektrodenbezeichnung nach DIN 1913 enthält in Form von Kennziffern noch weitere Angaben über die mechanisch-technologischen Gütewerte des Schweißguts (Streckgrenze, Zugfestigkeit, Dehnung) und die Übergangstemperaturen der Kerbschlagzähigkeit für zwei Werte der Schlagarbeit (28 und 47 Joule).

Tabelle 6 Die Elektrodentypen für das Lichtbogenhandschweißen (nach Rellensmann)

Kennziffer der Klasse	Umhüllungstyp	Schweißposition	Stromeignung	Beschreibung der Klasse
2	A2 R2	alle	= / ~	dünnumhüllte Typen, Gewährleistungswerte sind begrenzt
3	R3 R(C)3	alle außer Fallnaht alle	= / ~ = / ~	mitteldickumhüllte Typen, nicht für Fallnahtschweißen geeignet rutilzellulose-umhüllt, auch für Fallnahtschweißen geeignet
4	C4	alle	= (+)	mitteldick zelluloseumhüllter Typ, insbesondere für Fallnahtschweißen (Rohrleitungsbau) geeignet, starke Rauchentwicklung, größere Spritzverluste, schuppige Naht
5	RR5 RR(C)5	alle außer Fallnaht	= / ~	dick rutil- bzw. rutilzellulose umhüllt, wenig Spritzer feintropfiger Werkstoffübergang, nicht für Fallnaht geeignet
6	RR6 RR(C)6	alle außer Fallnaht alle	= / ~ = / ~	dick rutilumhüllt, gutes Wiederzünden, glatte Nahtzeichnung, nicht für Fallnaht dick-rutilzellulose-umhüllt, für die Fallnaht geeignet
7	A7 AR7 RR(B)7	alle außer Fallnaht alle außer Fallnaht	= / ~ = / ~	dick rutil- bzw. rutilsauer-umhüllt, Mischtyp, Eigenschaften entsprechend etwa denen der Klasse 5 rutilbasischer Typ, sehr gute mechanische Eigenschaften, alle Positionen, ausgenommen Fallnaht
8	RR8 RR(B)8	alle außer Fallnaht alle außer Fallnaht	= / ~ = / ~	dick rutilumhüllt, ähnlich der Klasse 6, jedoch Formänderungsvermögen verbessert dick rutilbasisch-umhüllt enthält bis zu 0,9 % Mangan, daher höhere Festigkeit, nicht für Fallnaht
9	B9 B(R)9	alle alle	= (+) = / ~	dick basischumhüllt, Mangangehalt $\leqq$ 1,2 %, besonders für Fallnaht geeignet. Ausbringen < 105 %, Gehalt an diffusiblem Wasserstoff < 10 ml/100 g Schweißgut dick basisch- mit nichtbasischen Anteilen umhüllt, Eigenschaften wie B9

Tabelle 6 (Fortsetzung)

Kennziffer der Klasse	Umhüllungs-typ	Schweiß-position	Stromeignung	Beschreibung der Klasse
10	B10	alle außer Fallnaht	= (+)	dick basischumhüllt, hohe Zähigkeit bei Temperaturen unter 0 °C, wasserstoffkontrolliert, Ausbringen < 120 %, nicht für Fallnaht
	B(R)10	alle außer Fallnaht	= / ~	Umhüllung wie B(R)9, sonst wie B10
11	RR11	Wannen-position	= / ~	rutilumhüllt, Ausbringen ≧ 105 %, vorzugsweise für Stumpfnaht-waagerecht und Kehlnaht-Wannenlage oder Kehlnaht-horizontal
	AR11	Wannen-position	= / ~	Rutilmischtyp, Eigenschaften wie RR11
12	B12	Wannen-position	= (+)	basischumhüllt, Ausbringen ≧ 120 %, wasserstoffkontrolliert, Hochleistungstyp wie Klasse 11
	B(R)12	Wannen-position	= (+)	basisch- mit nichtbasischen Anteilen umhüllt, sonst wie B12

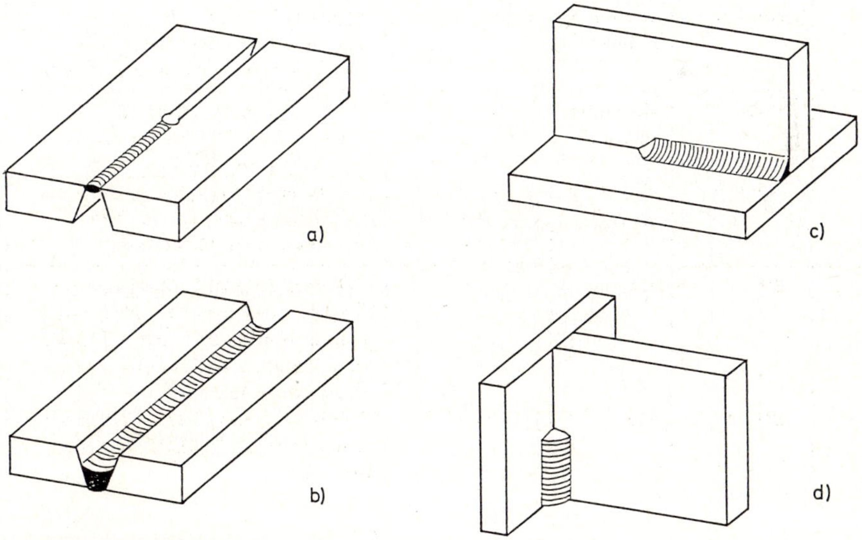

Bild 2.31 Schweißpositionen
a Überkopf b Wannenlage c Horizontalposition d Steignaht

Zur vollständigen Kennzeichnung einer Stabelektrode gehört auch die Kennzahl für das sogenannte Ausbringen. Unter Ausbringen versteht man das Verhältnis des Gewichts der abgeschmolzenen Stabelektrode ohne Stummel zum Gewicht des in der Schweißnaht angekommenen Schweißguts in Prozent. Bei Standardelektroden liegt das übliche Ausbringen je nach Elektrodentyp zwischen 85 und 115%. Hochleistungselektroden, denen in der Umhüllung Eisenpulver zugesetzt wurde, haben ein Ausbringen bis zu 260%

Tabelle 7 enthält eine Zusammenstellung der für eine komplette Elektrodenbezeichnung erforderlichen Kennzahlen.

Danach würde beispielsweise die Elektrodenbezeichnung

Stabelektrode E 43 3 2 AR7 DIN 1913

wie folgt entschlüsselt:

E	Schweißverfahren: Lichtbogenhandschweißen	
43	Zugfestigkeit R_m = 430–550 N/mm²	
	Streckgrenze R_e ≧ 360 N/mm²	
3	Mindestkerbschlagarbeit von 28 J bei −20°C	
2	Mindestkerbschlagarbeit von 47 J bei 0°C	
AR	Elektrodentyp:	rutilsaure Umhüllung (Mischtyp), feintropfiger Werkstoffübergang
7	Kennziffer der Klasse:	dickumhüllt für alle Schweißpostionen außer Fallnaht geeignet

Tabelle 7 Kennzahlen für die Bezeichnung der Stabelektroden (nach DIN 1913)

Kennzahl für Zugfestigkeit und Streckgrenze		
Kennzahl	Zugfestigkeit N/mm²	Streckgrenze N/mm²
	bei Raumtemperatur	
43	430 ... 550	≧ 355
51	510 ... 650	≧ 380

Kennziffern für Kerbschlagarbeit und Dehnung			
1. Kennziffer Mindestkerbschlag-arbeit 28 Joule	2. Kennziffer für erhöhte Mindestkerb-schlagarbeit 47 Joule	bei °C	Mindestdehnung $L_0 = 5\ d_0$ bei Raumtemperatur
ISO-Spitzkerbprobe			
0	0	keine Angaben	
1	1	+ 20	22 %
2	2	± 0	
3	3	− 20	24 %
4	4	− 30	
5	5	− 40	

Bei der Verwendung von Gleichstrom wird die Stabelektrode in der Regel an den Minuspol angeschlossen. Dies gewährleistet ein gutes Zünden, einen schmalen, tiefen Einbrand und eine geringere Wärmebelastung der Elektrode. Abweichend von dieser Regel werden basisch- und zelluloseumhüllte Elektroden sowie die Spezialelektroden zum Schweißen von Aluminium und Grauguß (ausgenommen Nickelelektroden) am Pluspol verschweißt.

Die Stromstärke ist in Abhängigkeit von der Blechdicke, der Schweißposition und dem Elektrodendurchmesser d zu wählen.

Als Faustformel gilt

für $d \leqq 2{,}5$ mm Stromstärke I = Kerndrahtdurchmesser d in mm x 30 Ampere

für $d \geqq 3$ mm Stromstärke I = Kerndrahtdurchmesser d in mm x (40 bis 50) Ampere

Weitere Einstellungen sind nicht erforderlich.

Technik des Schweißens

Die Elektrode ist vom Schweißer so zu führen, daß eine gleichmäßige Ausbildung des Schweißbades in Schweißrichtung entsteht. Die Elektrodenführung ist von folgenden Größen abhängig:

1. Art der Elektrode
2. Grundwerkstoff
3. Stromart
4. Schweißposition
5. Nahtform
6. Nahtaufbau

Jede Unregelmäßigkeit in der Elektrodenführung begünstigt das Auftreten von Fehlern wie Kaltstellen, Schlackeneinschlüsse oder Poren.

Beim Schweißen einer Stumpfnaht in waagrechter Lage muß beispielsweise die Elektrode exakt auf die Mitte der Schweißfuge gerichtet sein. Wie Bild 2.32 zeigt, liegt sie in einer Ebene, die senkrecht zur Blechebene steht und wird in dieser Ebene unter einem Winkel von etwa 45° in Schweißrichtung geneigt. Die Lichtbogenlänge ist etwa gleich dem Kerndrahtdurchmesser. Der Schweißer führt bei diesem „schleppenden" Schweißen mit der Elektrode verschiedene Bewegungen aus. Einmal führt er mit der Elektrode eine „Schiebe-Bewegung" in Richtung des Schweißbades aus. Gleichzeitig zieht er die Elektrode in Richtung zum Nahtende. Es entsteht eine „Zugraupe". Dikkere Bleche können einen Aufbau der Naht durch ein „pendelndes" Schweißen erforderlich machen. Der Schweißer führt dabei mit der Elektrodenspitze noch zusätzlich eine halbmondförmige Pendelbewegung aus.

Weitere Möglichkeiten sind das „senkrechte" Schweißen und das „stechende" Schweißen, Bild 2.33.

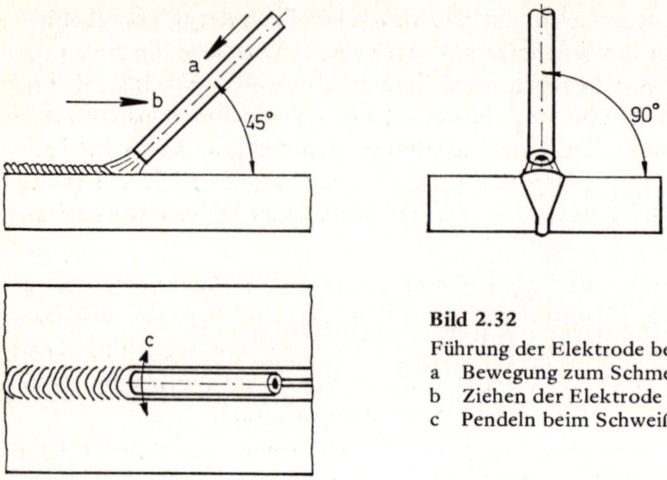

Bild 2.32
Führung der Elektrode beim Lichtbogenhandschweißen
a Bewegung zum Schmelzbad beim Abschmelzen
b Ziehen der Elektrode zum Nahtende und
c Pendeln beim Schweißen von Lagen

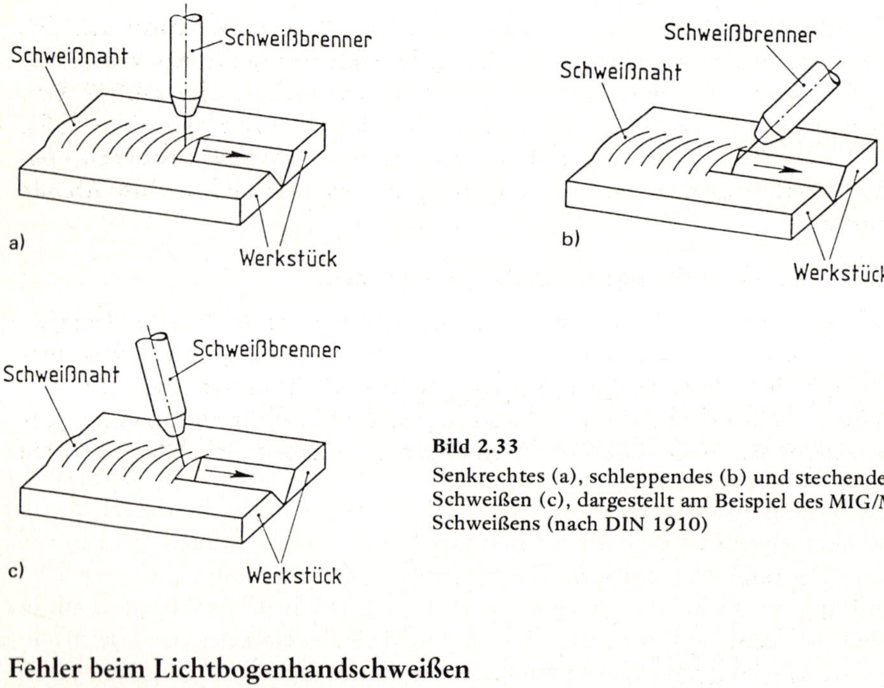

Bild 2.33
Senkrechtes (a), schleppendes (b) und stechendes Schweißen (c), dargestellt am Beispiel des MIG/MAG-Schweißens (nach DIN 1910)

Fehler beim Lichtbogenhandschweißen

Typische Fehler beim Lichtbogenschweißen sind

Poren,
Bindefehler (Kaltstellen),
Schlackeneinschlüsse,
Wurzelfehler,
Einbrandkerben.

Die Bildung von Poren im Schweißgut ist wesentlich auf die Lösung von Kohlenmonoxid und Wasserstoff in der Schmelze und deren Ausgasen beim Erstarren zurückzuführen. Kohlenmonoxid entsteht, wenn höhere Gehalte an Kohlenstoff und Sauerstoff zusammentreffen. Ein höheres Sauerstoffangebot findet man insbesondere bei sauerumhüllten Elektroden. Der zur Gasbildung erforderliche Sauerstoff kann dann in das Schweißbad gelangen, wenn Seigerungszonen aufgeschmolzen werden. Empfehlenswert ist daher die Verwendung beruhigt vergossener Stähle bzw. basischumhüllter Elektroden.

Auf Wasserstoff zurückzuführende Porenbildung findet man insbesondere bei basisch- und zelluloseumhüllten Elektroden. Diese sollten daher vor dem Verschweißen 30 Minuten bei 250 °C getrocknet werden. Dabei spielen einmal die hygroskopischen Bestandteile eine Rolle; wesentlich wichtiger sind aber die Entgasungsbedingungen, die bei diesen Elektroden infolge des zähen Flusses ungünstig sind.

Bei Mehrlagenschweißungen ist die Schlacke vor dem Einbringen der nächsten Lage sorgfältig zu entfernen. Nicht entfernte Schlackereste verbleiben beim Überschweißen im Schweißgut und führen damit zu Bindefehlern. Diese wirken wie innere Kerben und vermindern damit die Festigkeit im Bereich der Schweißnaht.

Ebenfalls aus Festigkeitsgründen ist beim Schweißen darauf zu achten, daß weder eine Nahtüberhöhung in der Decklage noch ein Wurzeldurchhängen auftreten. Zu vermeiden ist aus den gleichen Gründen ein Wurzelrückfall (siehe auch Abschnitt 4.1.9). Einbrandkerben treten bevorzugt beim Schweißen mit dickumhüllten Elektroden auf. Sie sind zu beobachten beidseits von Füll- und Decklagen bei Stumpfnähten oder am oberen Rand von Kehlnähten. Durch Verminderung der Stromstärke kann hier Abhilfe geschaffen werden.

2.2.4 Schwerkraft- und Federkraftlichtbogenschweißen

Diese Verfahren wurden aus dem Lichtbogenhandschweißen entwickelt mit dem vorrangigen Ziel, die Leistung des Verfahrens zu steigern. Beim Schwerkraftlichtbogenschweißen (SK), Bild 2.34, wird die Elektrode durch die Schwerkraft zugeführt. Die Abwärtsbewegung des Gleitsteins in der Führungsschiene bewirkt eine Bewegung der Elektrode entlang der Fuge. Wird der Lichtbogen gezündet, so wird die Elektrode

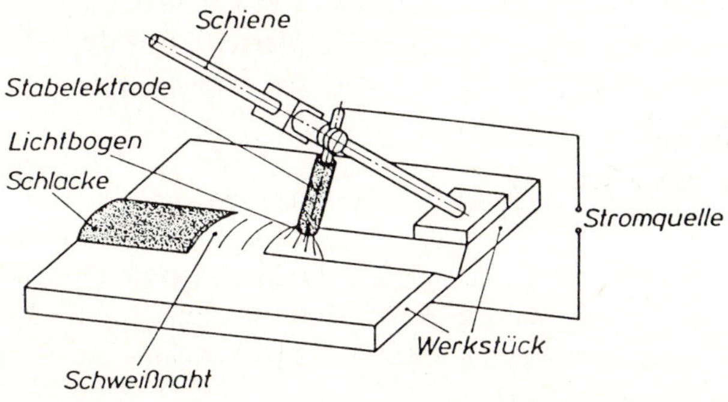

Bild 2.34
Schwerkraftlichtbogenschweißen (nach DIN 1910)

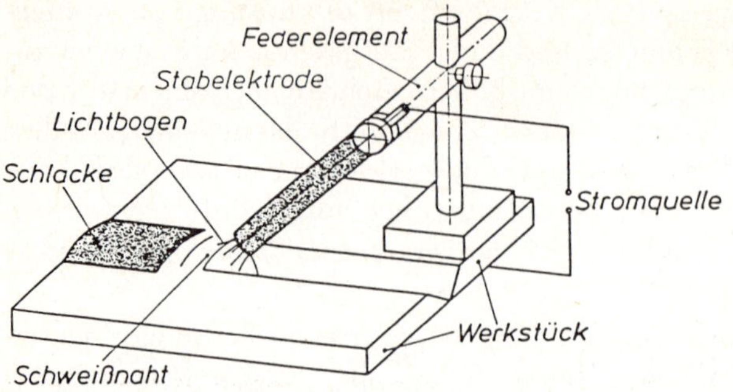

Bild 2.35
Federkraftlichtbogenschweißen (nach DIN 1910)

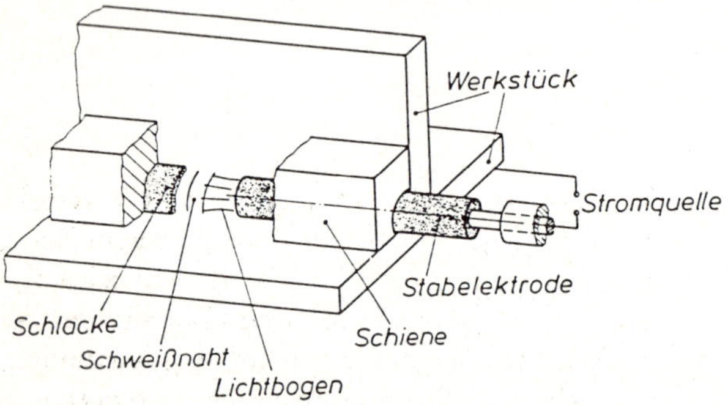

Bild 2.36
Unterschieneschweißen (nach DIN 1910)

durch das Abschmelzen kürzer. Dies bewirkt in Verbindung mit einer Abwärtsbewegung des Gleitsteins eine Bewegung der Elektrode entlang der Fuge.

Beim Federkraftlichtbogenschweißen (FK) wird die Stabelelektrode entsprechend durch die Kraft einer Feder zugeführt, Bild 2.35.

2.2.5 Unter-Schiene-Schweißen

Aus dem Bestreben heraus, den Schweißvorgang zumindest teilweise zu mechanisieren, wurde das Unterschiene-Schweißen (U-Schweißen) entwickelt. Wie Bild 2.36 zeigt, wird dabei eine sehr dick umhüllte Elektrode von etwa 1 m Länge in die Naht bzw. die Kehle gelegt und mit einer u.U. wassergekühlten Kupferschiene abgedeckt. Nach Zündung des Lichtbogens brennt dieser verdeckt unter der Schiene ab.

2.2.6 Unterpulver-Schweißen (UP)

Wichtigstes Verfahren dieser Gruppe des verdeckten Lichtbogenschweißens ist das Unter-Pulver-Schweißen mit seinen verschiedenen Verfahrensvarianten. Das Verfahren ist gekennzeichnet durch die Verwendung einer blanken Drahtelektrode, die mechanisch zugeführt wird und eines Pulvers, das die Aufgabe der Umhüllung bei den Stabelektroden erfüllt. Bild 2.37 zeigt den prinzipiellen Verfahrensablauf mit einer Bandelektrode.

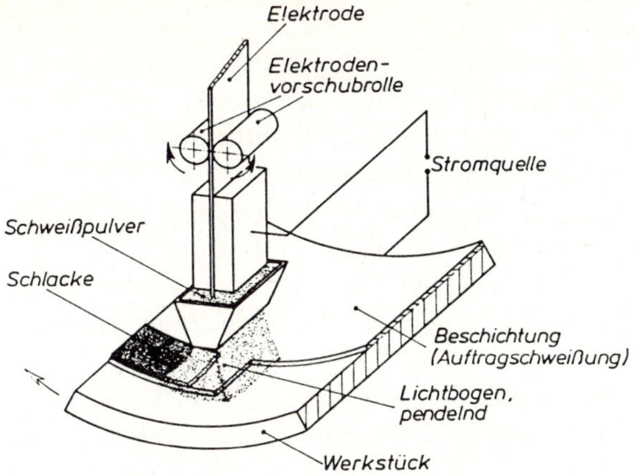

Bild 2.37
Prinzipielle Verfahrensanordnung beim Unterpulverschweißen mit einer Bandelektrode (nach DIN 1910)

Die Elektrode taucht in die durch eine entsprechende Vorrichtung vor dem Schweißkopf aufgebrachte Pulverschüttung ein. Der Lichtbogen brennt zwischen dem Ende der Drahtelektrode und dem Werkstück. In der Umgebung des Lichtbogens wird das Pulver aufgeschmolzen, wodurch sich eine Kaverne mit ionisierten Gasen bildet, in welcher der Lichtbogen brennt und der Werkstoffübergang tropfenförmig stattfindet. Es bildet sich ein Schmelzbad mit einer ausgeprägten Strömungsrichtung entgegen der Schweißrichtung aus. Das geschmolzene Pulver steigt infolge seiner geringeren Dichte an die Oberfläche des Schmelzbads auf und bildet dort unterhalb der Pulverschüttung eine flüssige Schlacke, unter der das Bad zur Schweißraupe erstarrt.

Bedingt durch die vollständige Abschirmung des Lichtbogens und des Schweißbads vor der Atmosphäre und infolge der möglichen Reaktionen zwischen Bad und Schlakke sind die mechanischen und metallurgischen Gütewerte des Schweißguts sehr hoch.

Beim UP-Schweißen wird der Schweißstrom kurz vor dem abschmelzenden Ende der Drahtelektrode zugeführt. Diese geringe stromführende Drahtlänge läßt hohe Stromstärken zu, was zu hohen Abschmelzleistungen führt. Zusammen mit dem hohen thermischen Wirkungsgrad bewirkt dies ein verhältnismäßig großes Schmelzbad mit einem hohen Anteil an Grundwerkstoff (bis zu 60%).

Geeignet ist das UP-Schweißen zum Schweißen aller schweißgeeigneten Stahlsorten. Günstig sind möglichst lange Schweißnähte in w-oder h-Position. Der Schweißvorgang ist beim UP-Schweißen nicht beobachtbar, womit das Schweißen von Wurzellagen schwierig wird. Abhilfe schafft hier die Verwendung von Badsicherungen in Form von Metallschienen u.ä., falls nicht die Wurzel vorher von Hand eingeschweißt wird. Aus dem gleichen Grund ist auf eine sorgfältige Vorbereitung der Fugen Wert zu legen. Die für das UP-Schweißen erprobten Fugenformen sind in DIN 8551 genormt.

Drahtelektroden

Üblich ist die Verwendung drahtförmiger Elektroden, die in den Durchmesser von 1,2 bis 12 mm in DIN 8556, 8557 und 8575 genormt sind. Schwerpunktmäßig werden Durchmesser zwischen 2,4 und 4 mm verwendet. Die Drähte sind kaltgezogen, zum Schutz vor Korrosion und zur Verbesserung des Stromübergangs verkupfert.

Die Kennzeichnung der un- und niedriglegierten Schweißdrähte erfolgt durch ein „S" (Schweißzusatz), dem eine Kennziffer folgt, die - mit dem Faktor 2 dividiert – den mittleren Gehalt an Mangan in % angibt. Sind noch weitere Elemente mit erhöhtem Anteil enthalten, so wird dieses Element in der üblichen Kurzbezeichnung hinzugefügt.

Neben Drahtelektroden werden auch insbesondere für Auftragschweißungen und Plattierungen bandförmige Elektroden verwendet. Diese sind 0,5 bis 1 mm dick und 30 bis 60 mm breit.

Schweißpulver

Das beim UP-Schweißen verwendete Pulver hat die gleiche Aufgabe zu erfüllen wie die Umhüllung der stabförmigen Elektroden. Es sind körnige, schmelzbare Produkte aus Mineralien und Metallen, nach den unterschiedlichsten Methoden hergestellt. Unterschieden werden erschmolzene (F) und agglomerierte (B) Pulver sowie Mischpulver (M). Nach dem Hauptbestandteilen werden die Schweißpulver in fünf Pulvertypen eingeteilt.

Neben der Einteilung nach den Hauptbestandteilen ist auch eine Unterscheidung nach dem Grad der Basizität möglich. Dieser Basizitätsgrad gibt das Verhältnis der von der Metallurgie her sich basisch verhaltenden Komponenten (CaO, MgO usw.) zu den sich sauer verhaltenden (SiO_2, Al_2O_3 usw.) wieder.

Das Schweißpulver beeinflußt wesentlich das Verhalten der Schmelze, die Strombelastbarkeit und die Zusammensetzung der Schmelze. Große Bedeutung kommt daher beim UP-Schweißen der Kombination von Draht und Pulver zu.

Im Schweißbad kommt es zu Reaktionen zwischen dem flüssigen Metall einerseits und der Schlacke bzw. den in der Schmelze gelösten Gasen andererseits. Dies führt je nach Temperatur und Konzentration der beteiligten Elemente sowohl zu Abbränden als auch zu Anreicherungen von bestimmten Elementen. So brennt Kohlenstoff bei allen Pulvern ab. Silizium reichert sich in der Regel in der Schmelze an, während Mangan sowohl abbrennen als auch anreichern kann. Maßgebend ist hierbei das Verhältnis des Angebots an Mangan und Silizium aus dem Draht der Elektrode zum aus dem Pulver stammenden. Als Leitsatz für die Auswahl von Pulver und Elektrode kann gelten, daß die chemische Zusammensetzung von Schweißgut und Grundwerkstoff artgleich sein soll.

Auch die mechanischen Eigenschaften der Schweißverbindung werden von der Draht-Pulver-Kombination beeinflußt. So erhält man bei unlegierten Stählen gute Zähigkeitswerte, wenn bei niedrigen Schwefel- und Phosphorgehalten das Verhältnis Mangan/Silizium größer als 2:1 ist. Erreicht wird dies durch die Verwendung von Pulvern, die sich basisch bis hochbasisch verhalten. Zurückzuführen ist dies auf den niedrigen Sauerstoffgehalt des Schweißguts.

Der Tatsache, daß chemische Zusammensetzung und mechanische Kennwerte des Schweißguts voneinander abhängen, trägt die DIN 8557 Rechnung, die Angaben über das Abbrandverhalten und die mechanischen Gütewerte enthält.

Schweißgeräte

Die für das UP-Schweißen verwendeten Anlagen bestehen aus drei Bauteilen: der Pulverzuführung, dem Drahtvorschub und der Schweißstromquelle. Je nach Mechanisierungsgrad kommt noch die Einrichtung für die Bewegung des Schweißkopfes hinzu. Das Schweißpulver wird aus einem Vorratsbehälter über Rohre und Schläuche so zur Schweißstelle geleitet, daß der Schweißkopf in der Pulverschüttung läuft.

Nicht verbrauchtes Pulver liegt lose auf der festen Schlackenschicht auf, kann mit einer Schleppdüse abgesaugt und wieder in den Kreislauf zurückgeführt werden. Der Drahtvorschub besteht aus dem Drahtvorschubmotor und den beiden Vorschubrollen, zwischen denen der Draht verläuft. Eine der Rollen sitzt auf der Motorwelle und bewirkt das Abziehen des Drahts von der Rolle. Die zweite Rolle wirkt als Gegendruckrolle. Die Geschwindigkeit, mit der der Draht zugeführt wird, muß so geregelt werden, daß die Länge des Lichtbogens den gewünschten Schweißstrom ergibt.

Beim UP-Schweißen wird abhängig vom verwendeten Schweißpulver sowohl mit Gleich- als auch mit Wechselstrom geschweißt. Die Stromstärken liegen zwischen 200 und 2000 A, bei Spannungen zwischen 28 und 45 Volt. Wird mit Wechselstrom gearbeitet, so sollen die Stromquellen eine fallende Kennlinie haben. Schweißgleichrichter für das UP-Schweißen haben stark fallende bis konstante statische Kennlinien.

Die statische Kennlinie der verwendeten Schweißstromquelle wird im wesentlichen durch die Art der verwendeten Regelung bestimmt. Beim UP-Schweißen wird bevorzugt mit der sogenannten äußeren Regelung (ΔU-Regelung) gearbeitet. Die Lichtbogenspannung steuert die Drehzahl des Drahtvorschubmotors; die Stromstärke muß dazu passend durch eine entsprechende Änderung der Kennlinie gewählt werden. Die Regelung erfolgt spannungsabhängig über den Drahtvorschub, indem die mit der Änderung der Lichtbogenlänge verbundene Spannungsänderung ΔU die Geschwindigkeit des Drahtvorschubs steuert.

Das Eindrahtschweißen – eine Drahtelektrode und eine Stromquelle – kann als teil- oder vollmechanisiertes Verfahren angewandt werden.

Zur Steigerung der Abschmelzleistung wurden eine Reihe von Varianten zum UP-Schweißen entwickelt.

Beim UP-Doppeldrahtschweißen, auch gelegentlich als Paralleldrahtschweißen bezeichnet, werden zwei Drahtelektroden nebeneinander oder hintereinander in der Schweißfuge abgeschmolzen. Beide Elektroden liegen an einer Stromquelle, werden gemeinsam zugeführt, brennen in einem Lichtbogen, Bild 2.38. Die Vorteile liegen in einer höheren Abschmelzleistung gegenüber dem Eindrahtschweißen, in einer besseren Entgasung der Schmelze, bedingt durch den Umstand, daß das Bad größer ist und damit langsamer erstarrt sowie in einer höheren Schweißgeschwindigkeit.

Beim Tandemschweißen sind die Elektroden hintereinander in Schweißrichtung angeordnet. Sie besitzen jeweils eine eigene Stromquelle mit eigener Regelung, Bild 2.39.

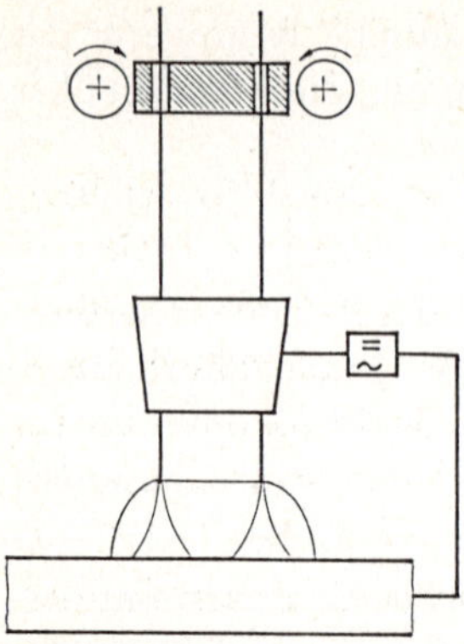

Bild 2.38
UP-Doppeldraht-schweißen

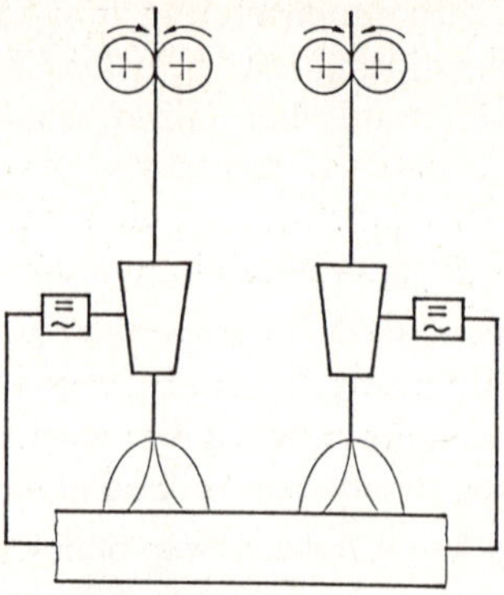

Bild 2.39
UP-Tandemschweißen

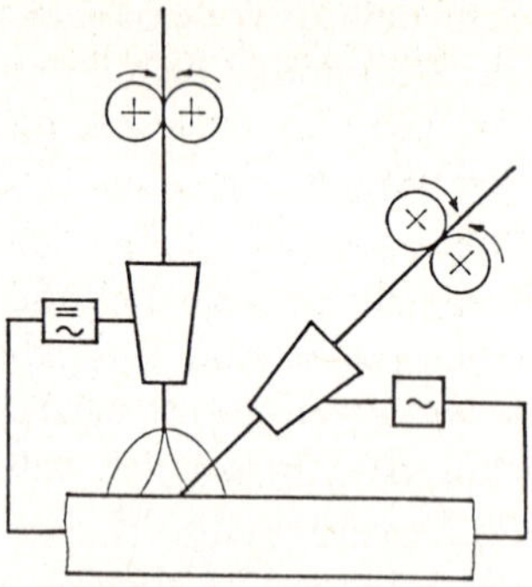

Bild 2.40
UP-Heißdrahtschweißen

Durch die getrennte Regelung besteht die Möglichkeit, mit der ersten Elektrode bei hoher Stromstärke einen tiefen Einbrand zu erzielen, wohingegen bei mehreren Elektroden mit der letzten Elektrode, mit höherer Spannung betrieben, eine gute Nahtoberfläche erzeugt wird. Das Tandemsystem wurde bereits zum Mehrdrahtsystem mit bis zu vier Elektroden erweitert.

Eine weitere Variante ist das Heißdrahtschweißen. Es ist dadurch gekennzeichnet, daß neben einer im Lichtbogen abschmelzenden Elektrode ein zweiter Draht mit eigener Stromquelle und eigener Regelung zugeführt wird, Bild 2.40. Dieser Draht hat unmittelbar neben dem Lichtbogen Kontakt mit dem Werkstück und erwärmt sich in diesem Bereich durch Widerstandserwärmung auf Rotglut. Erreicht der so erwärmte Drahtabschnitt den Lichtbogen, so wird er dort abgeschmolzen. Der Vorteil dieser Anordnung liegt darin, daß mit relativ kleiner elektrischer Leistung eine hohe Abschmelzleistung erreicht werden kann.

Verwendet man anstatt eines Drahts eine bandförmige Elektrode, so kommt man zum UP-Schweißen mit Bandelektrode. Das Hauptanwendungsgebiet dieser Verfahrensvariante liegt im Auftragschweißen.

Fehler beim UP-Schweißen

Beim UP-Schweißen können drei typische Fehler auftreten:

Poren,
Bindefehler,
Erstarrungsrisse.

Durch die Bildung von Kohlenmonoxid kann es beim UP-Schweißen zur Ausbildung von Poren kommen. Charakteristisch für diese ist, daß sie sich perlschnurartig in der Mitte der Naht anordnen. Ursache hierfür ist ein Ansteigen des Sauerstoffgehalts im Schweißbad, herbeigeführt durch das Anschmelzen von Seigerungszonen oder das

Eindringen von Oxiden aus Rost bzw. Zunder. Durch die Verwendung von Drahtelektroden mit hohem Si-Gehalt und Pulvern mit hohem MnO-Anteil kann hier Abhilfe geschaffen werden.

Die Bildung von Poren kann auch auf die Entwicklung von Wasserstoff bei der Verwendung von feuchtem Pulver zurückgeführt werden. So entstandene Poren erkennt man daran, daß sie bis zur Nahtoberfläche reichen und nestförmig angeordnet sind.

Bindefehler treten beim UP-Schweißen zumeist in Form nicht verschweißter Stege auf. Ursache kann sein eine ungenügende Einbrandtiefe (zu dicke Elektrode, falsche Schweißgeschwindigkeit), die magnetische Blaswirkung infolge falscher Lage des Masseanschlusses oder eine falsche Führung der Elektrode.

Treten beim Schweißen niedrig schmelzende Phasen auf, so kann es je nach Art der Kristallisation zu Seigerungen im Schweißgut kommen. Besonders bei Stählen bzw. Schweißgut mit hohem C-Gehalt oder austenitischen CrNi-Stählen muß damit gerechnet werden. Im ungünstigsten Fall der Erstarrung, bei tiefen, schmalen Nähten, werden die niedrig schmelzenden Phasen in den Kern des Nahtquerschnitts abgedrängt, wo sie zuletzt erstarren. Dabei kann es zur Lunkerbildung, aber auch zur Bildung von Heißrissen kommen, die interkristallin verlaufen. Abhilfe kann geschaffen werden durch eine Veränderung der Nahtgeometrie, d.h. eine Nahtverbreiterung.

2.3 Schutzgasschweißen (SG)

Beim Schutzgasschweißen entsteht das Schweißbad durch das Einwirken eines Lichtbogens. Dieser brennt sichtbar zwischen einer Elektrode und dem Werkstück oder zwischen zwei Elektroden. Elektrode, Lichtbogen und Schweißbad werden gegen die Atmosphäre durch ein eigens zugeführtes inertes oder aktives Schutzgas abgeschirmt (DIN 1910).

Nach DIN 1910 werden die Verfahren nach der Art der Elektrode in zwei Verfahrensgruppen eingeteilt:
Das Wolfram-Schutzgasschweißen und
das Metall-Schutzgasschweißen.

Innerhalb der Gruppen selbst erfolgt eine weitere Unterteilung nach der Art des Lichtbogens und des verwendeten Schutzgases, Tabelle 8.

2.3.1 Wolfram-Inertgasschweißen (WIG)

Beim WIG-Schweißen brennt der Lichtbogen zwischen einer Wolframelektrode und dem Werkstück. Das Schutzgas ist inert. Wie Bild 2.41 zeigt, liegt beim WIG-Schweißen ein Pol an der nicht abschmelzenden Wolframelektrode, der andere am Werkstück. Zwischen beiden Polen brennt der Lichtbogen. Muß Werkstoff zugesetzt werden, so erfolgt dies von Hand mittels Schweißstäben oder auch mechanisiert über ein besonderes Zuführgerät als Draht. Um die Wolframelektrode ist konzentrisch eine Düse angeordnet, durch die das Schutzgas ausströmt und Elektrode, Lichtbogen und Schmelzbad gegen die Atmosphäre abschirmt.

In der Regel wird in Deutschland Argon als Schutzgas verwendet. Dieses muß eine Reinheit von 99,5% aufweisen, da andernfalls eine Oxidation der Wolframelektrode

Tabelle 8 Die Verfahrensgruppe „Schutzgas-Schweißen" (nach Killing)

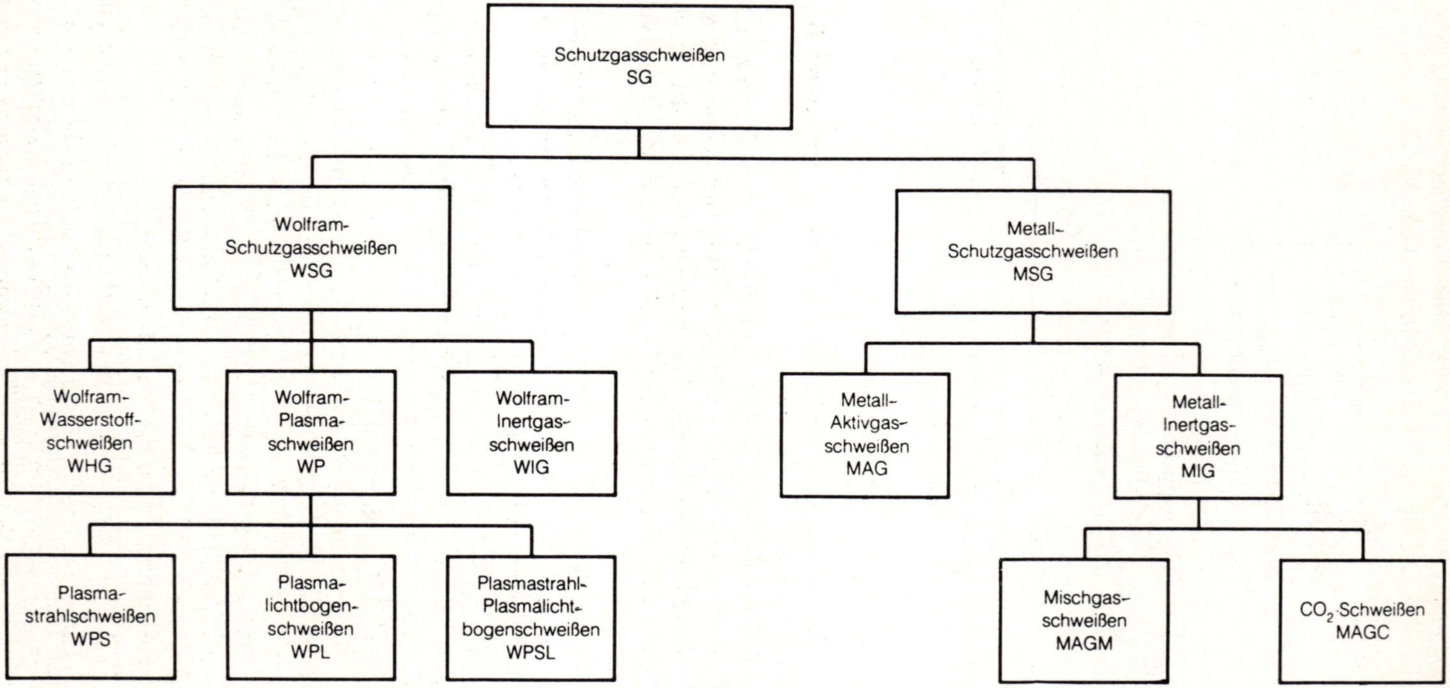

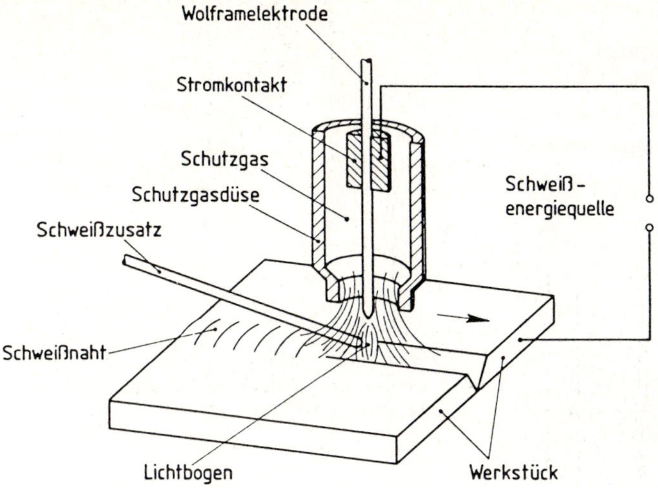

Bild 2.41
Wolfram-Inertgas-Schweißen (nach DIN 1910)

eintreten kann. Handelsüblich sind für Argon Stahlflaschen mit 10 m^3 Inhalt bei einem Überdruck von 200 bar (50 l-Flaschen).

Mit dem WIG-Verfahren lassen sich alle wichtigen Metalle schweißen; Stähle, Aluminium, Kupfer, Nickel, Titan und deren Legierungen, auch Zirkon können geschweißt werden. Nachteilig ist jedoch die geringe Abschmelzleistung und die erforderliche große Handfertigkeit, weshalb aus wirtschaftlichen Gründen oft andere Verfahren vorgezogen werden.

Hervorragend geeignet ist das Verfahren jedoch zum einseitigen Durchschweißen von Wurzellagen, weshalb oft die Wurzel mit dem WIG-Verfahren geschweißt wird, die Füll- und Decklagen aber mit anderen Verfahren ausgeführt werden.

Zum WIG-Schweißen eignen sich nur Stromquellen mit fallender Kennlinie. Gearbeitet wird in der Regel mit Gleichstrom, die Elektrode liegt dabei am Minuspol. Bei Aluminium und Magnesium und deren Legierungen wird wegen der stabilen Oxidhäute jedoch mit Wechselstrom geschweißt.

In jüngster Zeit hat auch beim WIG-Schweißen die Impulstechnik Eingang gefunden. Dabei werden einem niedrigen Grundstrom Stromimpulse mit einstellbarer geringer Frequenz überlagert. Unter der Wirkung des Impulses wird der Werkstoff aufgeschmolzen, während der Zeit des Grundstroms erstarrt er wieder. Damit entsteht eine Naht aus sich schuppenförmig überlagernden Schweißpunkten. Diese Technik gestattet es, größere Dicken noch als Stumpfstoß zu verschweißen bzw. das Schweißbad in Zwangslagen und bei Dünnblechen besser zu beherrschen.

Bild 2.42 zeigt ein WIG-Schweißgerät ohne die zugehörige Schutzgasversorgung.

Die Zündung des Lichtbogens sollte zur Schonung der Wolframelektrode möglichst berührungslos erfolgen. Daher werden beim WIG-Schweißen Zündhilfen verwendet, die dies erlauben. Eine Möglichkeit ist die Überlagerung einer hochfrequenten Hoch-

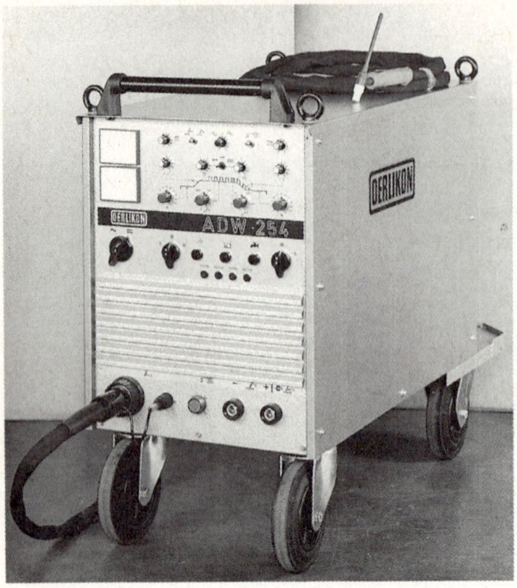

Bild 2.42
Doppelstrom-WIG-Schweißgerät
Werkfoto Oerlikon

spannung. Diese muß so hoch sein, daß zwischen den Polen ein Zündfunken überspringen kann, der die Luft zwischen Elektrode und Werkstück ionisiert und so die Bildung eines Lichtbogens ohne Kurzschluß erlaubt. Nachteilig ist hierbei allerdings die Störung von Rundfunk- bzw. Fernsehempfangsgeräten durch die hohe Frequenz.

Vorteilhaft sind daher Hochspannungs-Impulszündgeräte. Diese Geräte arbeiten im Bereich der Netzfrequenz, erzeugen aber Spannungsimpulse von mehreren tausend Volt, wodurch derselbe Effekt ohne störende Wirkung nach außen erreicht wird. Besonders wichtig ist die Verwendung von Zündhilfen beim Schweißen mit Wechselstrom, da hier nach jedem Nulldurchgang der Lichtbogen erneut gezündet werden muß.

Der erforderliche Impulsgenerator ist zusammen mit den Schaltgeräten für die Schutzgaszufuhr und die Schweißstromsteuerung in besonderen Steuergeräten untergebracht. Die einzelnen Funktionen werden dabei durch die Betätigung eines Knopfes im Handgriff des Schweißbrenners abgerufen.

Gesteuert wird so die Vorströmzeit des Schutzgases, das Zünden des Lichtbogens, Einstellen auf die Schweißstromstärke, Absenken des Stroms mit Nachströmen des Schutzgases für eine vorgegebene Zeit, Bild 2.43.

Als **Fehler beim WIG-Schweißen** Fehler können beim WIG-Schweißen auftreten

Poren,
Bindefehler,
Wolframeinschlüsse,
Oxideinschlüsse.

Mit der Bildung von Poren muß beim Schweißen von unlegierten Stählen und Aluminium gerechnet werden. Wie beim Lichtbogenhandschweißen bereits beschrieben, handelt es sich bei Stählen um eine Folge der Kohlenmonoxidbildung. Beim WIG-

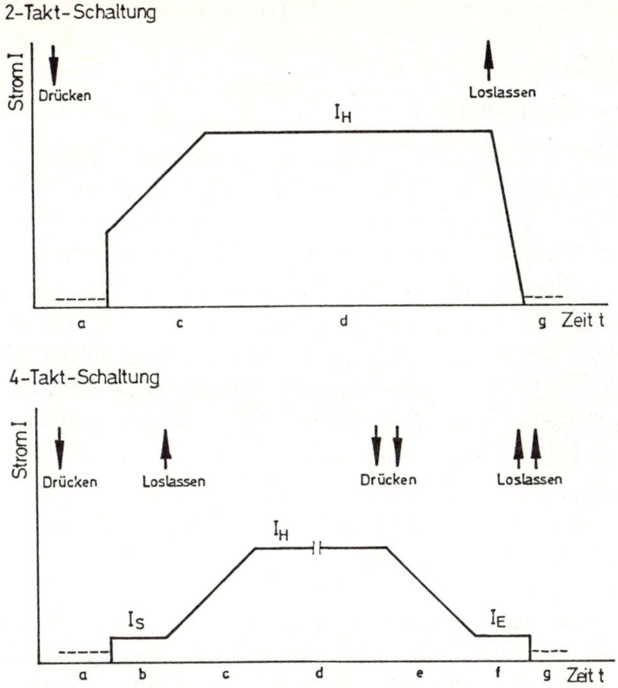

Bild 2.43
Funktionsablauf bei einer 2- und 4-Takt-Schaltung
a Gasvorströmung b Zünden des Lichtbogens mit Suchlichtstrom I_S c Anstieg über Up-Slope d Schweißbetrieb bei I_H e Abfall über Down-Slope f Endkraterstrom I_E g Gasnachströmzeit

Schweißen wird diese allerdings auch bei Al- bzw. Si-beruhigten Stählen beobachtet, wenn der noch im Stahl verbliebene Si-Gehalt kleiner als 0,1% ist.

Die beim WIG-Schweißen von Aluminium beobachteten Poren sind auf die Lösung von Wasserstoff im Schweißgut zurückzuführen. Dieser kann bei unvollständigem Schutz des Bads aus der Feuchtigkeit der Luft stammen; zumeist stammt er aber aus dem Feuchtigkeitsgehalt der hygroskopischen Oxidhäute des Grundwerkstoffes bzw. des Zusatzdrahts.

Bindefehler können auftreten als Flankenbindefehler und als Lagenbindefehler. Sie entstehen durch unzureichende Einbrandtiefe, d.h. durch unvollständiges Verschweißen des Stegs. Ursache dieses Fehlers kann sein eine falsche Führung des Brenners oder eine zu stumpfe Elektrodenspitze.

Berührt der Schweißer beim Zünden mit der Wolframelektrode den Nahtbereich oder kommt es beim Schweißen zu einer Berührung von Elektrode und Flanke oder Schweißbad, so können Teile der Elektrode in die Schweißnaht übergehen. Auch durch eine Überlastung der Elektrode infolge einer zu hohen Stromstärke können Wolframteile in das Bad gelangen. Handelt es sich um kleine, weit gestreute Teilchen, so können sie ohne Gefahr in der Naht verbleiben. Örtliche Ansammlungen von Wolframteilchen müssen allerdings durch Ausschleifen entfernt werden.

Oxideinschlüsse findet man in erster Linie an Nähten von mit Zusatzdraht WIG-geschweißten Aluminiumwerkstoffen. Ursache hierfür ist die Oxidation des Tropfens an der Spitze des Zusatzdrahtes, wenn dieser nicht im Schutzgasmantel angeschmolzen wird.

2.3.2 Wolfram-Wasserstoff-Schweißen (WHG)

Dieses Verfahren ist das älteste Schutzgas-Schweißverfahren und unter der Bezeichnung Arcatom-Schweißen bekannt geworden. Es ist heute fast ganz durch das WIG-Schweißen ersetzt worden. Als Anwendungsgebiet ist nur noch das Auftragschweißen bei Werkzeugen geblieben. Bild 2.44 zeigt die prinzipielle Anordnung des Verfahrens.

Beim Wolfram-Wasserstoff-Schweißen brennt der Lichtbogen frei zwischen zwei Wolframelektroden, die unter einem spitzen Winkel zueinander stehen. Geschweißt wird mit Wechselstrom. Die zum Schweißen erforderliche Wärme wird als Strahlungswärme des Lichtbogens auf den Grundwerkstoff übertragen, der so örtlich aufgeschmolzen wird; die Einbrandtiefe wird durch den Abstand des Lichtbogens vom Grundwerkstoff bestimmt. Der Schweißzusatzwerkstoff muß gegebenenfalls von Hand zugeführt werden.

Jede Elektrode ist konzentrisch mit einer Schutzgasdüse umgeben. Der als Schutzgas verwendete Wasserstoff schützt einmal die Wolfram-Elektroden und das Schweißbad vor der Atmosphäre. Zum anderen dient er aber auch zum Wärmetransport, indem der molekulare Wasserstoff im Lichtbogen unter Verbrauch von Wärmeenergie dissoziiert und ionisiert wurde, in der Nähe des kälteren Grundwerkstoffes aber unter Wärmeabgabe rekombiniert.

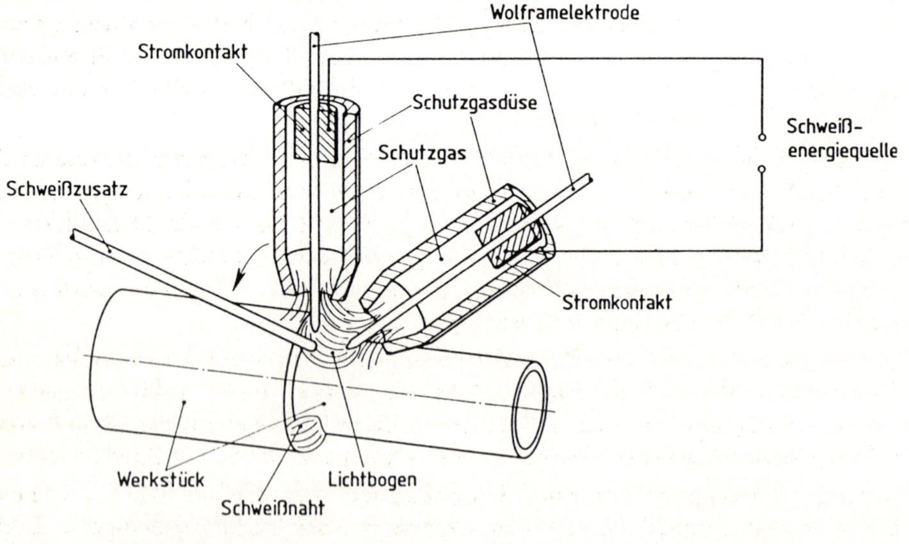

Bild 2.44 Wolfram-Wasserstoff-Schweißen (nach DIN 1910)

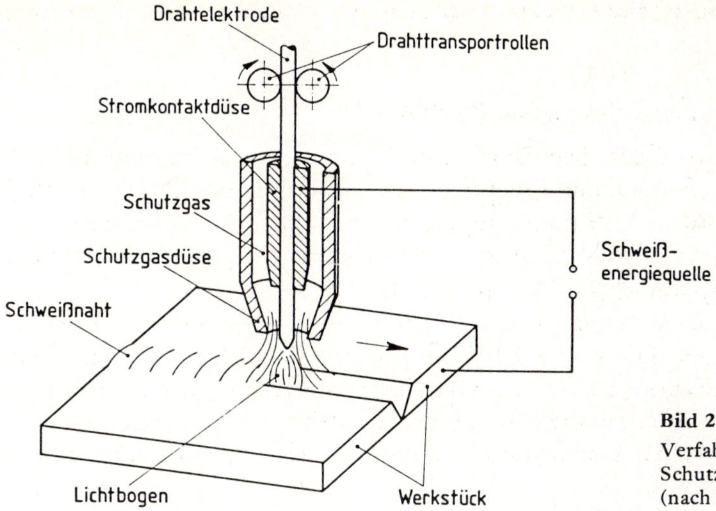

Bild 2.45
Verfahrensprinzip des Metall-Schutzgas-Schweißens (nach DIN 1910)

2.3.3 Metall-Schutzgasschweißen (MSG)

DIN 1910 charakterisiert das Metall-Schutzgasschweißen wie folgt:

Der Lichtbogen brennt zwischen einer abschmelzenden Elektrode, die gleichzeitig Schweißzusatz ist, und dem Werkstück. Das Schutzgas ist inert (MIG) oder aktiv (MAG). Es besteht z.B. beim CO_2-Schweißen (MAG C) aus Kohlendioxid oder beim Mischgasschweißen (MAG M) aus einem Gasgemisch. Das MIG-Verfahren eignet sich für höher legierte Stähle sowie NE-Metalle und deren Legierungen, während das MAG-Verfahren zum Schweißen unlegierter und niedriglegierter Stähle eingesetzt wird.

Bild 2.45 zeigt schematisch das Verfahrensprinzip. Die drahtförmige Elektrode wird von einer Spule abgezogen und durch Transportrollen zum Kontaktrohr gefördert. Die Stromzufuhr erfolgt erst dort, so daß eine hohe Strombelastung der Drahtelektrode möglich ist. Dies ermöglicht die Verwendung relativ dünner Drähte, wodurch eine leichte Handhabung des Schweißbrenners gewährleistet ist. Gearbeitet wird ausschließlich mit Gleichstrom mit der Drahtelektrode am Pluspol.

Der Lichtbogen brennt zwischen der abschmelzenden Elektrode und dem Werkstück. Das Kontaktrohr wie auch die Drahtelektrode sind von einer Gasdüse umgeben, durch die das Schutzgas konzentrisch ausströmt. Der Lichtbogen brennt umhüllt von dem Schutzgasmantel, der den übergehenden Tropfen und das Schweißbad schützt.

Die wichtigsten Komponenten einer Schweißanlage zum MIG-/MAG-Schweißen sind die Schweißstromquelle mit dem Steuergerät und das Drahtvorschubgerät. Bild 2.46 zeigt einen Schweißer bei der Arbeit mit einem MIG-/MAG-Schweißgerät.

Bild 2.46
Schweißer bei der Arbeit mit einem MIG/MAG-Schweißgerät
Werkfoto Cloos

Je nach Anordnung der beiden Komponenten unterscheidet man

a) *Kompaktgeräte*
Das Drahtvorschubgerät ist in die Stromquelle integriert. Die Länge des Schlauchpakets ist dadurch auf etwa 3 m begrenzt.

b) *Universalgeräte*
Durch die Möglichkeit, das von der Stromquelle gelöste Drahtvorschubgerät in der Nähe des Arbeitsplatzes zu positionieren, kann der Arbeitsbereich ausgeweitet werden.

c) *Push-Pull-Geräte*
Geräte dieser Art weisen zwei Vorschubeinrichtungen auf. Ein Drahtvorschubgerät in der Stromquelle oder im Drahtvorschubkoffer zieht den Draht von der dort eingesetzten Drahtspule ab und schiebt ihn (push) in das Schlauchpaket. Ein zweiter Antrieb im Schweißbrenner zieht den Draht aus dem Schlauchpaket (pull) und führt ihn dem Kontaktrohr zu.
Kennzeichnend für Geräte dieser Bauart ist der gleichmäßige Drahtvorschub. Auch ermöglichen sie das Arbeiten mit sehr dünnen Drähten bzw. Drähten aus weichen Metallen wie z.B. Aluminium. Nachteilig ist allerdings das höhere Gewicht des Schweißbrenners. Für Stahlschweißungen sind damit Schlauchpaketlängen bis 12 m möglich.

d) Kleinspulengeräte
Die Drahtspule von geringem Durchmesser und Gewicht sitzt hier direkt auf dem Schweißbrenner, was Schwierigkeiten beim Drahtvorschub ausschließt. Damit können wie bei den Push-Pull-Geräten auch dünne bzw. weiche Drähte verarbeitet werden.

Aufgabe des Drahtvorschubgerätes ist es, den Draht mit einer einstellbaren Vorschubgeschwindigkeit zwischen 2 und 20 m/min dem Schweißbrenner zuzuführen. Als Antrieb dient in der Regel ein stufenlos regelbarer Gleichstrom-Nebenschlußmotor. Für den Vorschub selbst gibt es verschiedene Konstruktionen, z.B. den Zwei- und den Vier-Rollen-Antrieb, wobei eine, zwei oder vier Rollen angetrieben sind. Eine Sonderkonstruktion ist der Planetenantrieb, der aber selten eingesetzt wird.

Als Stromquellen kommen grundsätzlich nur Gleichrichter mit Konstantspannungs-Charakteristik in Betracht; möglich wäre allerdings auch eine leicht fallende statische Kennlinie. Diese Forderung ergibt sich aus der für das MIG-/MAG-Verfahren kennzeichnenden Regelung der Lichtbogenlänge mit einer starken Änderung der Stromstärke bei nur kleiner Änderung der Spannung (Δ I-Regelung).

Die vielfältigen Möglichkeiten der Ausbildung des Lichtbogens erfordern eine fein einstellbare Stromquelle. Bild 2.47 zeigt das Blockschaltbild einer konventionellen Stromquelle für das MIG-/MAG-Schweißen mit Konstantspannungs-Charakteristik. Die dem Gleichrichter nachgeschaltete Drossel glättet den welligen Gleichstrom, gleichzeitig wird durch sie die Stromanstiegs- bzw. -abfallgeschwindigkeit beeinflußt. Diese Bauart erlaubt das Schweißen mit dem Kurz- und Langlichtbogen; bei argonreichen Mischgasen kann auch im Sprühlichtbogen geschweißt werden.

Bei der analogen transistorisierten Stromquelle, Bild 2.48, fehlen in der Regel die Anzapfungen am Transformator zur Anpassung an die unterschiedlichen Drahtdurchmesser der Elektrode. Die Glättungsdrossel ist durch eine Transistorstufe ersetzt. Die-

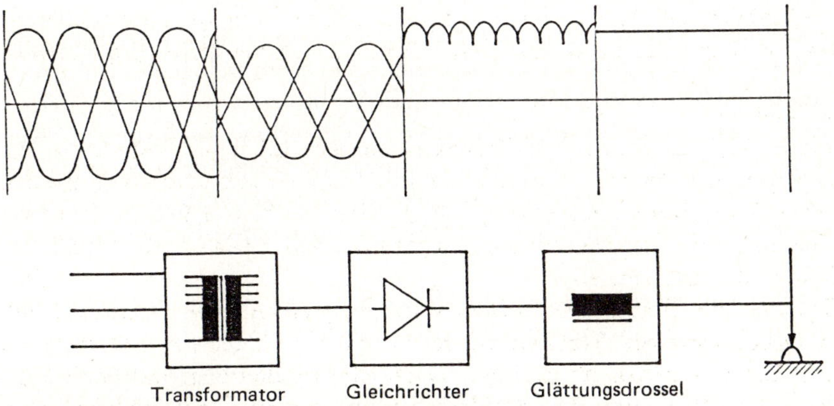

Bild 2.47 Blockschaltbild einer konventionellen Schweißstromquelle nach Kroch und Welz

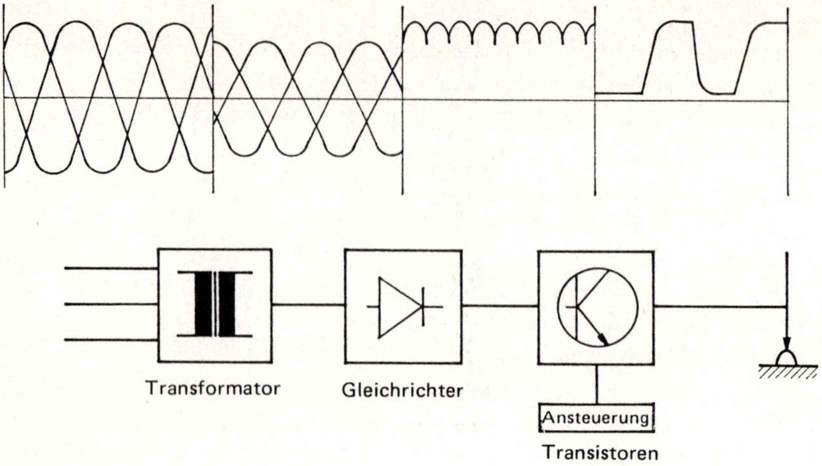

Bild 2.48 Blockschaltbild einer analogen transistorisierten Schweißstromquelle

se stellt einen steuerbaren Widerstand dar, mit dem – je nach Ansteuerung – die vom Gleichrichter kommende Spannung stufenlos geregelt werden kann. Neben den bei der konventionellen Stromquelle möglichen Lichtbogenarten ist damit auch das Schweißen mit einem Impulslichtbogen möglich. Die Impulsfrequenz wie auch die Impulsform sind beliebig einstellbar.

Im Gegensatz dazu wird bei der neueren sekundär getakteten Stromquelle, deren Blockschaltbild in Bild 2.49 wiedergegeben ist, der Gleichstrom nicht stufenlos verändert, sondern in der nachgeschalteten Transistorstufe zu einem Rechteckimpuls hoher Frequenz umgeformt. Durch die Veränderung des Verhältnisses von „Einschaltdauer" zu „Null" kann die mittlere Spannung nach der Transistorstufe verändert werden. Auf diese Weise wird ein Schweißen mit allen Lichtbogenarten möglich.

Die Fortentwicklung ist eine primär getaktete Schweißstromquelle, wie sie Bild 2.50 zeigt. Der Drehstrom wird hier in einem Gleichrichter in einen welligen Gleichstrom höherer Spannung umgewandelt. Ein nachgeschalteter Inverter formt den Gleichstrom in positive und negative Rechteckimpulse von veränderbarer Breite und höherer Frequenz um. Diese gepulste Spannung wird in einem Transformator in einen Wechselstrom umgewandelt, der wiederum durch einen Gleichrichter und eine Glättungsdrossel je nach Ansteuerung in einen Gleichstrom oder einen impulsförmig verlaufenden Strom umgeformt wird.

Beim MIG-/MAG-Schweißen muß der Zufluß des Schutzgases beim Schweißen im Zusammenhang mit dem Drahtvorschub gesteuert werden. Hierzu dient ein Steuergerät, das – wie beim WIG-Verfahren – durch einen Knopfdruck am Brenner gesteuert wird. Am einfachsten arbeitet die Zweitakt-Schaltung, bei der gleichzeitig Drahtvorschub, Schweißstrom und der Zufluß von Schutzgas ein- und ausgeschaltet werden.

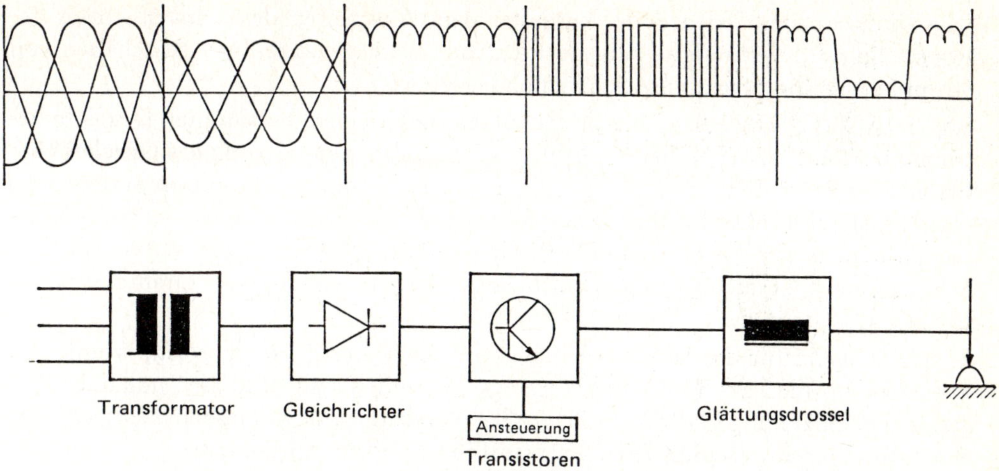

Bild 2.49 Blockschaltbild einer sekundär getakteten Schweißstromquelle

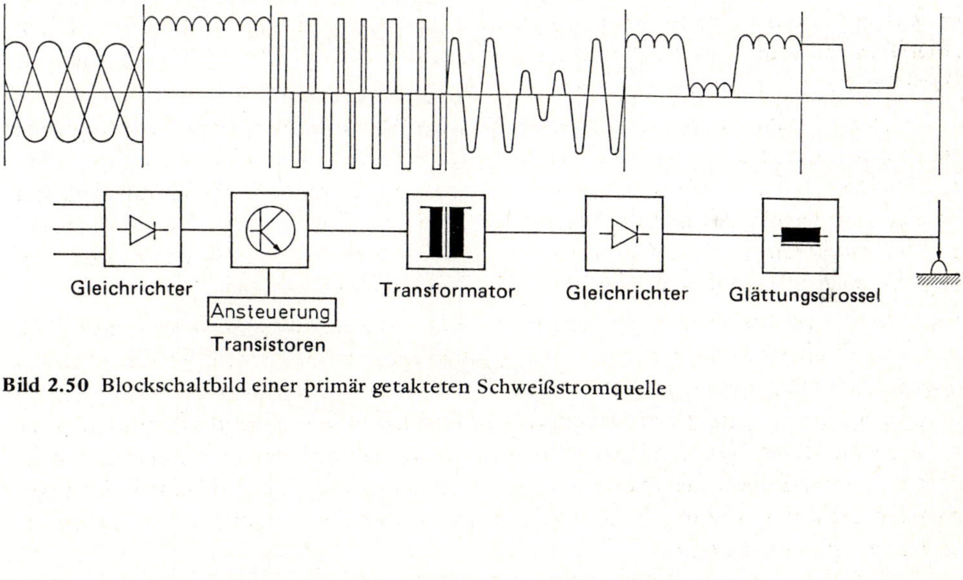

Bild 2.50 Blockschaltbild einer primär getakteten Schweißstromquelle

Bei der sogenannten Viertakt-Schaltung tritt mit Betätigen des Schaltknopfes zunächst ein Vorströmen des Schutzgases ein. Läßt man den Knopf wieder los, so werden damit Strom und Drahtvorschub eingeschaltet. Durch erneutes Drücken des Knopfes werden Strom und Drahtvorschub wieder abgeschaltet, während das Schutzgas noch so lange nachströmt, wie der Knopf gedrückt ist. Die Schaltungen sind heute so modifiziert, daß eine sogenannte Rückbrennzeit des Lichtbogens vorgesehen werden kann.

Der Drahtvorschub wird dabei kurz vor dem Abschalten des Schweißstroms gestoppt. So wird verhindert, daß die Elektrode beim gleichzeitigen Abschalten von Strom und Drahtvorschub im Schweißbad einfriert.

Wie beim WIG-Schweißen muß das Schutzgas unter einem bestimmten Druck in bestimmter Menge je Zeiteinheit zugeführt werden. Zur Reduzierung des Druckes vom Flaschen- auf den Betriebsdruck dient ein in seiner Form und Funktion bereits beim Gasschmelzschweißen beschriebenes Reduzierventil. Zur Messung der Schutzgasmenge wird in der Regel ein Durchflußmesser mit Schwebekörper verwendet. Die Schutzgasmenge errechnet sich überschlägig aus der Beziehung 10× Drahtdurchmesser in mm = ltr/min.

Kennzeichnend für das MAG-Schweißen ist ein weiter Einstellbereich, womit verschiedene Formen des Werkstoffübergangs verbunden sind, Bild 2.51 und Tabelle 9. Bei hoher Spannung (>23 V) und großer Vorschubgeschwindigkeit stellt sich ein feinsttropfiger, kurzschlußfreier Werkstoffübergang ein (Sprühlichtbogen).

Voraussetzung dafür ist die Verwendung eines inerten Gases oder von Mischgasen mit einem hohen Anteil an Argon. Geeignet ist diese Form des Tropfenübergangs nur für Füll- und Decklagen in Wannenposition (hohe Abschmelzleistung).

Arbeitet man im oberen Leistungsbereich dagegen mit CO_2 bzw. Mischgasen mit hohem CO_2-Anteil, so bilden sich bei langem Lichtbogen grobe Tropfen aus, die nicht ganz kurzschlußfrei ins Schweißbad übergehen. Übergänge dieser Art führen zur Bildung von Spritzern beim Wiederzünden des Lichtbogens. Bei niedriger Spannung und kleiner Stromstärke bilden sich unabhängig vom Schutzgas feine Tropfen aus. Durch den kurzen Lichtbogen bedingt, ist ein Kontakt zwischen dem sich bildenden Tropfen und dem Schmelzbad unvermeidbar. Der Pinch-Effekt schnürt einmal den Tropfen leicht ab, zum anderen saugt das Bad den Tropfen an, wodurch sich ein feiner Tropfenübergang im Kurzschluß ergibt.

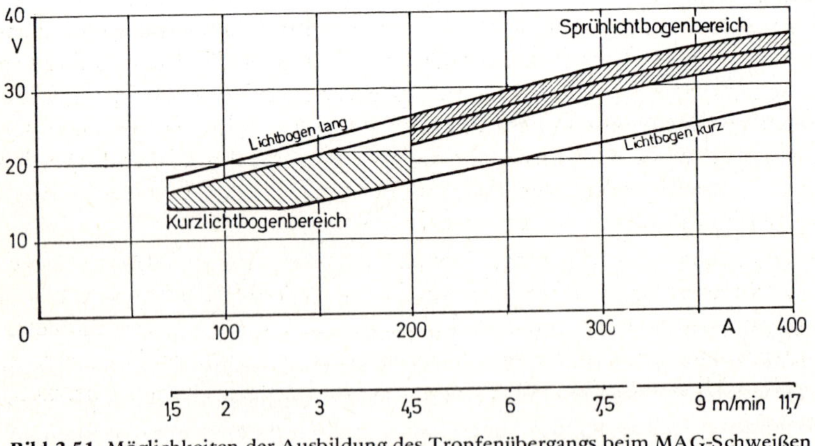

Bild 2.51 Möglichkeiten der Ausbildung des Tropfenübergangs beim MAG-Schweißen

Tabelle 9 Ausbildung des Lichtbogens und des Tropfenübergangs beim MIG/MAG-Schweißen (nach Eichhorn u. a.)

Lichtbogenart	Werkstoffübergang	Verfahren nach DIN 1910 Tl. 4	Kurzzeichen nach DIN 1910 Tl. 4	Anwendung	
Kurzlichtbogen	feintropfig im Kurzschluß	MAGC MAGM MIG	k	Dünnbleche mittlere und dicke Bleche	alle Lagen- Zwangs- und Wurzellagen
Sprühlichtbogen	feinsttropfig kurzschlußfrei	MAGM MIG	s	mittlere und dicke Bleche	Wannenlage
Langlichtbogen	grobtropfig nicht kurzschluß-frei	MAGC	l	mittlere und dicke Bleche	Wannenlage
Impulslichtbogen	einstellbare Tropfengröße kurzschlußfrei	MAGM MIG	p	hochlegierte Stähle Leichtmetalle Kupfer	Zwangslagen

Das damit verbundene Ansteigen des Stroms würde zur Bildung von Spritzern führen. Durch Einbau entsprechender Drosseln in den Schweißstromkreis kann dies aber weitgehend unterbunden werden. Verwendet wird dieser Kurzlichtbogen in erster Linie für das Schweißen dünner Bleche, für Wurzeln und in Zwangslagen (kleine Abschmelzleistungen).

Beim Impulslichtbogen wird dem zeitlich konstanten Grundstrom ein zweiter, in einstellbarer Frequenz pulsierender Strom überlagert, Bild 2.52. Der Grundstrom muß in seiner Höhe so gewählt werden, daß Elektrodenende und Schmelzbad gerade flüssig gehalten werden, während der Stromimpuls die Ablösung des Tropfens und seinen Übergang ins Schmelzbad bewirkt. Als Schutzgase kommen bei dieser Technik nur inerte Gase oder Mischgase mit hohem Argonanteil in Betracht, da nur diese den Pinch-Effekt entsprechend beeinflussen. Angewandt wird der Impulslichtbogen bei dünnen Blechen, in Zwangspositionen und zum Schweißen von Wurzellagen. Auch können dünne Bleche mit relativ dicken Drähten verschweißt werden.

Die beim Schutzgasschweißen allgemein verwendeten Gase sind in DIN 32256 genormt. Die Einteilung erfolgt dabei im wesentlichen nach dem Reaktionsverhalten in reduzierende (R) und inerte Gase (I) sowie Mischgase (M). Weiterhin sind enthalten das reine Kohlendioxid und die für den Wurzelschutz verwendeten Formiergase. Tabelle 10 gibt einen Überblick über die Gase, deren Bezeichnung, Zusammensetzung und Verhalten.

Die zum Schutzgasschweißen verwendeten Schweißzusatzwerkstoffe sind für Aluminium (DIN 1732), Kupfer und Kupferlegierungen (DIN 1733), Nickel und Nickel-

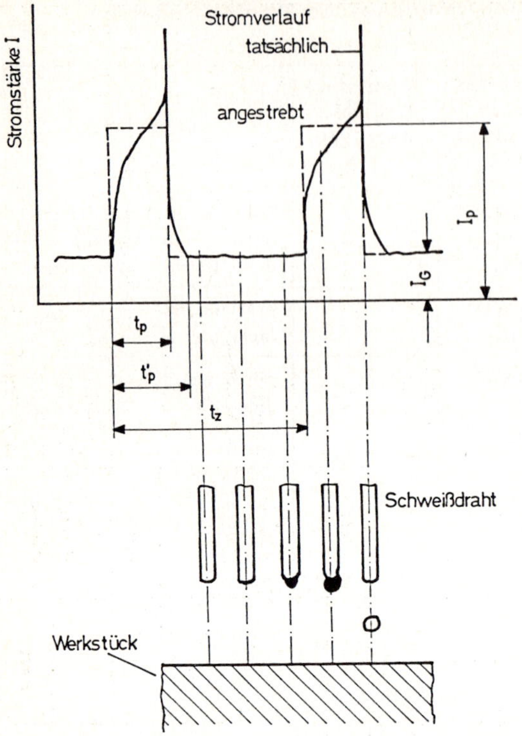

Bild 2.52
Verlauf des Schweißstroms in Abhängigkeit von der Zeit beim Schweißen mit dem Impulslichtbogen

legierungen (DIN 1736), nichtrostende und hitzebeständige Stähle (DIN 8599) sowie warmfeste Stähle (DIN 8575) genormt.

Beim MIG-Schweißen wird unter den üblichen Bedingungen keine Schlacke gebildet. Eine Schlacke wäre jedoch beim Schweißen von unlegierten Stählen von Vorteil, da z.B. mit einer basischen Schlacke auch weniger schweißgeeignete Stähle verschweißt werden könnten. Daher wurden in DIN 8559 auch zwei Fülldrahtelektroden aufgenommen, je eine mit basischer und Rutilfüllung. Letztere ergibt eine porensichere Schweißung auch von beschichteten Blechen.

Die Kombination von Schutzgas und Schweißzusatzwerkstoff bestimmt über die chemische Zusammensetzung des Schweißgutes auch dessen mechanisch-technologische Gütewerte. DIN 8559 enthält für die un- und niedriglegierten Stähle Angaben über die bei bestimmten Kombinationen erreichbaren Gütewerte für Festigkeit bzw. Dehnung und Kerbschlagarbeit in der Art, wie sie für Schweißelektroden nach DIN 1913 bereits verwendet werden.

Tabelle 10 Einteilung der Schutzgase nach ihrer Reaktion, der Zusammensetzung, den Verfahren und Werkstoffen (nach DIN 32 526)

Gruppe	Kennzahl	Komponenten in Volumen-% oxidierend CO_2	oxidierend O_2	inert Ar	inert He	reduzierend H_2	reaktionsträge N_2	Verfahren nach DIN 1910 Teil 4	Chemisches Verhalten	Geeignet für Werkstoff
R	1	–	–	–	–	100	–	WHG	reduzierend	hochlegierte Stähle (Nickel und Ni-Legierungen)
	2	–	–	Rest	–	1 … 15	–	WIG WP		
I	1	–	–	100	–	–	–	WIG	inert	Mg, Ti; Al- und Cu-Leg.
	2	–	–	–	100	–	–	WP		
	3	–	–	Rest	25 … 75	–	–	MIG		
M 1	1	–	1 … 3	Rest	–	–	–	MAGM	schwach oxidierend → stärker oxidierend	CrNi-Stahl
	2	2 … 5	–	Rest	–	–	–			hoch- bis mittelleg. Stähle
	3	6 … 14	–	Rest	–	–	–			
M 2	1	15 … 25	–	Rest	–	–	–			mittel- bis niedrigleg. Stähle
	2	5 … 15	1 … 3	Rest	–	–	–			
	3	–	4 … 8	Rest	–	–	–			
M 3	1	26 … 40	–	Rest	–	–	–			un- bis niedrigleg. Stähle
	2	5 … 20	4 … 6	Rest	–	–	–			
	3	–	9 … 12	Rest	–	–	–			
C	1	100	–	–	–	–	–	MAGC		unlegierter Stahl
F	1	–	–	Rest	–	1 … 30	–	Wurzelschutz	reduzierend bei mehr als 10 % H_2 abfackeln	
	2	–	–	–	–	1 … 30	Rest			

Fehler beim Metall-Schutzgasschweißen

Typische Fehler sind

Bindefehler und

Poren.

Bindefehler sind die Folgen einer falsch gewählten Lichtbogenleistung oder einer falschen Brennerhaltung. So kann z.B. beim Kurzlichtbogen eine zu niedrige Stromstärke dazu führen, daß der Grundwerkstoff nicht genügend aufgeschmolzen und so der Zusatzwerkstoff nicht in das Bad aufgenommen wurde. Auch ein zu langes freies Drahtende kann zu einer ungenügenden Lichtbogenleistung und damit zu Bindefehlern führen.

Andererseits kann auch eine zu hohe Lichtbogenleistung zu Bindefehlern führen, wenn bei zu geringer Schweißgeschwindigkeit sich ein größeres Schweißbad ausbildet und damit die Gefahr des Vorlaufens des flüssigen Werkstoffs besteht. Auch behindert ein solches Bad einen tieferen Einbrand.

Die Bildung von Poren kann zwei Ursachen haben. Beim Schweißen von beschichteten Teilen kann es zu einer Porenbildung aus der Zersetzung der Beschichtung kommen, insbesondere wenn mit engem Spalt und höheren Drücken geschweißt wird. Poren können jedoch auch aus metallurgischen Prozessen herrühren. Bei un- und niedriglegierten Stählen kann Stickstoff ursächlich sein. Die einzelnen Schutzgase und Gasgemische zeigen dabei eine unterschiedliche Empfindlichkeit gegenüber Stickstoff. Wichtig sind dabei die Bedingungen für die Entgasung des Bads, die von der Einbrandform und dem Wärmeinhalt der Schmelze beeinflußt werden. Wasserstoff führt zu Poren bei hochlegierten Chrom- und Chrom-Nickel-Stählen sowie Aluminium. Beide Gase gelangen im wesentlichen aus der atmosphärischen Luft in das Bad, wenn die Abdeckung der Schmelze durch das Schutzgas mangelhaft ist. Ursache hierfür können sein Luftzug an der Arbeitsstelle, falsche Brennerhaltung oder falsche Dosierung des Schutzgasdurchflusses u.ä.

MAGCI-Verfahren

Dieses Verfahren gehört zu den Metall-Aktivgas-Schweißverfahren. Von den MAG C- und MAG M-Verfahren unterscheidet es sich dadurch, daß zwei Gase getrennt zugeführt werden. Ein inertes Gas, z.B. Argon, wird, wie Bild 2.53 zeigt, durch eine Ringdüse konzentrisch zur Drahtelektrode geführt. Um diese Düse ist konzentrisch eine zweite Gasdüse angeordnet, über die CO_2 getrennt an die Schweißstelle gelenkt wird. Der laminare Gasstrom des Inertgases reicht nur bis in den Bereich der Tropfenablösung. Er soll einen feintropfigen Werkstoffübergang ermöglichen, der eine Spritzerbildung beim Auftreffen der Tropfen auf das Bad verhindert. Das CO_2-Gas, das im wesentlichen im Bereich des Schweißbads wirksam wird, hat dort die üblichen metallurgischen Wirkungen. Das Verfahren gestattet es, kostengünstig fast spritzerfrei zu schweißen.

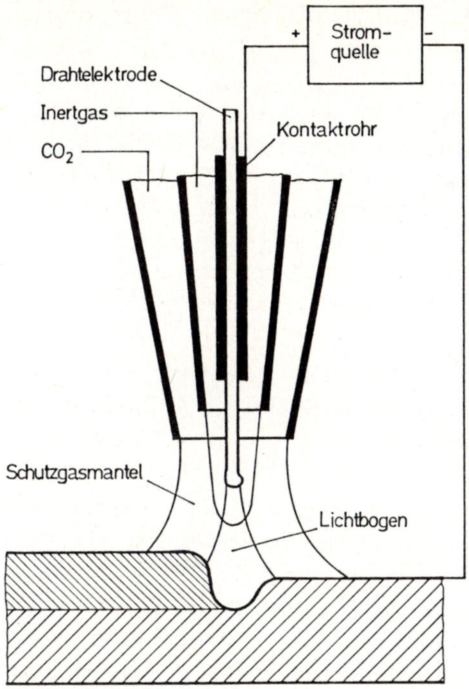

Bild 2.53
Gasführung beim MAGCI-Verfahren

2.3.4 Plasma-Schweißen

Plasma ist der vierte Aggregatzustand, den die Materie einnehmen kann. Das thermische Plasma setzt sich zusammen aus Elektronen, Ionen, Molekülen und Atomen, die sich infolge der hohen Temperatur in einer sehr starken, ungeordneten Bewegung befinden. Aus dem gleichen Grund werden die Moleküle zum Teil dissoziiert, die Atome teilweise ionisiert. Gelangen diese Teilchen auf die kältere Oberfläche des Werkstücks, so werden sie rekombiniert und geben dabei die vorher aufgenommene Energie an das Werkstück ab. Wie bereits gezeigt, besteht jeder Lichtbogen aus einem thermischen Plasma. Durch besondere Maßnahmen ist es möglich, eine Einschnürung des Lichtbogens und damit eine Erhöhung der Leistungsdichte zu erreichen. Dadurch steigt die Temperatur des Lichtbogens bei gleicher Stromstärke an.

Systematisch gehört das Plasma-Schweißen zum Wolfram-Schutzgas-Schweißen (WP). In DIN 1910 ist das Verfahren wie folgt gekennzeichnet:

Der Lichtbogen ist eingeschnürt. Er brennt beim Plasmastrahlschweißen (WPS) zwischen Wolframelektrode und Innenwand der Plasmadüse (nicht übertragener Lichtbogen) oder beim Plasmalichtbogenschweißen (WPL) zwischen Wolframelektrode und Werkstück (übertragener Lichtbogen). Das Schutzgas ist inert, z.B. Argon oder Helium, oder aktiv, z.B. Wasserstoff, oder ein Gemisch aus inerten und/oder aktiven Gasen. Das Plasmastrahl-Plasmalichtbogenschweißen (WPSL) ist eine Variante des Plasmaschweißens, bei der mit nichtübertragenem und übertragenem Lichtbogen gearbeitet wird. In Bilder 2.54, 2.55 und 2.56 zeigen die prinzipielle Anordnung der beschriebenen Verfahren.

Beim Plasmastrahlschweißen ist die Wolframelektrode konzentrisch von zwei Düsen umgeben, der inneren Plasmadüse und der äußeren Schutzgasdüse. Die Wolframelektrode liegt am Minuspol der Gleichstromquelle, der Pluspol an der wassergekühlten

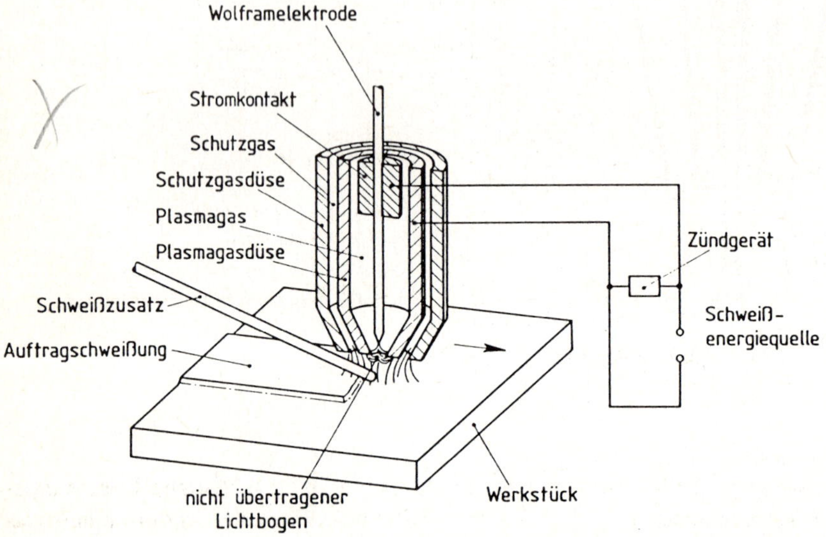

Bild 2.54 Plasmastrahlschweißen (nach DIN 1910)

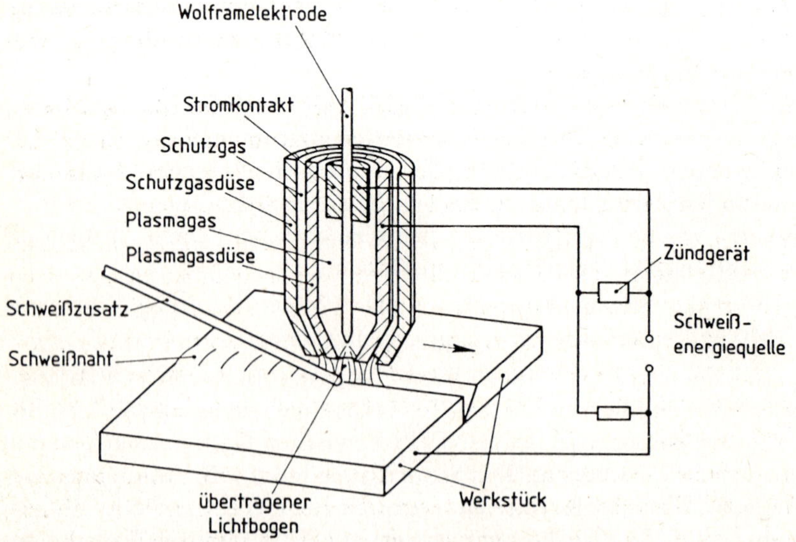

Bild 2.55 Plasmalichtbogenschweißen (nach DIN 1910)

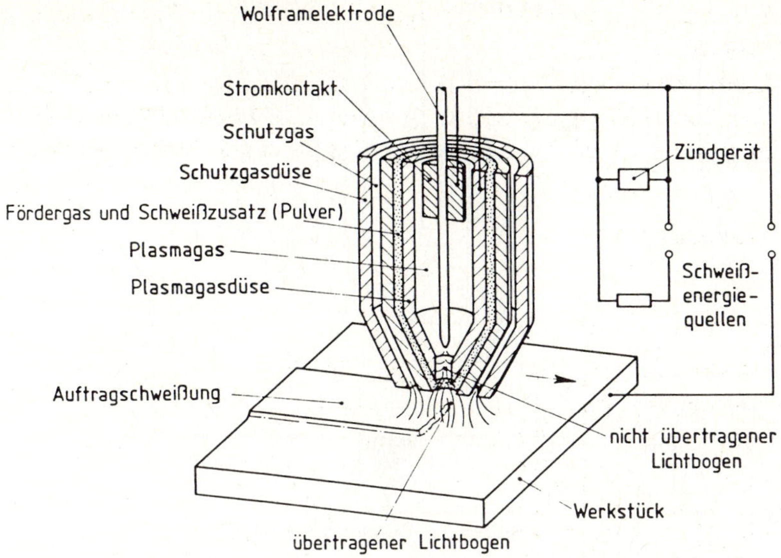

Bild 2.56 Plasmastrahl-Plasmalichtbogenschweißen (nach DIN 1910)

Kupferdüse, die gleichzeitig die Plasmadüse darstellt. Der Lichtbogen brennt zwischen der Wolframelektrode und der Plasmagasdüse und erhitzt beim Durchgang das Plasmagas. Dieses tritt dann ähnlich einer Flamme aus dem Brenner aus (Nicht übertragener Lichtbogen).

Beim Plasmalichtbogenschweißen liegt dagegen der Pluspol am Werkstück, so daß der Lichtbogen hier zwischen Elektrode und Werkstück brennt. Im Gegensatz zu der „Flamme" des Plasmastrahlschweißens erlischt dieser übertragene Lichtbogen, wenn man den Brenner vom Werkstück abhebt.

Eine Kombination beider Verfahren stellt das Plasmastrahl-Plasmalichtbogenschweißen dar. Das Verfahren benötigt demgemäß zwei Schweißstromquellen. Der nichtübertragene Lichtbogen wird dabei in der Regel als sogenannter Pilot- oder Hilfslichtbogen verwendet, der ein leichtes Zünden des Hauptlichtbogens gestattet.

Eines der Kennzeichen des Plasmalichtbogens ist die Einschnürung des Lichtbogens, Bild 2.57. Diese wird erreicht einmal durch die gekühlte Plasmadüse, zum anderen durch das kalte Schutzgas (Argon). Als Plasmagas dient Argon, das infolge seiner geringen Ionisationsenergie einen hohen Ionisationsgrad erreicht. Zum Schweißen von CrNi-Stählen wird dem Argon ein geringer Anteil an Wasserstoff beigemischt. Dies verbessert die Wärmeleitfähigkeit und steigert die Schweißgeschwindigkeit durch die höhere Energie des Strahls.

Beim Schweißen von Stählen werden als Schutzgas Argon-Wasserstoff-Mischgase verwendet; auch Argon-CO_2- oder Argon-O_2-Gemische finden Anwendung. Aluminium, Titan und Zirkon werden bevorzugt mit Argon-Helium-Gemischen geschweißt.

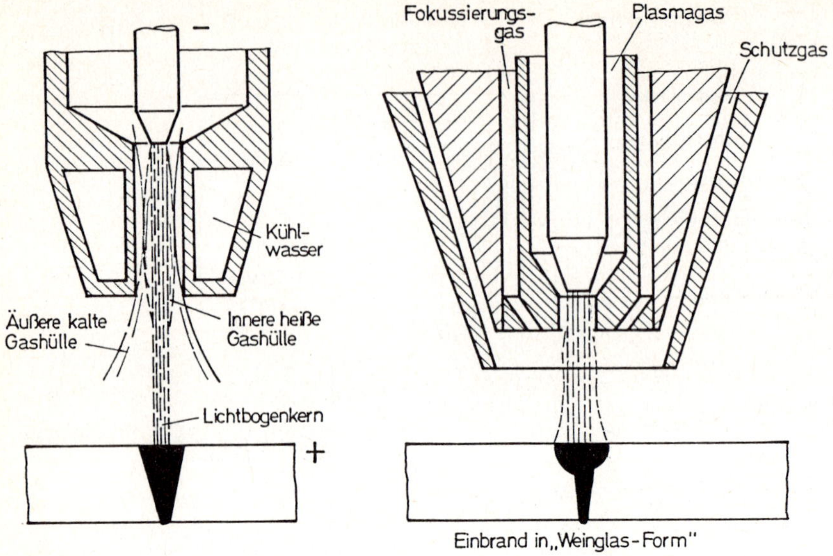

Bild 2.57 Normaler Plasmabrenner (links) und fokussierender Plasmabrenner (rechts)

Wird das Plasmaschweißen für Verbindungsschweißungen verwendet, so ist nach der Dicke der zu verbindenden Teile eine Einteilung in

Mikroplasmaschweißen und
Plasmadickblechschweißen

möglich.

Das Mikroplasmaschweißen wird angewandt für Folien und Bleche bis etwa 1 mm Dicke. Dementsprechend liegt der Bereich der Stromstärke zwischen 0,05 und 50 A. Im Bereich der kleinen Stromstärken um 1 A bietet der eingeschnürte Lichtbogen des Plasmaschweißens besondere Vorteile gegenüber dem WIG-Verfahren, da er auch in diesem Bereich noch ruhig und stabil brennt.

Das Dickblechschweißen umfaßt den Bereich zwischen 1 und 8 mm Blechdicke, entsprechend Stromstärken von 40 bis 350 A.

Das Plasma-Verbindungsschweißen wird vorzugsweise ohne Zusatzmaterial in Wannenposition durchgeführt. Entsprechend ist der I-Stoß die vorherrschende Fugenform.

Die Technik des Schweißens richtet sich nach der Blechdicke. Bei dünnen Blechen wird die Energie in konzentrierter Form der Oberfläche zugeführt, von wo aus sie in die tieferen Schichten fließt. Das führt dazu, daß das Schmelzbad ebenfalls von der Oberfläche aus entsteht. Der Lichtbogen drückt es in Richtung zur Wurzel, wodurch eine Wurzelüberhöhung entsteht. Diese Art des Schweißens nennt man Durchdrücktechnik.

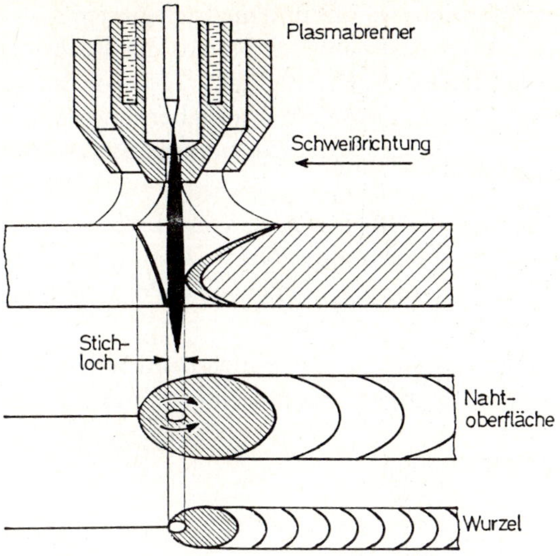

Bild 2.58
Ausbildung des Schweißbads beim Stichloch-Schweißen

Die andere Technik, angewandt von etwa 2,5 bis 8 mm Blechdicke, ist die Stichlochtechnik. Der Plasmastrahl durchsticht hier die ganze Dicke. Er drückt die sich bildende Schmelze zur Seite, so daß eine schlauchförmige Öse entsteht. Ein Abfließen der Schmelze nach unten wird durch deren Oberflächenspannung verhindert; gleichzeitig bildet sich eine tangentiale Strömung aus, die zu einem Zusammenfließen der Schmelze hinter dem Stichloch führt, wo sie zur Schweißnaht erstarrt. Das Stichloch muß am Ende des Schweißvorganges wieder geschlossen werden, wozu Stromstärke und Gasdruck langsam abgesenkt werden. Da ein Stichloch nur bei konstanter Schweißgeschwindigkeit entsteht, wird dieses Verfahren nur mit maschinell geführtem Brenner angewendet, Bild 2.58.

Fehler beim Plasmaschweißen

Im wesentlichen können drei Fehler auftreten:

eingefallene Nahtoberfläche,
Fehler im Endkrater,
Porenbildung,
Bindefehler.

Wie gezeigt, ist der Druck des Plasmagases für die Ausbildung der Naht von großer Bedeutung; auch die Nahtoberfläche wird davon beeinflußt. Ist der Druck des Plasmagases zu hoch, die Menge zu groß, so wird die Oberfläche eingedrückt und die Wurzel hängt durch.

Wie beim WIG-Schweißen ist dem Endkrater besondere Aufmerksamkeit zu widmen. Beim Plasmaschweißen können Lunker und Poren an dieser Stelle auftreten. Dies wird verhindert durch ein allmähliches Schließen des Stichlochs.

Kohlenmonoxid kann auch beim Plasmaschweißen von un- und niedriglegierten Stählen zur Porenbildung führen. Das Kohlenmonoxid stammt dabei aus der Reaktion von Luftsauerstoff mit dem Kohlenstoff des Stahls. Auch beruhigt vergossene Stähle sind davon betroffen, wenn der Siliziumgehalt nicht ausreicht, um ein beruhigt erstarrendes Schweißgut zu erzeugen. Daher können unberuhigte Stähle ohne Zusatzwerkstoff nicht mit dem Plasma geschweißt werden.

Bei CrNi-Stählen ist darauf zu achten, daß bei der Verwendung von Mischgasen als Plasmagas der Wasserstoffgehalt 5 Vol. % nicht überschreitet. Nur so kann verhindert werden, daß bei den gegen Wasserstoff empfindlichen Stählen eine Porenbildung durch Wasserstoff auftritt.

Beim Schweißen von Aluminium und seinen Legierungen, wie auch beim Schweißen von Titan und Zirkon dürfen keine wasserstoffhaltigen Plasma- und Schutzgase verwendet werden.

2.4 Gießschmelzschweißen (AS)

Bei den zu dieser Gruppe zählenden Verfahren wird die erforderliche Schmelzwärme durch das Eingießen von flüssigem Energieträger in die eingeformte Schweißstelle übertragen, wobei die Stoßflächen anschmelzen (DIN 1910). Der Energieträger ist dabei gleichzeitig der Zusatzwerkstoff.

Das bekannteste Verfahren dieser Gruppe ist das „aluminothermische Schweißen" oder Thermitschweißen. Es findet Verwendung zum Verschweißen von Schienen auf der Strecke aber auch bei Reparaturschweißungen von großen geschmiedeten oder gegossenen Werkstücken.

Grundlage des Verfahrens ist die heftige exotherme Reaktion von Eisenoxid und Aluminium bei hoher Temperatur nach folgender Gleichung:

$$Fe_2O_3 + 2\,Al \rightarrow Al_2O_3 + 2\,Fe - 758\ kJ/mol.$$

Wie Bild 2.59 zeigt, dient ein kegelförmiger Abstichtiegel als Reaktionsgefäß. In diesem wird das Thermit mit den erforderlichen Legierungszusätzen (Stahlzusatz) mittels einer besonderen Zündmasse gezündet. Bei der Reaktion nach obiger Gleichung ent-

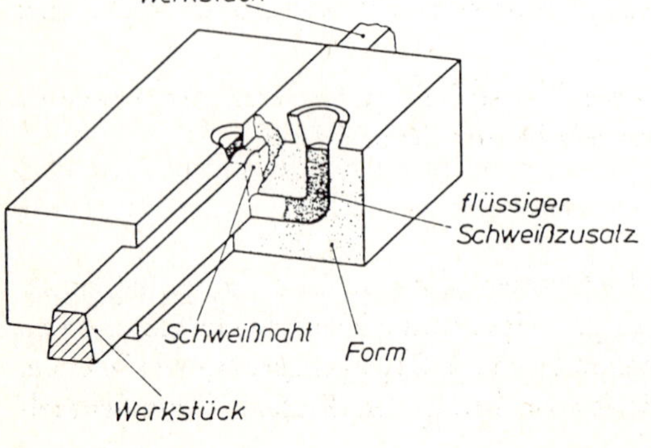

Bild 2.59
Gießschmelzschweißen (nach DIN 1910)

steht neben der Schlacke aus Al_2O_3 flüssiger Stahl, der nach etwa 1 Minute in die Form abgestochen werden kann. Werden Schienen geschweißt, so wird nach dem Ausrichten der beiden zu verbindenden Schienenenden zwischen diesen ein Spalt von etwa 25 mm Breite hergestellt. Diese Fuge wird mit einer in der Regel vorgefertigten, dem Profil angepaßten Sandform umschlossen, die über einen in der Fußzone angebrachten Einguß steigend mit dem Stahl gefüllt wird. Dabei ist es zweckmäßig, vor dem Vergießen die Schweißzone mit Propan-Sauerstoff-Brennern auf Temperaturen zwischen 600 und 1 000 °C zu erwärmen.

Für Reparaturschweißungen an Gußstücken aus Grauguß oder Stahl wird die Schweißstelle wie üblich eingeformt und das Bauteil vorgewärmt. Sodann wird die Form mit entsprechender Schmelze aus dem Schmelzofen gefüllt, worauf das Teil langsam abgekühlt wird.

2.5 Elektronenstrahlschweißen (EBW)

Beim Elektronenstrahlschweißen (electron beam welding) dient die Energie hochbeschleunigter Elektronen zur Erwärmung und Aufschmelzen des Werkstoffes.

Erzeugung der Strahlen

Die als Träger der Energie dienenden freien Elektronen werden unter Vakuum aus Glühkathoden freigesetzt. Die Kathode aus einem hocherhitzten Wolframdraht liegt auf einem hohen negativen Potential, so daß die emittierten Elektronen in einem elektrischen Feld in Richtung zur Anode beschleunigt werden. Die Beschleunigungsspannung beträgt 60 bis 150 kV, womit Leistungen von bis zu 120 kW erzielt werden können. Um die Glühkathode ist ein sogenannter Wehnelt-Zylinder angeordnet. Durch eine besondere Formgebung und eine ebenfalls negative Polung wird durch ihn eine Fokussierung des Elektronenstrahls erreicht, so daß der Strahl als schmales Bündel aus der Anodenöffnung austritt.

Durch ein System elektromagnetischer Linsen wird der Strahl auf seinem Weg zum Werkstück gebündelt. Zusammen mit einem Ablenksystem, das eine statische oder dynamische Ablenkung des Strahls erlaubt, sind Kathode und elektromagnetisches System in einer sogenannten Kanone untergebracht, die auf der eigentlichen Arbeitskammer angeordnet ist, Bild 2.60.

Elektronenstrahlkanone und Arbeitskammer müssen evakuiert werden, da die Elektronen in der Atmosphäre von den wesentlich schwereren Molekülen der in der Luft enthaltenen Gase abgelenkt würden.

In der Arbeitskammer werden die zu schweißenden Teile auf zweckentsprechenden Vorrichtungen positioniert und mit diesen relativ zum Strahl bewegt.

Schweißvorgang

Beim Auftreffen der hochenergetischen Elektronen, die eine Leistungsdichte bis zu 10^7 W/cm^2 haben, auf den Werkstoff, dringen diese in die Randschicht ein, werden jedoch dort schnell abgebremst. Dabei wandelt sich die Bewegungsenergie in Wärme, ein kleiner Teil auch in Strahlung um. Die Wärme bringt den Werkstoff zum Schmel-

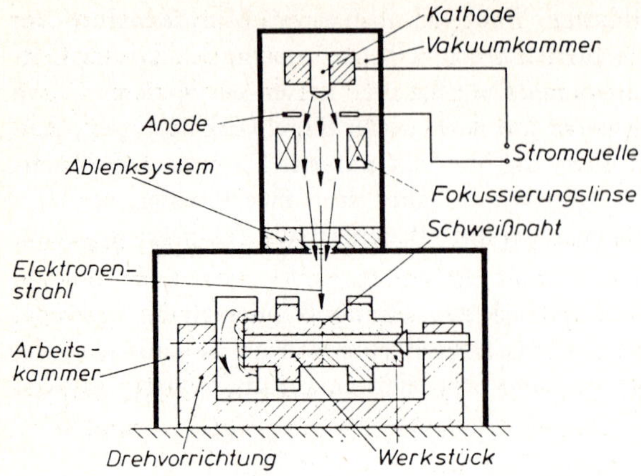

Bild 2.60
Verfahrensprinzip des Elektronenstrahlschweißens (nach DIN 1910)

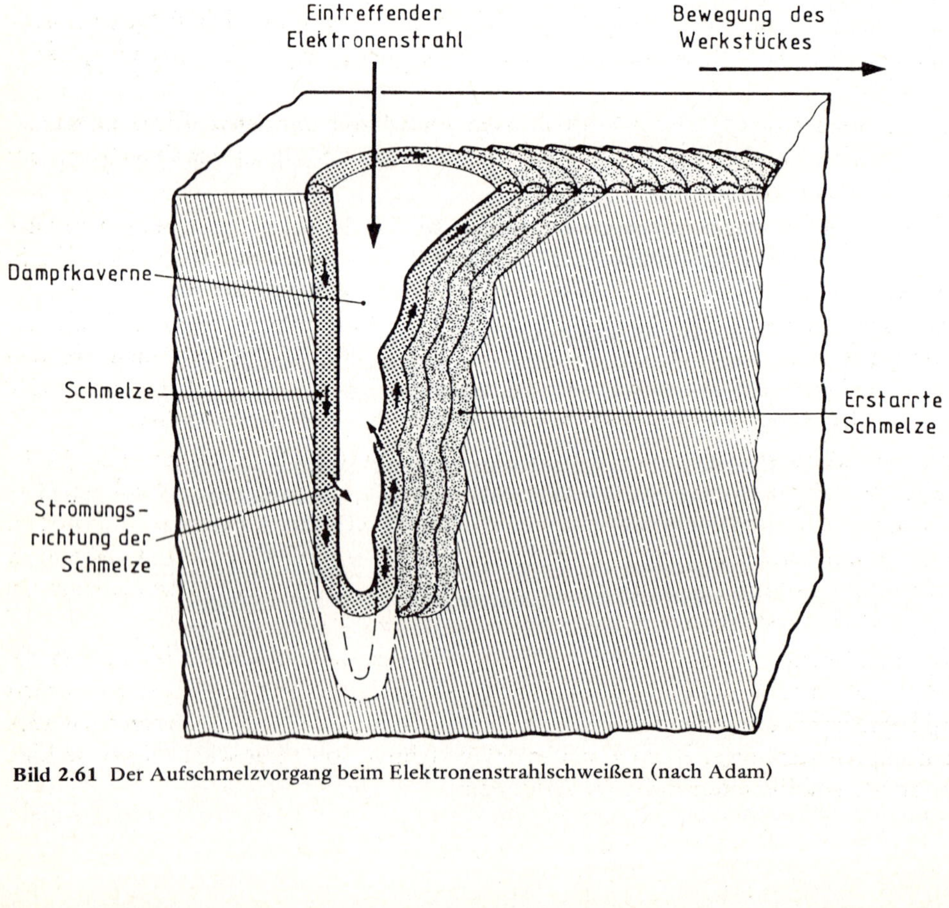

Bild 2.61 Der Aufschmelzvorgang beim Elektronenstrahlschweißen (nach Adam)

zen und Verdampfen. Durch den hohen Dampfdruck entsteht im Zentrum der Schmelze ein Gaskanal, um den eine Rotation der Schmelze stattfindet. Dieser Gaskanal, auch als Dampfkaverne bezeichnet, ermöglicht den Tiefschweißeffekt, durch den es möglich wird, in einem Arbeitsgang Blech bis zu 150 mm Dicke zu verschweißen, obwohl die Eindringtiefe der Elektronen um Größenordnungen kleiner ist, Bild 2.61.

Entsprechend dem Schweißfortschritt bewegt sich die Kaverne entlang der Schweißfuge, wobei die Schmelze hinter ihr zusammenströmt und dort erstarrt. Es entsteht eine Schweißnaht, gekennzeichnet durch einen schmalen Querschnitt, geringes Schmelzvolumen und leicht keilförmig verlaufende Flanken.

Das Elektronenstrahlschweißen arbeitet in der Regel ohne Zusatzwerkstoff; die Fuge wird als Stumpfstoß ausgebildet. Notwendig ist eine Zentrierung der zu verbindenden Teile und das Spannen in einer Vorrichtung zur Sicherung der Lage des Stoßes.

Die Form der Naht ist davon abhängig, ob völlig durchgeschweißt wird – wobei sich in der Wurzel ein Tropfen bildet – oder ob eine Schweißbadunterstützung vorhanden ist, die verhindert, daß Strahl und Schweißgut auf der Wurzelseite austreten. Wird völlig durchgeschweißt, so fällt die Oberseite der Naht ein. Beim Schweißen mit Badunterstützung tritt eine Nahtüberwölbung, genannt Nahtkopf, auf; im Wurzelbereich beobachtet man das „Wurzel-spiking". Dabei handelt es sich um Schmelze, die in den Wurzelspalt eindringt und dort eiszapfenartig vorzeitig erstarrt. Die Folge ist Porenbildung und Werkstofftrennung, was zu einer Verminderung der Dauerschwingfestigkeit führt.

Vor dem Elektronenstrahlschweißen müssen Vorrichtung und Schweißteile entmagnetisiert werden, da bei Restfeldstärken von mehr als 1,5 Oe an der Oberfläche der Strahl bereits abgelenkt wird.

Mit dem Elektronenstrahl lassen sich fast alle Metalle verschweißen. Besondere Vorteile bietet das Verfahren, wenn hochschmelzende bzw. gasempfindliche Metalle und Legierungen zu schweißen sind. Beim Schweißen von Stählen kommt es u.U. zu einer Porenbildung, wenn die Gehalte an Schwefel und Phosphor zu hoch sind oder im Stahl Gase gelöst waren. Bei zu hohem C-Gehalt kann es infolge der hohen Abkühlgeschwindigkeit zu erheblichen Aufhärtungen kommen, die durch entsprechende Wärmebehandlungen sofort nach dem Schweißen abgebaut werden müssen.

Gut schweißbar sind geschmiedete, mit Einschränkung auch gegossene Titan-Werkstoffe. Auch hitzebeständige Metalle, wie Molybdän, Wolfram, Tantal, Niob und Zirkon lassen sich verschweißen. Bewährt hat sich das Verfahren auch für das Schweißen von Aluminiumlegierungen, wobei selbst die aushärtbaren Al-Legierungen AlCuMg, AlZnMgCu geschweißt werden können. Schwierigkeiten bereiten dagegen die ausscheidungshärtbaren Werkstoffe auf Ni-, Ni-Fe- oder Co-Basis.

Vorteilhaft beim Elektronenstrahlschweißen sind die hohe Schweißleistung und die geringe Wärmebeeinflussung des Grundwerkstoffs. Die sowohl zeitlich wie örtlich eng begrenzte thermische Beeinflussung hat nur geringen Verzug und unbedeutendes Schrumpfen zur Folge. Auch gestattet das Verfahren, sonst nur schwierig zu verbindende Werkstoffe miteinander zu verbinden.

Nachteilig ist, daß die erforderliche Vakuumkammer, was die Größe der Bauteile anbetrifft, Beschränkungen auferlegt. Diese versucht man dadurch zu umgehen, daß der Elektronenstrahl über mehrere Druckstufen mit abnehmendem Vakuum auf die Oberfläche des Werkstücks geleitet wird, das sich selbst an der freien Atmosphäre befindet.

Für das Schweißen großer Bauteile werden auch Geräte mit einem lokalen Vakuum an der Schweißstelle benutzt. Dabei bewegt sich der Strahlerzeuger mit dem Strahl während des Schweißens in einem stationär abgedichteten Bereich.

2.6 LASER-Schweißen (LA)

Das Kunstwort LASER ist die Abkürzung für Light Amplifikation by Stimulated Emission of Radiation – Lichtverstärkung durch induzierte Strahlungsemission. Der Laser ist ein Generator und ein Verstärker von elektromagnetischen Wellen mit Frequenzen im sichtbaren und angrenzenden Spektralbereich.

Strahlentstehung

Ein Elektron auf einer vom Kern weiter entfernten „Schale" besitzt gegenüber dem auf einer kernnäheren eine höhere Energie. Zum Übergang vom energieärmeren in den Zustand höherer Energie – dem angeregten Zustand – muß also von außen Energie zugeführt werden. Umgekehrt wird Energie frei, wenn ein Elektron vom höheren Energieniveau auf ein niedrigeres Niveau übergeht. In diesem Fall wird ein Photon emittiert, Bild 2.62.

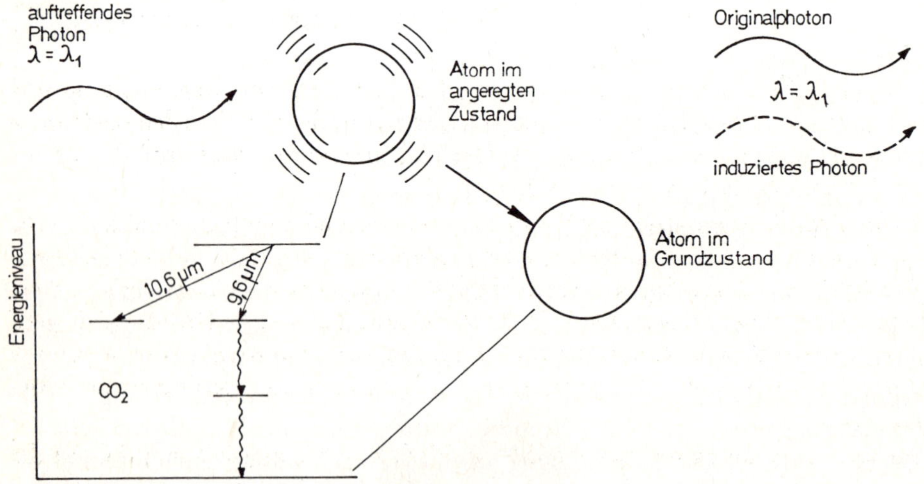

Bild 2.62 Prinzipielle Vorgänge bei der induzierten Emission eines Photons (nach Rothe)

Wird ein Elektron im angeregten Zustand durch ein Photon gezwungen, in den energieärmeren Zustand überzugehen, so spricht man von einer induzierten Emission. Das dabei ausgesandte Photon stimmt in Energie und Polarisation mit dem den Vorgang auslösenden Photon überein. Es wird somit ein Lichtstrahl erzeugt, in dem alle Photonen parallel verlaufen; es entsteht also kohärentes Licht gleicher Wellenlänge und Phasenlage. Der Verstärkereffekt wird durch eine Vermehrung der Zahl der Photonen bei konstanter Energie erzielt.

Die Laser-Arten unterscheiden sich durch ihre Betriebsweise (CW = continuous wafe oder Dauerstrich, Impuls-Laser) und durch den verwendeten aktiven, lichtverstärkenden Stoff, ein Gas, eine Flüssigkeit oder ein Festkörper. Beim Festkörperlaser werden künstlich hergestellte Kristalle (z.B. Yttrium-Aluminium-Granat = YAG) oder mit geringen Anteilen von Neodym dotiertes Glas als aktive Stoffe verwendet. Der öfter verwendete Rubinlaser besteht aus mit Chrom dotiertem Aluminiumoxid. Bei diesem Typ wird die zur Anregung notwendige Energie auf optischem Weg aus intensiven Lichtquellen zugeführt.

Der CO_2-Laser zählt zu den Molekülgaslasern. Der aktive Stoff besteht aus einem CO_2-N_2-He-Gasgemisch, das durch eine Gasentladung elektrisch angeregt wird. Die Gase N_2 und He dienen im wesentlichen der Stabilisierung des Photonen-Verstärkereffekts. Der CO_2-Laser liefert eine hohe Dauerstrichleistung und ist daher für industrielle Anwendung (vor allem zum thermischen Trennen) gut geeignet.

Das zweite wesentliche Bauelement eines Lasers ist der optische Resonator. Im Prinzip besteht dieser aus zwei Spiegeln, zwischen denen sich das aktive Material befindet. Beide Resonatorspiegel müssen sehr genau aufeinander einjustiert werden. Der Spiegelabstand muß ein ganzzahliges Vielfaches der halben Wellenlänge der erzwungenen elektromagnetischen Schwingung betragen, so daß sich eine stehende Lichtwelle ausbildet. Die Photonen laufen mit Lichtgeschwindigkeit zwischen diesen Spiegeln hin und her. Bei jedem Durchlauf treten die Photonen mit den Atomen des aktiven Stoffes in Wechselwirkung, so daß man einen rückgekoppelten optischen Verstärker erhält, Bild 2.63.

Damit das Laserlicht aus dem optischen Resonator austreten kann, ist einer der Spiegel teildurchlässig. Damit verlassen nur diejenigen Strahlen, die zwischen den beiden Resonatorspiegeln genau parallel reflektiert wurden, als paralleles, kohärentes Lichtbündel mit hohem Energieinhalt den Resonator.

Der Laserstrahl ist gekennzeichnet durch eine zeitliche und räumliche Kohärenz, d.h. es ergeben sich einmal nur geringe Frequenzdifferenzen, zum anderen liegt eine Welle vor, die die gleiche Phasenlage an verschiedenen Punkten der Welle zum gleichen Zeitpunkt aufweist. Die letztgenannte Eigenschaft gestattet eine außerordentlich gute Fokussierung des Strahls. Ein weiteres Kennzeichen des Laserstrahls ist seine geringe Divergenz, was eine Strahlführung mit geringen Intensitätsverlusten über weite Strekken erlaubt.

Die für die Verwendung des Laserstrahls als Werkzeug wichtigste Kenngröße ist die Radianz. Dabei handelt es sich um die je Raumwinkel- und Flächeneinheit emittierte Ausgangsleistung. Diese ist beim Laser um Größenordnungen höher als bei den sonst verwendeten Lichtquellen. Bei der Umlenkung bzw. Umformung des Laserstrahls

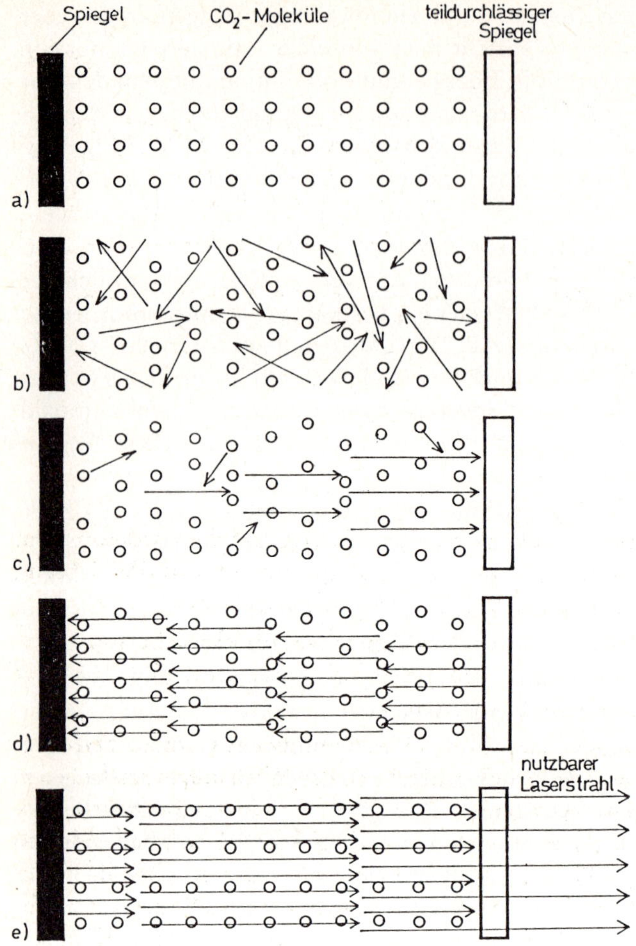

Bild 2.63
Arbeitsweise des Resonators (nach Rothe)

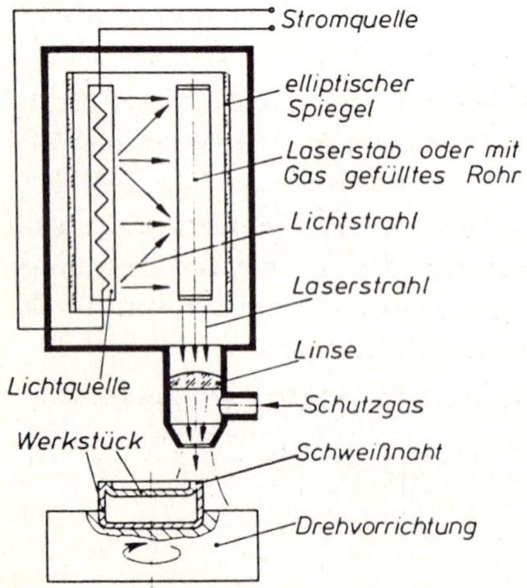

Bild 2.64
Prinzipieller Aufbau eines Geräts zum Laserstrahlschweißen (nach DIN 1910)

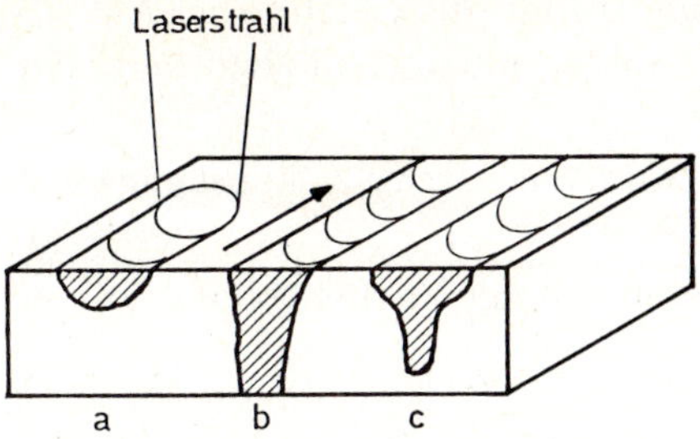

Bild 2.65 Ausbildung der Naht in Abhängigkeit von der Energieintensität
a) $I < I_{krit}$ (kein Stichloch) b) $I > I_{krit}$ (Stichloch) c) $I \gg I_{krit}$ (Stichloch) und Plasmaabsorption)

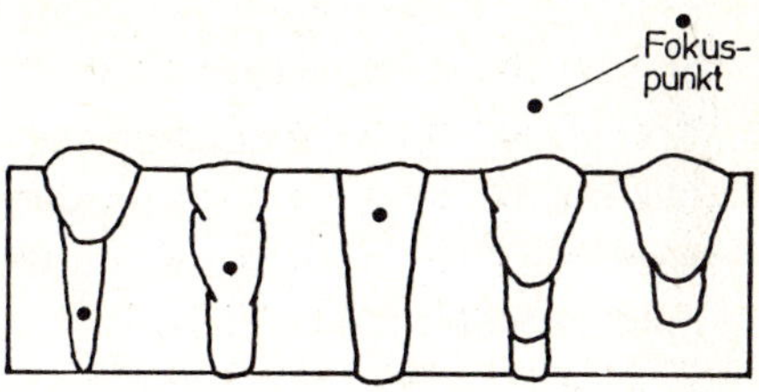

Bild 2.66 Einfluß des Fokuspunkts auf die Ausbildung der Schweißnaht

durch Spiegel oder Linsen bleibt die Radianz erhalten. Das erlaubt die Fortleitung des Strahls über längere Strecken, die Anpassung des Strahlquerschnitts an die Öffnung der Fokussieroptik und die Erzeugung sehr kleiner Fokusquerschnitte.

Für das Schweißen kommt – abgesehen vom Festkörperlaser für kleine Leistungen – nur der CO_2-Laser mit Dauerleistungen von 1 bis 12 kW in Betracht. Bild 2.64 zeigt die prinzipielle Anordnung für diesen Anwendungsfall.

Das Laserschweißen erfolgt unter Verwendung eines Schutzgases (Argon, Helium). Ab einer Laserleistung von etwa 3 MW/cm^2 entsteht an der Werkstückoberfläche innerhalb der Schutzgasatmosphäre ein Plasma. Dies führt zur Leistungserhöhung des Laserstrahls. An der Oberfläche entsteht zunächst ein breiteres Schmelzbad, das sich mit schmaler Begrenzung in die Tiefe ausbreitet. In Richtung des Strahls bildet sich eine Kapillare aus verdampftem Metall, um die herum sich schmelzflüssiges Material bildet. Beim Fortschreiten des Strahls in Schweißrichtung bewegt sich diese Kapillare durch das Material, wobei hinter ihr das schmelzflüssige Material erstarrt.

Die Ausbildung der Naht ist einmal von der Energiedichte abhängig, Bild 2.65. Bleibt diese unter einer werkstoffspezifischen Schwelle (I_{kr}), so bildet sich nur eine linsenförmige Naht in der Randschicht aus. Nur wenn diese kritische Energiedichte überschritten wird, tritt die oben beschriebene Schweißnahtbildung auf. Zum anderen ist die Ausbildung der Schweißnaht auch von der Lage des Fokuspunktes abhängig, wie Bild 2.66 zeigt.

Bei höherer Leistungsdichte wirkt das Plasma als Abschirmung. Es gelangt nur noch ein geringer Anteil der Laserstrahlung zum Werkstück, der größere Teil wird in die Optik zurückreflektiert. Die Verwendung eines Schutzgases oder eines Plasmajet, der Schutzgas gezielt in die Schweißzone führt, kann Abhilfe bringen.

Beim Laserschweißen sind an den Werkstoff bestimmte Anforderungen zu stellen.

1. Das Reflexionsvermögen des Werkstoffs sollte sehr gering sein, d.h. das Absorptionsvermögen sollte groß sein.

2. Bei Stahl darf der C-Gehalt nicht zu hoch sein, da sonst die Gefahr einer Aufhärtung und Versprödung der Naht besteht. Es sollten nur mit Silizium beruhigte Stähle verwendet werden.
3. Eine gleichbleibende Qualität der Schweißung kann nur durch eine konstante Qualität des Werkstoffs erzielt werden.
4. Eine von Fett und Öl befreite Oberfläche ist unbedingt Voraussetzung für eine gute, porenfreie Schweißnaht.

2.7 Lichtstrahlschweißen (LI)

Beim Schweißen mit dem Lichtstrahl wird das Werkstück örtlich durch die Absorption von Strahlungsenergie erwärmt. Im Gegensatz zum Laser, bei dem quasimonochromatisches Licht verwendet wird, handelt es sich hier um polychromatisches Licht. Bei metallischen Werkstoffen wird ein Teil der Strahlungsenergie an der Oberfläche reflektiert, der Rest wird in der Randschicht absorbiert.

Die im Brennfleck erreichbare Temperatur ist u.a. abhängig vom Absorptions- bzw. Reflexionsvermögen, der Wärmeleitfähigkeit und der Oberflächenbeschaffenheit des Metalls. Schweißgeeignet sind also Metalle mit einem hohen Absorptionsvermögen und einer schlechten Wärmeleitfähigkeit; günstig ist eine geringe Größe des Bauteils.

Die Lichtstrahlgeräte haben eine Leistungsdichte von etwa 3 kW/cm^2. Das reicht bei einem kleinen Querschnitt der Wärmeeinbringung (etwa 0,2 cm^2) aus, um in einem kleinen Werkstoffvolumen Temperaturen in der Höhe des Schmelzpunktes zu erzeugen.

In Bild 2.67 ist die prinzipielle Anordnung von Lichtquelle, Spiegel und Werkstück wiedergegeben. Eine fast punktförmige Lichtquelle ist im Brennpunkt eines halben rotationssymmetrischen Ellipsoids angeordnet. Die Geometrie dieses Ellipsoids bewirkt, daß die von der Lichtquelle ausgesandten Strahlen im 2. Brennpunkt außerhalb des Spiegels fokussiert werden. In diesem Brennpunkt befindet sich dann der Arbeitspunkt des Sytems.

Zum Schweißen wird eine Gasentladungslampe (z.B. Xenon-Kurzbogenlampe) verwendet. Mit einer Lampenleistung von 5 kW wird im Arbeitspunkt eine Temperatur erreicht, die es gestattet, Blechdicken bis 1 mm im I-Stoß zu verschweißen. Üblich ist es dabei, die Schweißstelle zu fixieren und beidseitig mit Schutzgas zu spülen.

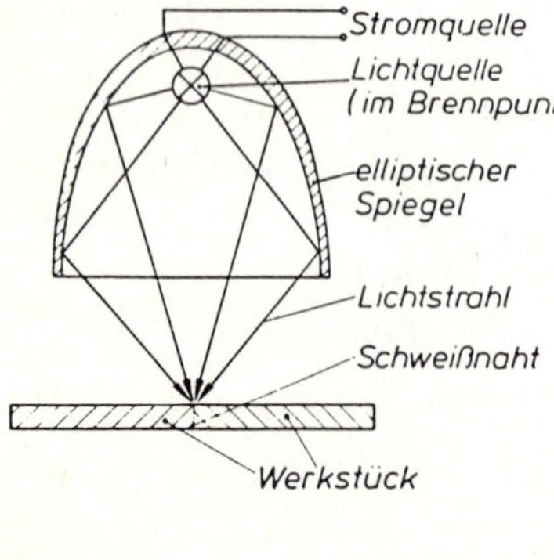

Bild 2.67
Lichtstrahlschweißen (nach DIN 1910)

2.8 Elektroschlackeschweißen (RES)

Das Elektroschlackeschweißen ist ein vollmechanisiertes Widerstandsschmelzschweißverfahren hoher Abschmelzleistung. Es ermöglicht das Schweißen längerer Nähte an dicken Blechen in senkrechter Position mit I-Stoß. DIN 1910, Teil 5, kennzeichnet das Verfahren wie folgt:

Die Werkstücke werden an den Stoßflächen durch flüssige, elektrisch leitende Schlacke erwärmt. Der Schweißstoß ist eingeformt. Der stromführende Schweißzusatzwerkstoff schmilzt in der Schlacke stetig ab. Er kann dem Schmelzbad auch in einer abschmelzenden umhüllten oder nicht umhüllten Führung zugegeben werden. Bild 2.68 zeigt das Schema des Elektroschlackeschweißens.

Wie aus dem Bild deutlich wird, wird das Schweißbad an zwei gegenüberliegenden Seiten durch die Werkstückkanten, an den beiden anderen Seiten durch wassergekühlte Gleitschuhe aus Kupfer begrenzt. Nach unten wird der das Schweißbad aufnehmende Hohlraum vor dem Schweißen mit einem meist U-förmigen Anlaufstück verschlossen, wie er auch nach oben durch ein Auslaufstück zur Aufnahme des Schlackebads verlängert wird. In den so gebildeten Hohlraum wird vor dem Beginn des Schweißens Schweißpulver gefüllt. Die Drahtelektrode, die über eine rüsselförmige Drahtführung automatisch zugeführt wird, ragt mit ihrem freien Ende in diese Pulverschüttung.

Der Schweißvorgang wird eingeleitet durch das Zünden eines Lichtbogens zwischen Drahtelektrode und dem Anlaufstück aus Kupfer. Der Lichtbogen schmilzt das Schweißpulver zu einer Schlacke auf, die in ihrer Zusammensetzung so eingestellt ist, daß ihre elektrische Leitfähigkeit mit zunehmender Temperatur zunimmt. Sobald der Wert der Leitfähigkeit der Schlacke den des Lichtbogens übersteigt, erlischt der Lichtbogen und der Strom fließt nur noch über das Schlackebad in den Werkstoff. Die Wi-

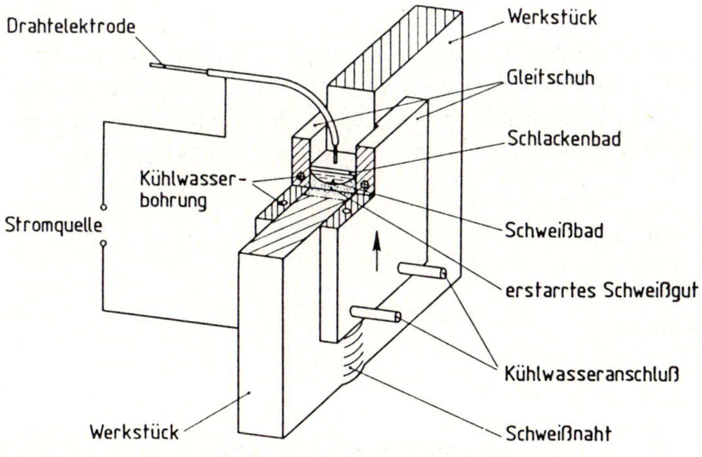

Bild 2.68 Elektroschlackeschweißen (nach DIN 1910)

derstandserwärmung reicht aus, um unter der Schlackendecke den Grundwerkstoff auf- und den Zusatzwerkstoff abzuschmelzen. Durch den abschmelzenden Zusatzwerkstoff füllt sich der Hohlraum von unten, wobei sich die Drahtführung und die Gleitschuhe kontinuierlich bewegen. Da ein Teil der Schlacke verlorengeht, muß Pulver in kleinen Mengen laufend zugeführt werden. Jede Unterbrechung des Schweißvorgangs führt zu Fehlstellen, die nur unter großen Schwierigkeiten beseitigt werden können. Es ist daher darauf zu achten, daß die Naht ohne Unterbrechung durchgeschweißt werden kann.

Die Breite des Spalts beträgt etwa 30 mm. Für Blechdicken bis 60 mm genügt eine Elektrode. Größere Blechdicken erfordern entweder das Pendeln der Elektrode und/oder die Verwendung zweier bzw. dreier Drahtelektroden. Auf diese Weise können Blechdicken bis 450 mm verschweißt werden.

Die Elektroden, in der Regel Drähte oder Bänder, im Sonderfall auch Platten, sind in DIN 8574 Teil 1 genormt. In derselben Norm sind auch die Schweißpulver genormt, die sich von den UP-Pulvern im wesentlichen durch hohe Fluorid-Gehalte unterscheiden. Durch diese Fluoride wird die Leitfähigkeit der Schlacke bei hohen Temperaturen verbessert, gleichzeitig wird die Neigung zur Bildung eines Lichtbogens verringert. Das Elektroschlackeschweißen arbeitet sowohl mit Gleichstrom als auch mit Wechselstrom. Die Regelung kann je nach statischer Kennlinie fallweise als ΔU- oder ΔI-Regelung ausgeführt werden. Unbedingt zu berücksichtigen ist jedoch die hohe Einschaltdauer (nahezu 100%) und die hohe Arbeitsspannung (32 bis 50 Volt).

Das Bandplattieren nach dem RES-Verfahren hat wegen der geringen Aufschmelzrate des Grundwerkstoffs in der Größenordnung von 2 bis 4% das UP-Bandplattieren abgelöst.

3 Verfahren des Preßschweißens

Unter Preßschweißen versteht man nach DIN 1910 das Schweißen unter Anwendung von Kraft ohne oder mit Schweißzusatz; ein örtlich begrenztes Erwärmen ermöglicht oder erleichtert dabei das Schweißen. Tabelle 11 gibt einen Überblick über diese Verfahrensgruppe.

Tabelle 11 Die Preßschweißverfahren (nach Killing)

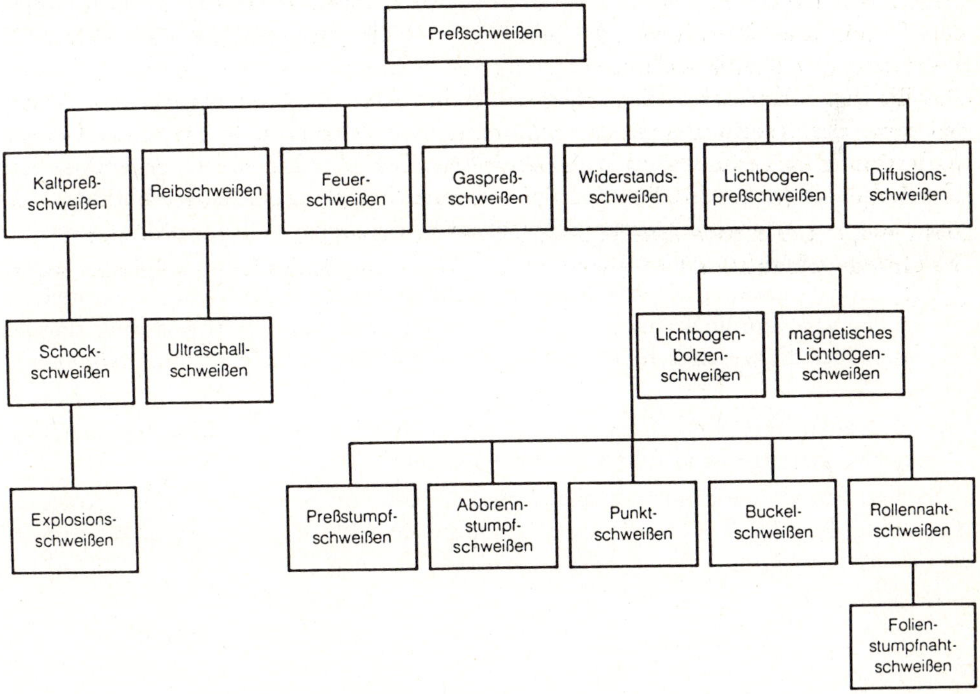

3.1 Widerstandspreßschweißen

Zu dieser Verfahrensgruppe, systematisch richtiger als konduktives Widerstandspreßschweißen zu bezeichnen, zählen

das Punktschweißen,
das Buckelschweißen und
das Rollennahtschweißen

sowie

das Preßstumpfschweißen und
das Abbrennstumpfschweißen.

Kennzeichnend ist für alle genannten Verfahren, daß die zum Schweißen erforderliche Wärme durch eine Widerstandserwärmung erzeugt wird und so erwärmte Teile unter Druck verschweißt werden.

Die Verfahren unterscheiden sich durch

die Elektrodenform,
die Werkstückgestaltung und
die Steuerung des Schweißablaufs.

3.1.1 Punktschweißen (RP)

Wie Bild 3.1 zeigt, pressen zwei stiftförmige Elektroden die zu verbindenden Werkstücke aufeinander. Ein Stromstoß erwärmt die Verbindungsstelle auf Schweißtemperatur, wodurch unter dem mechanischen Druck eine Schweißverbindung, der Schweißpunkt, erzeugt wird.

Geschweißt wird aus Kostengründen in der Regel mit Wechselstrom, der über einen Schweißtransformator dem Netz entnommen wird. Daneben ist das Schweißen mit Kondensatorentladung gängig. Das Schweißen mit Gleichstrom bietet gegenüber dem mit Wechselstrom gewisse Vorteile, wie verminderte Gefahr der Spritzerbildung, kleinere Wärmeeinflußzone, kurze Schweißzeiten bei höheren Schweißströmen oder Schweißen von Werkstoffen hoher Leitfähigkeit. Auch führt die Verwendung von Gleichstrom u.a. zu einer gleichmäßigeren Belastung des Netzes und zu Kosteneinsparungen z.B. durch Verbesserung des Leistungsfaktors. Der Anwendung standen jedoch bisher die wesentlich höheren Kosten für Gleichstromschweißmaschinen entgegen.

Bild 3.2 zeigt eine Punktschweißmaschine in üblicher Bauart. Eine handbetätigte Punktschweißzange ist in Bild 3.3 wiedergegeben.

Verschweißt werden können dünne Drähte, Folien und Bleche. Bei Stahl beträgt die Gesamtstärke max. 2 × 20 mm, bei Aluminium und Messing max. ca. 2 × 5 mm.

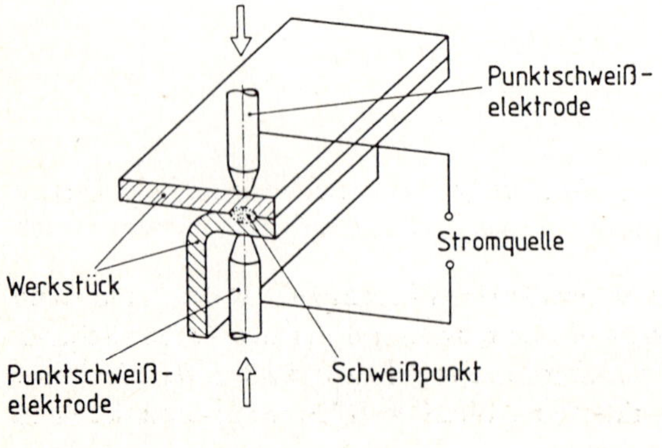

Bild 3.1
Prinzipdarstellung des zweiseitigen Punktschweißens (nach DIN 1910)

Bild 3.2
Punktschweißmaschine mit Druckluftbetätigung
Werkfoto DALEX

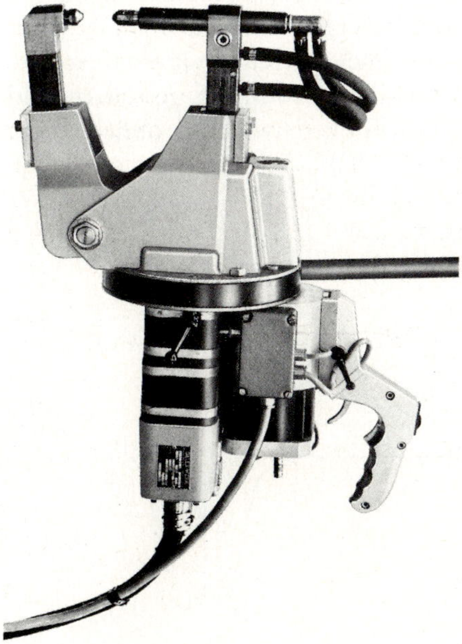

Bild 3.3
Handbetätigte Punktschweißzange
Werkfoto DALEX

Die im Werkstück erzeugte Wärmemenge Q errechnet sich aus dem Jouleschen Gesetz

$$Q \sim I^2 \cdot R \cdot t$$

Dabei bedeutet I der Effektivwert des Schweißstroms in Ampere, R der Widerstand zwischen den Elektroden in Ohm und t die Zeit, während der der Strom fließt, in Sekunden. Aus wirtschaftlichen und verfahrenstechnischen Gründen werden kurze Schweißzeiten gefordert, um so einen stärkeren Abfluß der Wärme zu verhindern und den Werkstoff thermisch nicht zu hoch zu beanspruchen. Die erforderliche Wärmemenge wird daher durch relativ hohe Stromstärken erzeugt. Die Stromstärke ist nach oben durch den Übergangswiderstand zwischen Elektrode und Blech begrenzt, wodurch eine maximal mögliche Stromdichte vorgegeben ist. Wird diese Grenze überschritten, so entstehen an den Schweißstellen Spritzer, die zu starkem Elektrodenverschleiß und letztlich zu unbrauchbaren Schweißungen führt. Diese als Spritzergrenze bezeichnete Stromstärke wird von wassergekühlten Elektroden in der Regel ohne Probleme aufgenommen.

Der in die Berechnung der Wärmemenge eingehende Widerstand setzt sich aus zwei Anteilen zusammen: den Stoffwiderständen und den Kontaktwiderständen. Der Stoffwiderstand ist eine werkstoffspezifische Größe, beeinflußt durch die Temperatur und die Ausbildung der Strombahn zwischen den Elektroden. Damit kann der Stoffwiderstand durch den Elektrodendurchmesser etwas beeinflußt werden. Die Kontaktwiderstände treten einmal zwischen den Elektroden und den Werkstückoberflächen auf, zum anderen an der Verbindungsstelle der zu verschweißenden Werkstücke. Sie werden beeinflußt durch die Form der Elektroden und deren Durchmesser, die Anpreßkraft und die Oberflächenqualität der Werkstücke.

Der Schweißzeit kommt große Bedeutung zu. Da es in der Praxis nicht möglich ist, die Temperatur an der Verbindungsstelle zu erfassen und damit den Ablauf der Schweißung zu steuern, wird die für das Schweißen günstigste Temperatur an der Verbindungsstelle über die Zeit, während der der Strom fließt (Stromzeit), gesteuert. Bild 3.4 gibt den zeitlichen Verlauf beim Herstellen einer Punktschweißung ohne Steuerprogramme für Kraft oder Strom wieder.

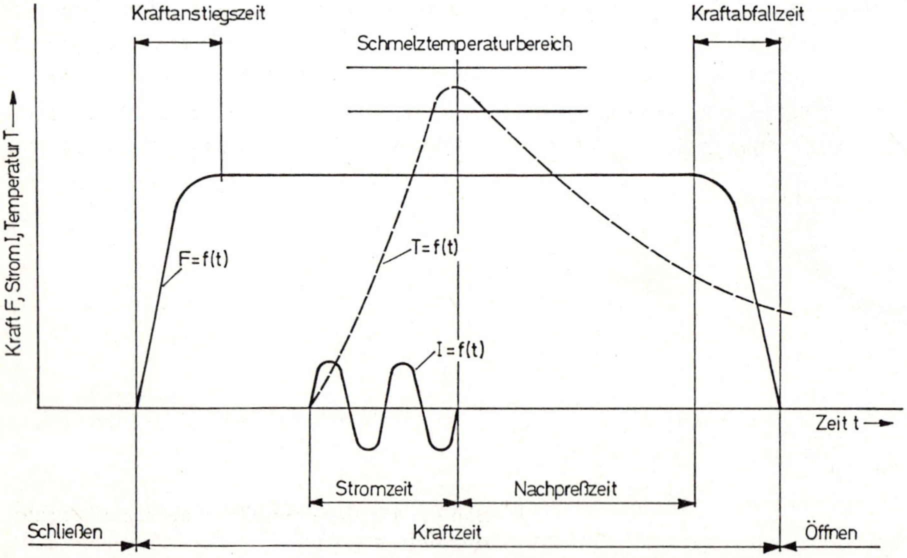

Bild 3.4 Verlauf von Kraft, Schweißstrom und Temperatur in Abhängigkeit von der Zeit beim Punktschweißen

Durch Druckluft, Ölhydraulik oder Hebelübersetzung werden die zu verschweißenden Teile über die Elektroden zusammengepreßt. Die Kraft ist vom Werkstoff der Fügeteile und von deren Dicke abhängig. Ist die erforderliche Kraft erreicht, so wird der Schweißstrom eingeschaltet. Die Einschaltdauer liegt bei etwa 4 bis 15 Perioden. Sie muß so gewählt werden, daß die für das Verschweißen unter Druck erforderliche Temperatur erreicht wird. Die Kraft wirkt während der „Rückkühlzeit" nach Abschalten des Schweißstroms weiter, so daß die Erstarrung des aufgeschmolzenen Schweißguts unter Druck erfolgt.

Den Elektroden kommt beim Punktschweißen große Bedeutung zu. Gefordert werden

- eine große elektrische und thermische Leitfähigkeit,
- eine hohe Festigkeit und Härte (Warmhärte),
- eine hohe Erweichungs- und Rekristallisationstemperatur und
- eine geringe Legierungsneigung zum Schweißgut.

Die Elektrodenwerkstoffe sind in DIN ISO 5182 genormt. Dort werden die Werkstoffe in zwei Gruppen eingeteilt. Die Gruppe A enthält die Werkstoffe auf Kupferbasis, legiert mit Cd, Cr und Zr (Typ 1, nicht aushärtbar), Co und Be (Typ 2, höhere Härte als Typ 1), Ni, Si und P (Typ 3, ausgehärtete Legierungen) sowie Ag, Al und Fe (Typ 4, mit besonderen Eigenschaften). In der Gruppe B sind die Sintermetalle auf der Basis Cu/W, Cu/WC, Mo, W und Ag/W zusammengefaßt. Diese Norm wird ergänzt durch Hinweise auf den Einsatzbereich der einzelnen Werkstoffe.

Für die Elektrodenform gilt DIN ISO 5821. Bild 3.5 zeigt Beispiele für die dort genormten Formen.

Punktschweißmaschinen sind, wie oben gezeigt, zeitgesteuert. Die Steuerung schaltet den Schweißstrom in Verbindung mit der Elektrodenkraft bzw. der Elektrodenbewegung. Die Leistungsregelung erfolgt bei modernen Maschinen über eine Thyristor-Schaltstufe durch eine Phasenanschnittsteuerung, wie sie Bild 3.6 im Prinzip zeigt.

Das Punktschweißen ist anwendbar bei allen Werkstoffen, die elektrisch leitfähig und im knetbaren Zustand verschweißbar sind. Dies trifft nahezu uneingeschränkt zu auf

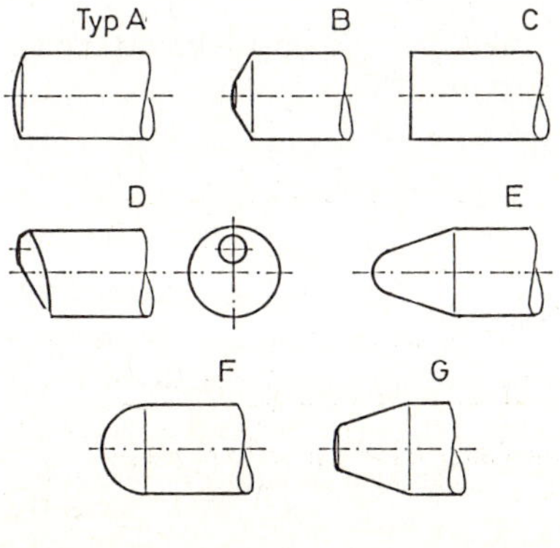

Bild 3.5 Elektrodenformen für das Punktschweißen nach DIN ISO 5821

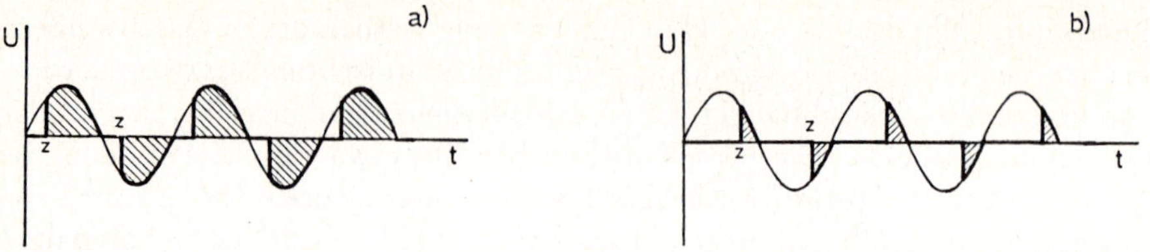

Bild 3.6 Phasenanschnittsteuerung
Die Höhe des Schweißstroms (Mittelwert) wird durch das Verlegen des Zündzeitpunkts Z eingestellt
a) Mittelwert des Stroms groß b) Mittelwert des Stroms klein

Stähle mit niedrigem C-Gehalt. Stähle mit höherem C-Gehalt sowie legierte Stähle neigen zum Aufhärten, was sich in einer hohen Härte im Schweißpunkt zeigt.

Bei vielen Nichteisenmetallen erfordert die gute elektrische Leitfähigkeit (niedriger Widerstand) beim Schweißen mit Wechselstrom sehr hohe Schweißströme und die gute Wärmeleitfähigkeit kurze Schweißzeiten. Unter Berücksichtigung dieser Tatsachen sind die Kupferlegierungen und Zink schweißbar. Sollen verschiedene Werkstoffe miteinander verschweißt werden, so kann eine befriedigende Verbindung nur erreicht werden, wenn eine Legierungsbildung möglich ist.

In der Praxis sind häufig verzinkte Feinbleche zu verschweißen. Das Zink beeinflußt beim Schweißen einmal die Wärmeerzeugung und -verteilung an der Schweißstelle, wie auch die Höhe des elektrischen Widerstands. Zum anderen kommt es zu einem Anlegieren des Zinks an den Elektroden; auch ist eine metallurgische Beeinflussung des Schweißguts zu beachten. Die extrem niedrige Schmelztemperatur des Zinks (429 °C) führt häufig zu Spritzern.

Der Korrosionsschutz durch die Zinkauflage bleibt dagegen auch nach dem Schweißen erhalten. Erfahrungsgemäß müssen beim Schweißen verzinkter Feinbleche Schweißzeit und Schweißstrom um ca. 15% erhöht werden. Zum Schweißen werden zweckmäßig wassergekühlte Elektroden aus Legierungen von Kupfer mit Chrom, Zirkon oder Beryllium (Typ A1 bzw. A2) verwendet. Höhere Elektrodenstandzeiten sind mit Molybdän- und Wolfram-Elektroden zu erreichen. Auch ein Nachregulieren, d.h. Erhöhen des Schweißstroms nach einer bestimmten Zeit führt zu einer Erhöhung der Standzeit.

Das Buckelschweißen erlaubt es, mehrere Schweißpunkte mit einem Elektrodenpaar gleichzeitig zu erzeugen, Bild 3.7. Die Stromdichte und die Flächenpressung vermindern sich wegen der vergrößerten Elektrodenauflagefläche, was die Standzeit der Elektrode vergrößert. Bild 3.8 zeigt einige typische Buckelformen, wie sie z.B. in DIN 8519 empfohlen werden.

Zur Erzeugung kraftübertragender Punktfolgen bzw. zur Herstellung gas- oder flüssigkeitsdichter Nähte wird das Rollennahtschweißen eingesetzt, Bild 3.9. Beim Rollennahtschweißen werden in bestimmten Abständen voneinander angeordnete Schweißpunkte hergestellt. Die rollenförmigen Elektroden drehen sich und durch eine impulsartige Stromzufuhr werden die Schweißpunkte in gleichen Abständen erzeugt.

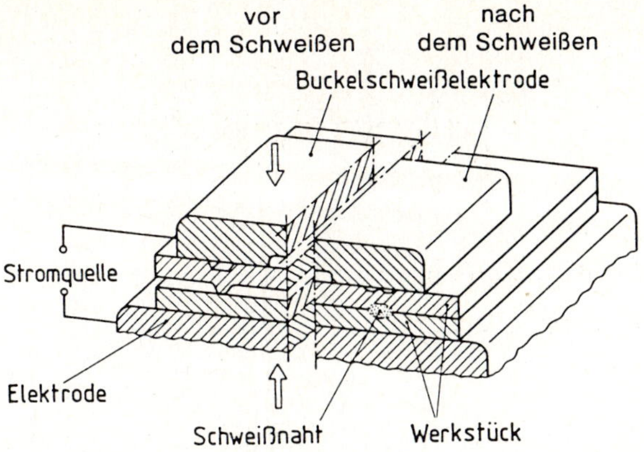

Bild 3.7
Zweiseitiges Buckelschweißen (nach DIN 1910)

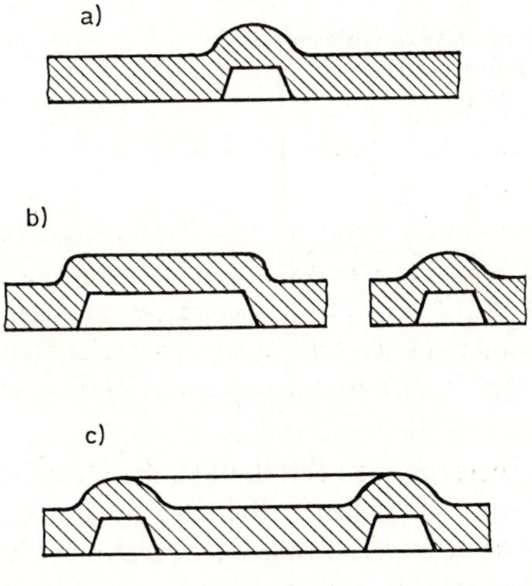

Bild 3.8
Buckelformen für das Schweißen von Aluminium

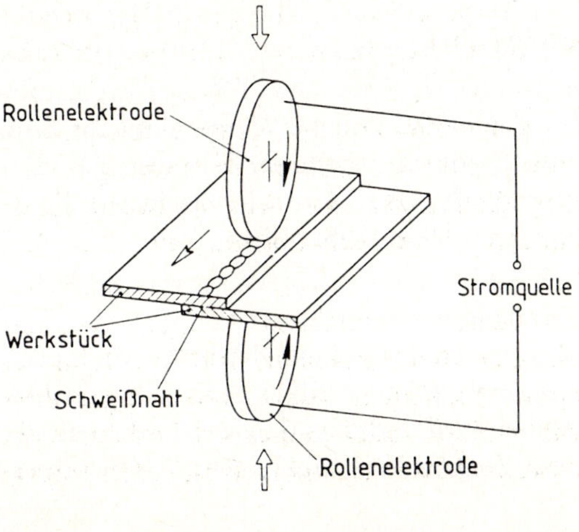

Bild 3.9
Rollennahtschweißen (nach DIN 1910)

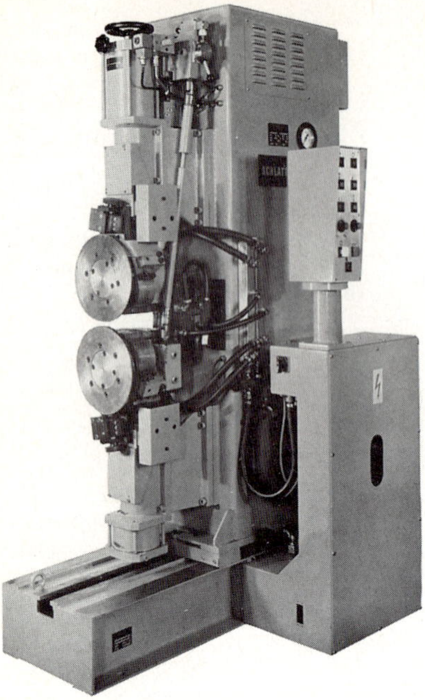

Bild 3.10
Rollennahtschweißmaschine
Werkfoto Schlatter

Wird der Strom in kurz aufeinander folgenden Impulsen, d.h. nahezu kontinuierlich zugeführt, so entstehen sich überlappende Schweißpunkte, die zu einer flüssigkeits- oder gasdichten Naht führen. Vorteilhaft ist, daß durch die Drehung der Elektrode der Stromübergang immer an einer anderen Stelle erfolgt, wodurch eine Standzeitverlängerung erreicht wird. Es läuft allerdings ein beachtlicher Teil des Stroms über die bereits gebildete Naht und bildet so einen Nebenschluß. Im Verhältnis zum Punktschweißen sind daher wesentlich höhere Stromstärken erforderlich. Dadurch wird es notwendig, die Rollen mit Wasser zu kühlen. Eine Rollennahtschweißmaschine ist in Bild 3.10 wiedergegeben.

3.1.2 Preßstumpf- und Abbrennstumpfschweißen

Beiden Verfahren ist gemeinsam, daß Wellen, Profile, Rohre u.ä. Teile stirnseitig miteinander verschweißt werden können. Die dazu erforderliche Wärme entsteht beim Durchgang des elektrischen Stroms durch die Berührungsstelle der Teile durch Widerstandserwärmung, wobei beim Abbrennstumpfschweißen eine schmelzflüssige Phase auftreten kann, die beim Stauchen aus der Fügezone gepreßt wird.

Beim Preßstumpfschweißen (RPS) werden die zu verbindenden Teile in wassergekühlte Backen eingespannt, stirnseitig gegeneinander gepreßt und unter Strom gesetzt. Dabei wird die planbearbeitete Berührungsstelle durch den hohen Übergangswiderstand bis auf Schweißtemperatur erwärmt. Ist diese erreicht, so wird der Strom abgeschaltet und gleichzeitig die Stauchkraft erhöht. Dabei wird das plastifizierte Material an der Schweißstelle wulstartig aufgestaucht, Bild 3.11. Das Verfahren eignet sich für Quer-

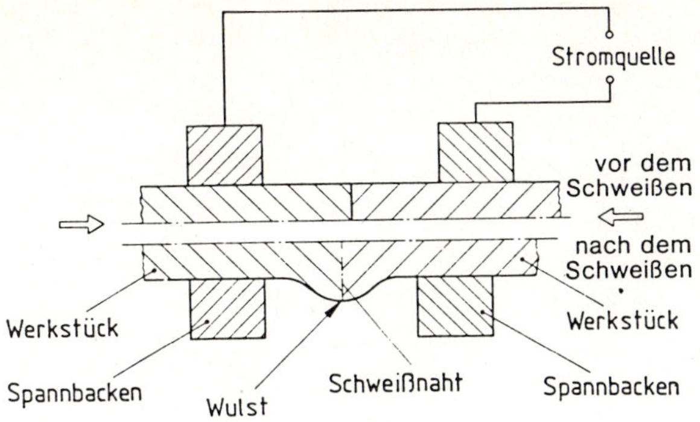

Bild 3.11
Preßstumpfschweißen (nach DIN 1910)

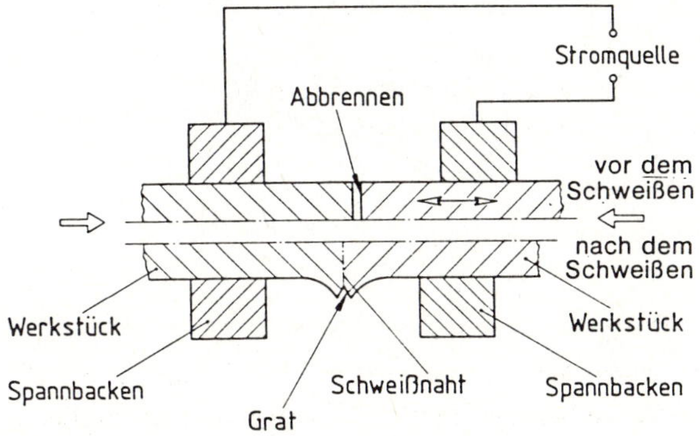

Bild 3.12
Abbrennstumpfschweißen (nach DIN 1910)

schnitte bis etwa 500 mm^2 Querschnittsfläche. Es kann bei Bauteilen aus Stahl, Kupfer und Aluminium angewandt werden.

Der Vorgang des Abbrennstumpfschweißens (RA) gliedert sich in mehrere Abschnitte. Die nicht unbedingt plan aufliegenden Stirnflächen werden gegeneinander gefahren und unter Strom gesetzt. Durch das Zurückfahren des einen Teils entstehen mehrere Lichtbögen, die ein Vorwärmen der Stirnflächen bewirken. Dieser Vorgang wird mehrfach wiederholt (Reversieren mit einzelnen Stromstößen) bis die Temperatur für das eigentliche Abbrennen erreicht ist. In dieser Phase wird an den Kontaktstellen der Werkstoff geschmolzen und teilweise verdampft, was zu einem Ausschleudern von Material aus der Fuge in einem intensiven Funkenregen führt. Es folgt nun das schnelle Stauchen der Teile gegeneinander, oft verbunden mit einem Stoßglühen, eventuell auch einem Nachstauchen. Es entsteht eine kleine Wärmeeinflußzone und nur ein kleiner Stauchgrat, der alle aus der Fuge herausgequetschten Verunreinigungen enthält. Die Fügezone weist keine erstarrte Schmelze auf; diese wurde herausgepreßt. Das Abbrennstumpfschweißen eignet sich zum Verschweißen auch von größeren Querschnitten, bei Stahl bis 100 000 mm^2, wofür Stromstärken bis 100 kA erforderlich sind Bild 3.12.

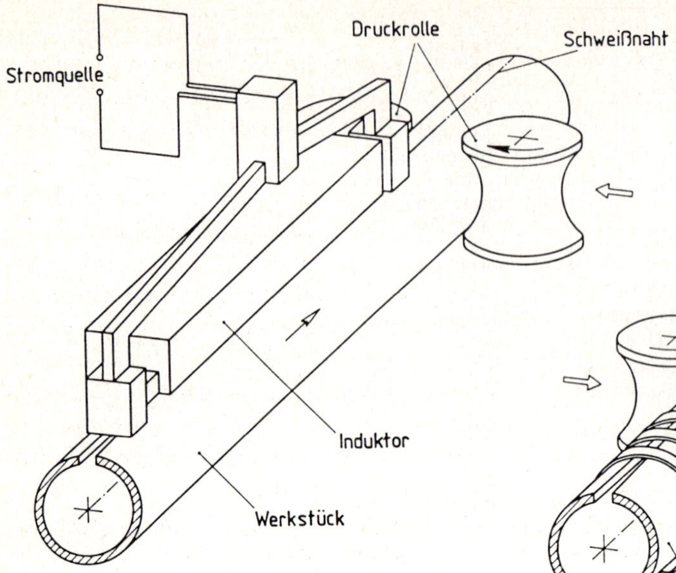

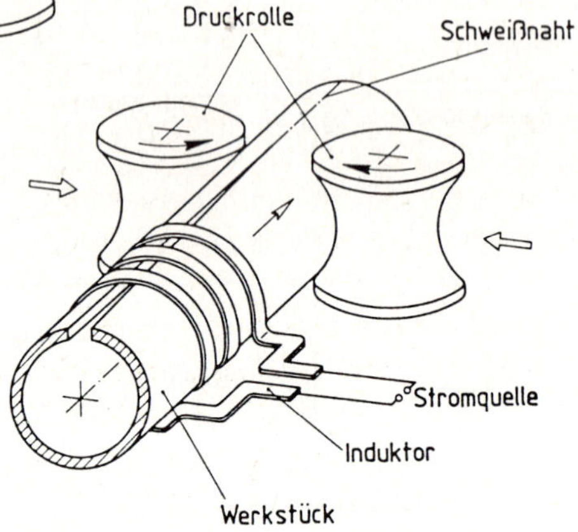

Bild 3.13 Das HF-Schweißen mit stabförmigem und umschließenden Induktor (nach DIN 1910)

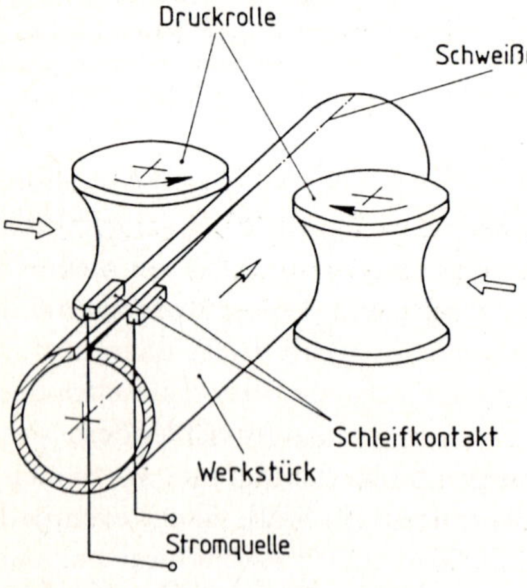

Bild 3.14 Schleifkontaktschweißen (nach DIN 1910)

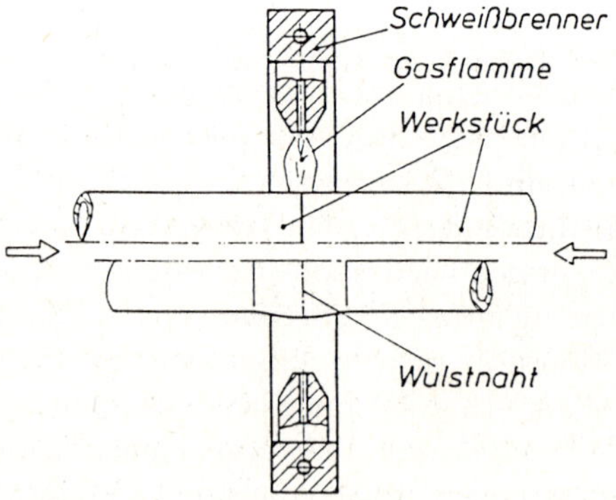

Bild 3.15 Geschlossenes Gaspreßschweißen (nach DIN 1910)

3.1.3 Induktives Widerstandspreßschweißen (RI)

Dünnwandige, längsnahtgeschweißte Rohre werden aus zu Schlitzrohren geformten Bändern hergestellt, die entlang des Schlitzes durch Preßschweißen verbunden werden. Hierfür eignet sich das Induktive Widerstandspreßschweißen (Induktionsschweißen), das in DIN 1910 wie folgt gekennzeichnet wird:

Die Werkstücke werden an den Stoßflächen erwärmt und unter Anwendung von Kraft geschweißt. Der Strom für die Widerstandserwärmung wird durch einen Induktor induziert, die Kraft durch Druckrollen übertragen. Die Erwärmung der Stoßflächen erfolgt dabei zweckmäßigerweise durch einen hochfrequenten Strom. Infolge des Skin-Effekts werden die zu verschweißenden Flächen schnell hoch erwärmt, so daß sie anschließend mit hoher Geschwindigkeit zwischen zwei Druckrollen verschweißt werden können. Dabei entsteht außen und innen ein Stauchgrat, der in einem weiteren Arbeitsgang entfernt werden muß. Je nach Einleitung des elektrischen Stroms wird zwischen zwei Verfahren unterschieden, dem Schweißen mit stabförmigen Induktoren und dem Schweißen mit umschließendem Induktor, Bild 3.13.

Verwandt mit dem Induktionsschweißen ist das Schleifkontaktschweißen (RS), bei dem der Strom durch Schleifkontakte übertragen wird, Bild 3.14.

3.2 Gaspreßschweißen (GP)

Bei diesem Verfahren, das besonders zum Verschweißen von Bewehrungsstählen auf der Baustelle verwendet wird, erfolgt die Erwärmung beider Fügeteile mittels einer Acetylen-Sauerstoff-Flamme. Beim geschlossenen Gaspreßschweißen werden die Stirnflächen der zu verbindenden Teile aneinandergestoßen und durch einen Ringbrenner erwärmt, Bild 3.15. Ist die Schweißtemperatur erreicht, so werden die Teile schnell axial gegeneinandergepreßt und dadurch verschweißt. Das offene Gaspreßschweißen unterscheidet sich dadurch, daß die Stirnflächen bei der Erwärmung nicht aneinanderstoßen.

3.3 Lichtbogenpreßschweißen

Die Werkstücke werden beim Lichtbogenpreßschweißen an den Stoßflächen durch einen kurzzeitig zwischen diesen brennenden Lichtbogen erwärmt und unter Anwendung von Kraft vorzugsweise ohne Schweißzusatz geschweißt (DIN 1910 Teil 2).

3.3.1 Bolzenschweißen

Das wichtigste Verfahren dieser Gruppe ist das Lichtbogenbolzenschweißen (Bolzenschweißen), das zur Befestigung von bolzenförmigen Bauteilen wie Schrauben, Stiften oder ähnlichem auf Platten oder Rohren verwendet wird. Entsprechend der angewandten Zündung werden drei Verfahren unterschieden:

Bolzenschweißung mit Hubzündung (BH),
Bolzenschweißen mit Spitzenzündung (BS) sowie
Bolzenschweißen mit Ringzündung (BR).

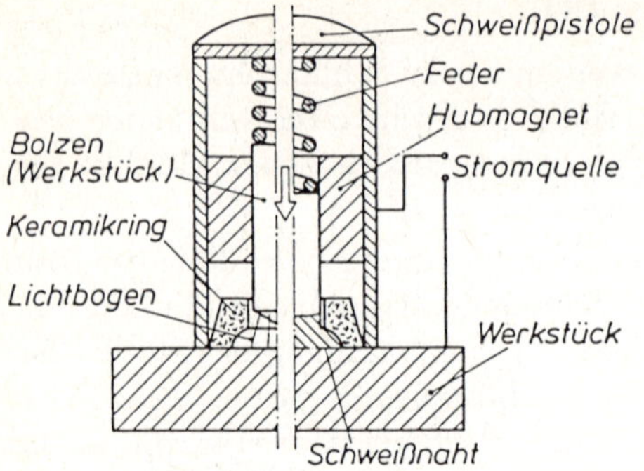

Bild 3.16
Lichtbogenbolzenschweißen mit Hubzündung (nach DIN 1910)

Beim Verfahren mit Hubzündung wird der Bolzen in eine besondere Schweißpistole bzw. stationäre Bolzensetzeinrichtung eingesetzt. Der Bolzen ist am zu verschweißenden Ende stumpf angefast und mit einer Beschichtung (Flußmittel, Metall) versehen, die die Ionisierung der Lichtbogenstrecke erleichtern und außerdem metallurgische Reaktionen im Schmelzbad bewirken soll. Weiterhin trägt der Bolzen an diesem Ende einen Keramikring, der das Schweißbad formt und es vor dem Zutritt der Atmosphäre schützt; er wird nach dem Verschweißen abgeschlagen. Bild 3.16 zeigt das Verfahrensprinzip. Mit diesem Ende wird der Bolzen auf das Werkstück aufgesetzt. Ein Knopfdruck an der Pistole schaltet den Strom ein und hebt gleichzeitig magnetisch den Bolzen etwas ab, so daß ein Lichtbogen zwischen Bolzen und Werkstück entsteht. Dabei schmelzen Bolzen und Grundwerkstoff örtlich auf. Nach einer vorgewählten Zeit wird bei abgeschaltetem Strom der Bolzen in die Schmelze gedrückt; er verschweißt dort mit dem Grundwerkstoff.

Gearbeitet wird mit Gleichstrom, wobei der Minuspol am Bolzen liegt. Verschweißt werden mit diesem Verfahren Bolzen bis 32 mm Durchmesser mit Stromstärken, die sich nach der Beziehung $I = 30 \times d$ (mm) in Ampere überschlägig bestimmen lassen. Aluminiumwerkstoffe müssen unter Argon geschweißt werden.

Zum Bolzenschweißen mit Spitzenzündung wird ein Bolzen verwendet, der am zu verschweißenden Ende einen angestauchten Bund mit Zündspitze aufweist, Bild 3.17. Der Bolzen wird in ein Bolzensetzgerät eingesetzt, das diesen nach Betätigung des Auslösemechanismus mit Federkraft oder pneumatisch zum Werkstück schiebt. Nähert sich nun die Zündspitze der Werkstückoberfläche, so entlädt sich eine Kondensatorbatterie und es fließt ein Strom sehr hoher Stärke, wodurch die Zündspitze schlagartig verdampft. In der Folge bildet sich ein Lichtbogen zwischen dem stirnseitigen Bund des Bolzens und dem Werkstück aus, der beide Oberflächen aufschmilzt, so daß in Sekundenbruchteilen ein flaches Schweißbad entsteht. In dieses Bad taucht der Bolzen ein und verschweißt mit dem Grundwerkstoff.

Dieses Verfahren eignet sich insbesondere zum Aufschweißen von Bolzen bis 8 mm Durchmesser auf dünne Bleche ab etwa 0,5 mm Dicke, wenn nur geringe mechanische Beanspruchungen auftreten.

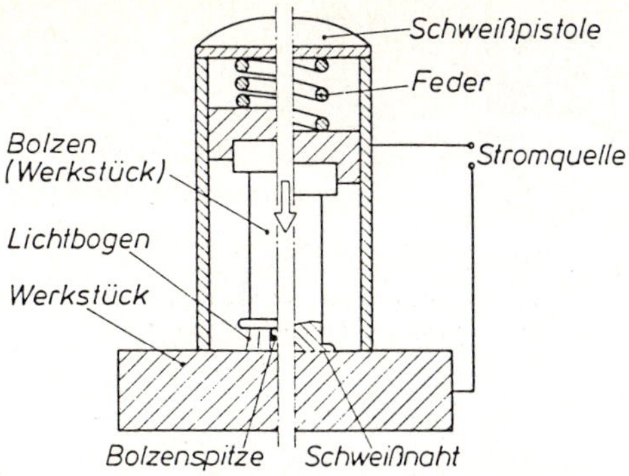

Bild 3.17 Lichtbogenbolzenschweißen mit Spitzenzündung (nach DIN 1910)

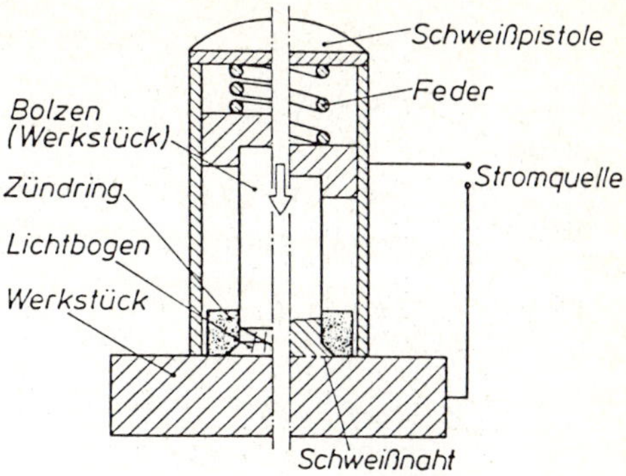

Bild 3.18 Lichtbogenbolzenschweißen mit Ringzündung (nach DIN 1910)

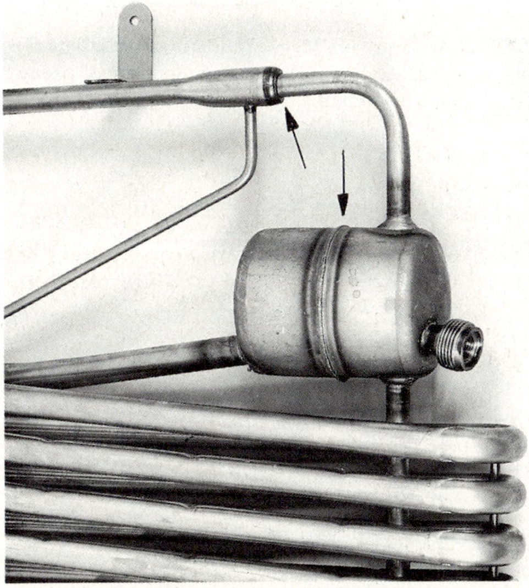

Bild 3.19
Beispiel für die „Magnetarc" schweißbare Teile
Werkfoto KUKA

Das Bolzenschweißen mit Ringzündung ist weniger verbreitet und kann als Variante des Bolzenschweißens mit Hubzündung betrachtet werden. Dabei wird ein ringförmiger Körper aus einem halbleitenden Mineral zwischen Bolzen und Werkstück eingefügt. Der so gegebene Abstand ermöglicht die Ausbildung eines Lichtbogens, wobei der Ring die Aufgaben des bei der Hubzündung beschriebenen Keramikringes hat, Bild 3.18.

3.3.2 Preßschweißen mit magnetisch bewegtem Lichtbogen (MBP)

Dieses unter der Bezeichnung „Magnetarc" bekannt gewordene Verfahren zählt nach DIN 1910 Teil 2 zu den Lichtbogenpreßschweißverfahren. Es ist besonders geeignet zum Stumpfschweißen geschlossener, dünnwandiger Hohlquerschnitte, Bild 3.19.

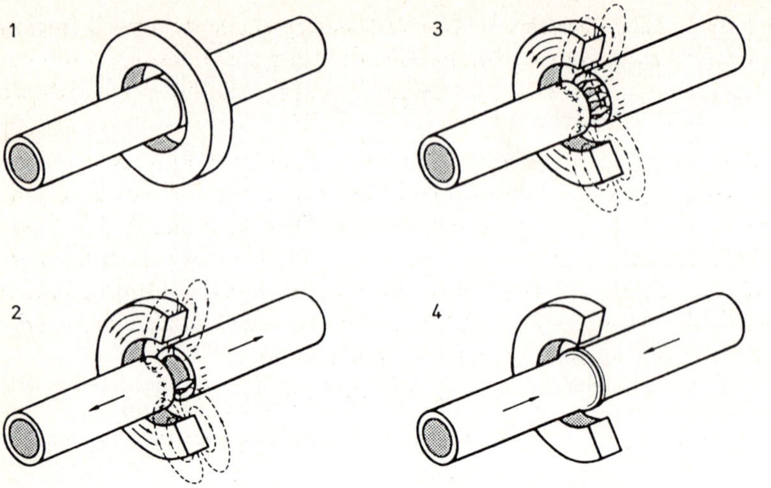

Bild 3.20 Verfahrensablauf beim Preßschweißen mit magnetisch bewegtem Lichtbogen
Werkbild KUKA
1 Anordnung von Ablenkspule und Werkstücken 2 Nach Aufbau des Magnetfelds und Auseinanderziehen der zu verschweißenden Werkstücke entsteht ein Lichtbogen, der unter Schutzgas brennt 3 Durch Überlagern der Magnetfelder rotiert der Lichtbogen 4 Stauchen

Die sich an den Stirnseiten berührenden Fügeteile werden genau fluchtend eingespannt; eine Ablenkspule, in die eine Schutzgasdüse integriert ist, umschließt konzentrisch die Schweißstelle. Durch Auseinanderziehen der beiden Teile entsteht ein definierter Spalt (1–4 mm), in dem bei eingeschaltetem Strom ein Lichtbogen unter Schutzgas brennt. Durch die Überlagerung der Magnetfelder der Ablenkspule und des Lichtbogens wird dieser in Rotation versetzt. Auf diese Weise wird erreicht, daß die gesamte Fügefläche gleichmäßig erwärmt wird. Ist die gewünschte Schweißtemperatur erreicht, so werden die beiden Teile durch Stauchen miteinander verbunden. Bild 3.20 verdeutlicht diese Vorgänge.

Das Verfahren arbeitet mit Gleichstrom, wobei Stromquellen mit fallender statischer Kennlinie verwendet werden. Dies bewirkt, daß sich Unterschiede in der Spaltbreite nicht zu stark auf die Höhe des Schweißstroms auswirken. Dieser liegt je nach Abmessungen des zu schweißenden Teils zwischen 50 und 1 500 A.

Gegenüber den anderen Preßschweißverfahren zeichnet sich das Verfahren einmal aus durch kleine Fertigungstoleranzen, zum anderen durch einen stark verminderten Energiebedarf und eine kurze Schweißzeit. Allerdings können bei Stahl nur Wanddicken bis 5 mm verschweißt werden.

3.4 Diffusionsschweißen (D)

DIN 1910 definiert in der Gruppe der Preßschweißverfahren das Diffusionsschweißen wie folgt:

Die Werkstücke werden an den Stoßflächen oder durchgreifend im Vakuum, unter Schutzgas oder in einer Flüssigkeit, erwärmt und unter Anwendung stetiger Kraft vorzugsweise ohne Schweißzusatz geschweißt. Die Verbindung entsteht durch Diffusion der Atome über die Stoßflächen hinweg. Im Bereich des Schweißstoßes treten nur geringe plastische Verformungen auf. Bild 3.21 zeigt die prinzipielle Anordnung dieses Verfahrens.

Die Diffusion in Metallen ist ein Vorgang, bei dem Atome aufgrund von Konzentrationsunterschieden bewegt werden. Es herrscht die Tendenz, diese Konzentrationsunterschiede auszugleichen. Bei Festkörpern benötigt die Diffusion eine längere Zeit. Durch Erhöhen der Temperatur kann die Diffusionsgeschwindigkeit jedoch stark erhöht werden. Sie hängt weiterhin ab vom Diffusionsmechanismus, der im Austausch von Atomen auf benachbarten Plätzen, der Wanderung von Atomen auf Zwischengitterplätze oder in der Diffusion von Leerstellen bestehen kann.

Der Ablauf der Verbindungsbildung gliedert sich in drei Phasen:

- Herstellung des metallischen Kontakts durch eine plastische Verformung der Berührungsflächen,
- Vergrößerung der Grenzfläche durch Fließen und
- Verbindung der Grenzflächen durch Oberflächendiffusion mit einer Wanderung von Atomen über die Berührungsflächen und Entstehen eines neuen Gefüges durch Kornwachstum über die Grenzflächen hinweg.

Der Verfahrensablauf wird im wesentlichen durch vier Größen bestimmt:

die Schweißtemperatur,
den Schweißdruck,
die Schweißzeit und
den Druck des Schutzgases bzw. die Höhe des Vakuums.

Die Schweißtemperatur soll im Bereich von $T = (0{,}5 \text{ bis } 0{,}7)\ T_s$ liegen, wobei T_s die Schmelztemperatur in K bedeutet. Der Werkstoff befindet sich noch im festen Zustand, ist aber in den Grenzflächen leicht plastisch verformt, was zu einem guten Kontakt der Fügeteile führt. Außerdem begünstigt die Temperatur die Diffusion der Atome.

Zusammen mit der erhöhten Schweißtemperatur bewirkt der Schweißdruck, der etwa 10 N/mm² beträgt, eine Einebnung der Rauhigkeitsspitzen und vergrößert damit die Kontaktfläche. Günstig ist auch, daß durch den erhöhten Druck die Rekristallisationstemperatur herabgesetzt wird.

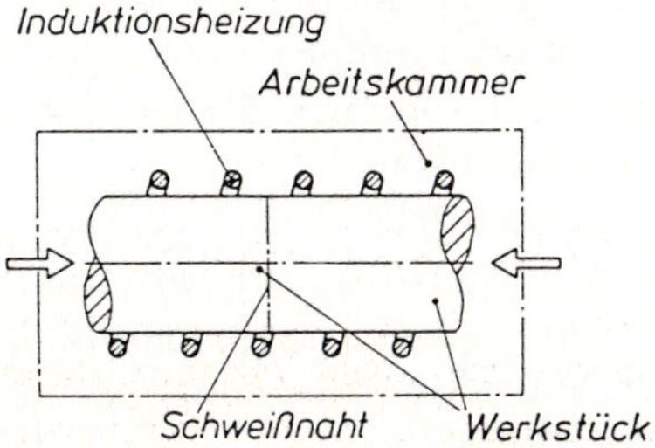

Bild 3.21
Diffusionsschweißen (nach DIN 1910)

Die Festigkeit der Schweißverbindung ist von der Diffusionszeit, d.h. der Schweißzeit, abhängig. Je nach Werkstoff bzw. Werkstoffkombination liegen die Schweißzeiten zwischen 1 und 240 Minuten.

Die Oberfläche der Fügeteile – an die im übrigen hohe Anforderungen hinsichtlich der Planparallelität gestellt werden – müssen absolut sauber sein; Oxidhäute müssen vorher durch Beizen entfernt werden. Um die Neubildung von Oxidschichten während des Schweißens bei den herrschenden hohen Temperaturen zu verhindern, muß das Diffusionsschweißen im Vakuum oder unter Schutzgas durchgeführt werden. Am günstigsten ist das Arbeiten im Vakuum bei 10^{-3} bis 10^{-6} mmHg, da hier die Absorptionsschichten aus Gasen und Dämpfen weitgehend entfernt werden. Das Vakuum hat jedoch den Nachteil, daß eine lange Pumpzeit erforderlich ist, wie auch eine dichte Vakuumkammer vorhanden sein muß. Vorgezogen wird daher das Schweißen unter Schutzgas mit leichtem Überdruck. In Betracht kommen Argon und Helium, aber auch zweiatomige Gase wie Kohlendioxid oder Wasserstoff bzw. Mischgase.

Das Diffusionsschweißen eignet sich zur Herstellung spannungsarmer und homogener Verbindungen auch bei Werkstoffkombinationen, die sonst durch Schmelzschweißen nicht verbunden werden können. Beispiel hierfür ist die Verbindung von Aluminiumlegierungen mit Stählen. In manchen Fällen ist es erforderlich, mit Zwischenschichten zu arbeiten. Dies z.B. wenn die Schmelzpunkte oder Wärmeausdehnungskoeffizienten der beiden Fügeteile zu sehr verschieden sind oder die Gefahr der Bildung spröder Phasen besteht. So wird beim Diffusionsschweißen von Titan mit dem Stahl X 8 Cr 17 auf der Titanseite Vanadium, auf der Stahlseite die Nickellegierung Ni 15 Cr 7 Fe als Zwischenschicht aufgebracht, und die Verbindung erfolgt dann über die beiden Zwischenschichten. Mit Hilfe des Diffusionsschweißens können auch nichtmetallische Werkstoffe wie z.B. infiltriertes Siliziumkarbid und Aluminiumoxid verschweißt werden.

3.5 Reibschweißen (FR)

Beim Reibschweißen werden die Werkstücke an den Stoßflächen gegeneinander bewegt und unter Ausnutzung der hierbei entstehenden Reibungs- und Umformungswärme unter Anwendung von Kraft ohne Schweißzusatz geschweißt (DIN 1910).

Es ist geeignet zum Verbinden rotationssymmetrischer Teile untereinander oder mit anderen Formteilen. Das eine Teil wird im Spannfutter der Schweißmaschine, das andere Teil in das Spannfutter der Spindel eingespannt. Wird die Spindel in Drehbewegung versetzt, so reiben die sich berührenden Stirnflächen der Teile aneinander und erwärmen sich durch die entstehende Reibungswärme, Bild 3.22. In der ersten Phase, der Reibphase, steigt die Temperatur in der Reibfläche und einer dünnen Randschicht beider Teile auf Schmiedetemperatur an. Sobald die zum Schweißen erforderliche Plastizität des Werkstoffs erreicht ist, wird die Rotation abgebremst und der Axialdruck erhöht. In dieser zweiten Phase, der Stauchphase, werden die Teile miteinander verbunden. Durch den Stauchvorgang wird plastifizierter Werkstoff in Form eines Schweißwulstes ausgepreßt, wodurch die Fügeteile axial etwas verkürzt werden. Bild 3.23 zeigt den Verlauf von Drehzahl, Drehmoment, Axialdruck und Stauchweg beim Reibschweißen.

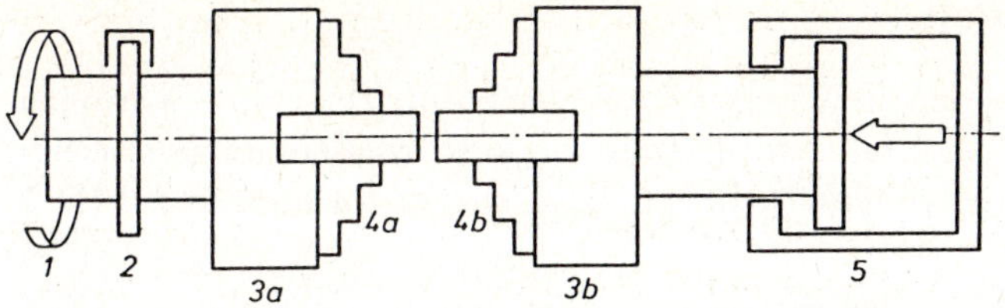

Bild 3.22 Verfahrensprinzip des Reibschweißens (nach DVS-Merkblatt 2909)
1 Antrieb 2 Bremse 3 Backen 4 Schweißteile 5 Belastungseinheit (Druck)

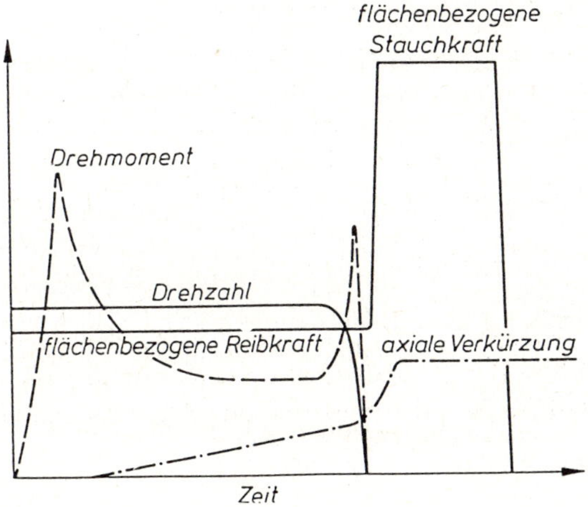

Bild 3.23
Verlauf der Verfahrensparameter beim Reibschweißen in Abhängigkeit von der Zeit (nach DVS-Merkblatt 2909)

Das Verfahren ist gekennzeichnet durch eine einfache Arbeitsweise, deren Parameter – Drehzahl, Druck, Weg – leicht zu überwachen sind. Vorteilhaft ist auch die günstige Temperaturführung und das Auspressen von Verunreinigungen aus der Schweißzone. Als besonders günstig erweist sich die Möglichkeit, Teile aus verschiedenen Werkstoffen miteinander zu verbinden. Der Bindemechanismus des Reibschweißverfahrens verhindert die Legierungsbildung, so daß die Verbindung im wesentlichen durch Diffusion sowie van der Waalssche Kräfte und Rekristallisation erfolgt.

Nachteilig sind gegenüber anderen Verfahren die hohen Anschaffungskosten.

Eine Verfahrensvariante ist das Schwungradreibschweißen (SR). Dabei wird die zum Schweißen benötigte Energie als kinetische Energie in der rotierenden Masse eines Schwungrads gespeichert. Beim Aufeinanderreiben der Fügeteile unter Druck wird diese kinetische Energie während der Reibphase in Wärme umgewandelt, so daß der für das Verschweißen erforderliche plastische Zustand erreicht wird.

3.6 Kaltpreßschweißen (KP)

Beim Kaltpreßschweißen werden die Werkstücke an den Stoßflächen ohne Wärmezufuhr unter Anwendung stetiger Kraft vorzugsweise ohne Schweißzusatz geschweißt. Im Bereich des Schweißstoßes treten erhebliche plastische Verformungen auf (DIN 1910).

Das Kaltpreßschweißen ist eines der Verfahren, die im Bereich des „solid-state bonding" arbeiten. Die Möglichkeit der Ausbildung einer festen Verbindung zwischen zwei Teilen basiert auf den zwischen metallischen Werkstoffen wirksam werdenden Bindekräften, wenn folgende Bedingungen erfüllt sind:

- angepaßte Oberflächengestalt der Fügeteile und Annäherung der Körper bis in den atomaren Bereich,
- keine Fremdschichten auf den Oberflächen.

Da diese Bedingungen in der Praxis nicht ohne weiteres gegeben sind, sind die technisch eingeführten Verfahren immer mit starken Verformungen der Fügeteiloberflächen verbunden. Dadurch wird erreicht, daß vorhandene Deckschichten zerstört werden und die Oberfläche in einen engen gegenseitigen Kontakt gebracht wird.

Die Verformung kann dabei auf unterschiedliche Weise erfolgen. Beim Überlappschweißen von Folien und dünnen Blechen erfolgt sie zwischen zwei Stempeln, beim Stumpfschweißen von Drähten oder Bändern durch Stauchen (Anstauchschweißen), Bild 3.24. Eine Verbindung rohrförmiger Teile ist durch Fließpressen (Fließpreßschweißen) möglich, Bild 3.25. Das Verfahren arbeitet nur dann wirtschaftlich, wenn große Stückzahlen mit mechanisierten, auf den jeweiligen Anwendungsfall abgestimmten Anlagen geschweißt werden können.

Verarbeitet werden in erster Linie NE-Metalle; möglich ist auch das Verschweißen von Metallkombinationen wie Cu-Al oder Al-Stahl.

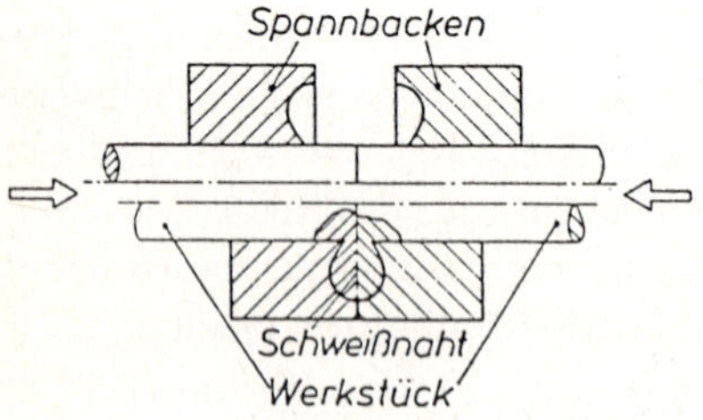

Bild 3.24 Anstauchschweißen (nach DIN 1910)

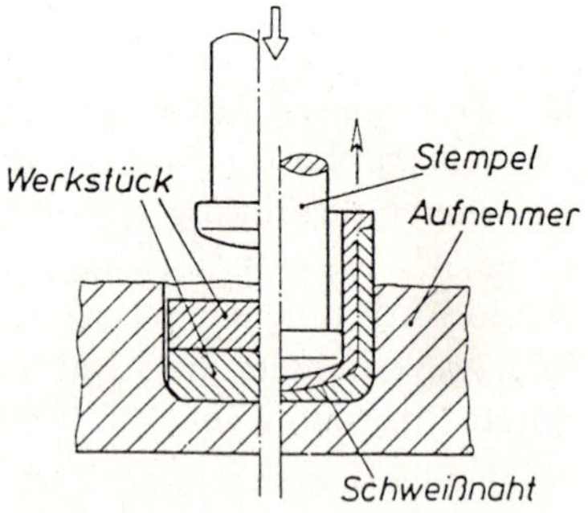

Bild 3.25 Fließpreßschweißen (nach DIN 1910)

3.7 Sprengschweißen (S)

Systematisch zählt das Sprengschweißen in die Gruppe „Schockschweißen". Dabei werden die Werkstücke an den Stoßflächen ohne Wärmezufuhr unter Anwendung schlagartiger Kraft – hervorgerufen durch die bei der Detonation von Sprengstoff auftretende Druckwelle – vorzugsweise ohne Schweißzusatz geschweißt. Die beim Zusammenprallen der Werkstücke entstehende Wärme erleichtert das Schweißen (DIN 1910).

Die Möglichkeit der Herstellung einer festen Verbindung zwischen zwei metallischen Fügeteilen durch das Sprengschweißen beruht auf den beim „Kaltpreßschweißen" bereits genannten Voraussetzungen. Das Zerstören der Fremdschichten und der Aufbau der zur Verformung erforderlichen Druckbelastung erfolgt hier durch den Druck, der bei der Detonation von Sprengstoff entsteht.

Bei der üblicherweise angewandten Verfahrensweise wird das mit Sprengstoff beschichtete „Plattierblech" gegenüber dem „Grundblech" etwas schräg angestellt, Bild 3.26. Durch die mit hoher Geschwindigkeit fortschreitende Detonationsfront wird dann das Plattierblech linienförmig auf das Grundblech geschleudert und mit diesem verschweißt. Dabei wird die Randschicht beider Fügeteile einige Atomlagen tief abgetragen. Charakteristisch ist die wellenförmige, manchmal auch hakenförmige Ausbildung der Bindefläche, zurückzuführen auf die von der Detonation hervorgerufenen Stoßwellen.

Das Sprengschweißen wird fast ausschließlich zum Plattieren größerer Flächen verwendet, wobei Werkstoffkombinationen möglich sind, die durch andere Verfahren nicht erzielt werden können. Beispielhaft seien genannt: Al auf Cu oder Stahl, nichtrostende Stähle auf Baustahl, Titan bzw. Tantal auf Stahl. Diese so plattierten Werkstoffe eröffnen neue Anwendungsgebiete für Verbundkonstruktionen, wie Bild 3.27 zeigt.

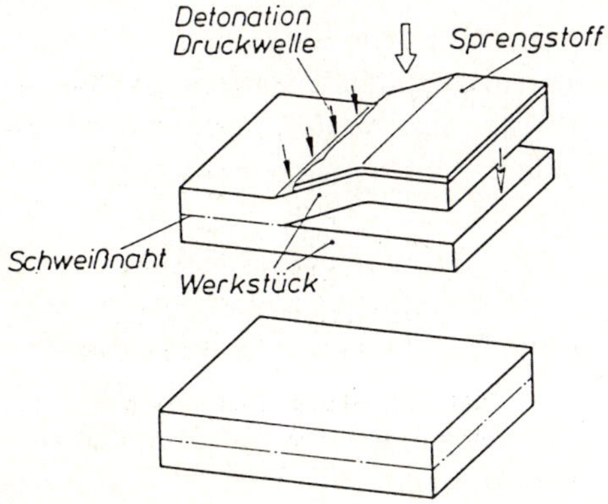

Bild 3.26
Sprengschweißen (nach DIN 1910)

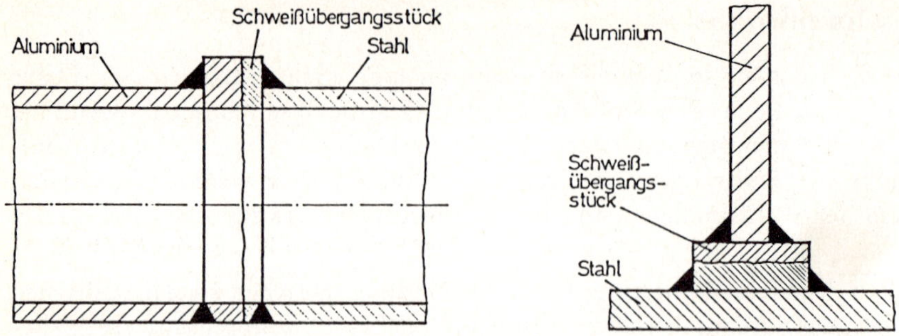

Bild 3.27 Verbundkonstruktionen von Aluminium und Stahl unter Verwendung von mit Hilfe des Sprengschweißens hergestellten Schweißübergangsstücken

3.8 Ultraschallschweißen (US)

In DIN 1910 wird das Ultraschallschweißen wie folgt gekennzeichnet: Die Werkstükke werden an den Stoßflächen durch Einwirkung von Ultraschall ohne oder mit gleichzeitiger Wärmezufuhr unter Anwendung von Kraft vorzugsweise ohne Schweißzusatz geschweißt. Schwingungsrichtung des Ultraschalls und Kraftrichtung verlaufen zueinander senkrecht, wobei die Stoßflächen der Werkstücke aufeinander reiben.

Das Ultraschallschweißen kann als eine Kombination von Reib- und Kaltpreßschweißen betrachtet werden. Die zwei sich überlappenden Fügeteile werden zwischen einem festen Amboß und dem als Sonotrode bezeichneten schwingenden Werkzeug örtlich zusammengepreßt. Die Sonotrode überträgt die von einem magnetostriktiven Schwinger erzeugten Schwingungen mit 20 bis 65 kHz auf die Fügeteile. Durch die Reibung werden vorhandene Fremdschichten zerstört und Oberflächenrauhigkeiten eingeebnet. Gleichzeitig wird die Randschicht beider Fügeteile bis zu einer geringen Tiefe aufgeheizt, so daß unter dem Druck der Anpreßkraft die Teile verschweißt werden, Bild 3.28. Die Temperaturerhöhung ist jedoch insgesamt unerheblich, so daß eine Oxidation des geschweißten Werkstoffs nicht eintritt. Eine Nachbehandlung ist nicht erforderlich, da der Werkstoff keinen Verzug erfährt und keine Eigenspannungen zurückbleiben.

Durch die hohe Frequenz ergibt sich trotz geringer Amplitude der Relativbewegung zwischen den Fügeteilen eine hohe Relativgeschwindigkeit, was zu kurzen Schweißzeiten führt. Je nach Ausbildung der Werkzeuge und Maschinen erfolgt das Schweißen als Punkt- oder Nahtschweißen.

Das Ultraschallschweißen wird in erster Linie zum Verbinden von NE-Metallen verwendet, wobei Werkstoffkombinationen wie Al-Cu, Al-Au oder auch Al-Glas möglich sind. Hauptanwendungsgebiet ist das Fügen von Folien oder dünnen Bändern wie auch das Herstellen elektrisch leitender Anschlüsse in der Halbleitertechnologie.

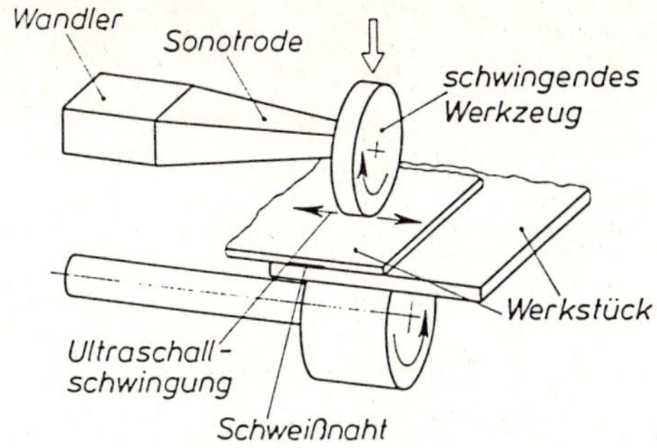

Bild 3.28
Ultraschallschweißen (nach DIN 1910)

Möglich ist aber auch das Verbinden dünnster Folien mit dickeren Teilen. Zu beachten ist allerdings, daß die Festigkeit von Verbindungen, die mittels Ultraschallschweißen hergestellt wurden, nicht zu hoch angesetzt werden darf. Die elektrische Leitfähigkeit dieser Verbindungen ist jedoch sehr gut, da beim Schweißen keine Rekristallisation auftritt.

4 Werkstoffe und Schweißen

4.1 Stahl und Eisen

4.1.1 Die Beeinflussung des Grundwerkstoffs durch das Schweißen

Beim Schmelzschweißen wird der Werkstoff an der Schweißstelle durch die Einwirkung der Wärmequelle über seinen Schmelzpunkt erwärmt und dabei aufgeschmolzen. Zum benachbarten Grundwerkstoff beidseits der Naht nimmt die Temperatur exponentiell ab. Der Temperaturgradient wie auch die maximale Temperatur sind dabei abhängig von der Leistungsdichte, der Schweißgeschwindigkeit und den physikalischen Eigenschaften des Werkstoffs. Bild 4.1 zeigt die Temperaturfelder für zwei Verfahren unterschiedlicher Leistungsdichte. So findet man beim Elektronenstrahlschweißen, gekennzeichnet durch eine hohe Leistungsdichte, einen hohen Temperaturgradienten, d.h. einen steilen Abfall der Temperatur vom Maximalwert – dargestellt durch die dicht beieinanderliegenden Isothermen des Temperaturfeldes. Im Gegensatz dazu verläuft die Temperaturkurve beim Gasschmelzschweißen mit seiner vergleichsweise geringen Leistungsdichte wesentlich flacher.

Der Grundwerkstoff wird somit in der Wärmeeinflußzone (WEZ) unterschiedlich thermisch beeinflußt. Bei Stählen lassen sich die damit verbundenen Gefügeumwandlungen näherungsweise mit Hilfe des Eisen-Kohlenstoff-Schaubilds (besser des Eisen-Zementit-Schaubilds) beschreiben, Bild 4.2. Dabei ist zu beachten, daß das $Fe\text{-}Fe_3C$-Schaubild als Gleichgewichtsdiagramm für langsame Abkühlung aufgestellt wurde. Gegenüber den üblichen Wärmebehandlungsverfahren ist zu beachten, daß beim Schweißen

- mit hoher Geschwindigkeit erwärmt wird,
- höhere Spitzentemperaturen mit kurzer Verweildauer auftreten und
- in der Regel höhere Abkühlgeschwindigkeiten auftreten.

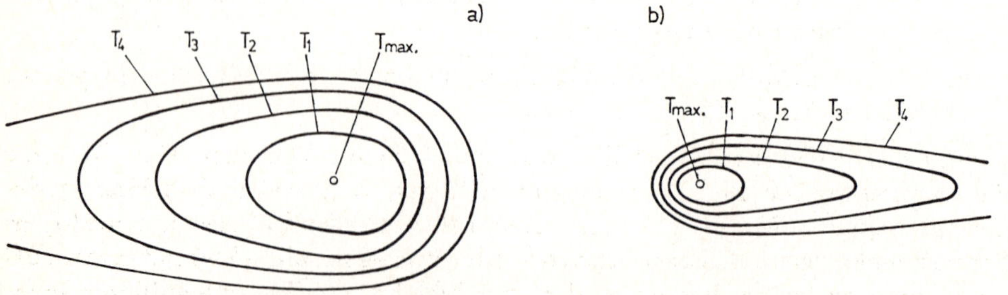

Bild 4.1 Temperaturfelder beim Gasschmelzschweißen (a) und Elektronenstrahlschweißen (b)

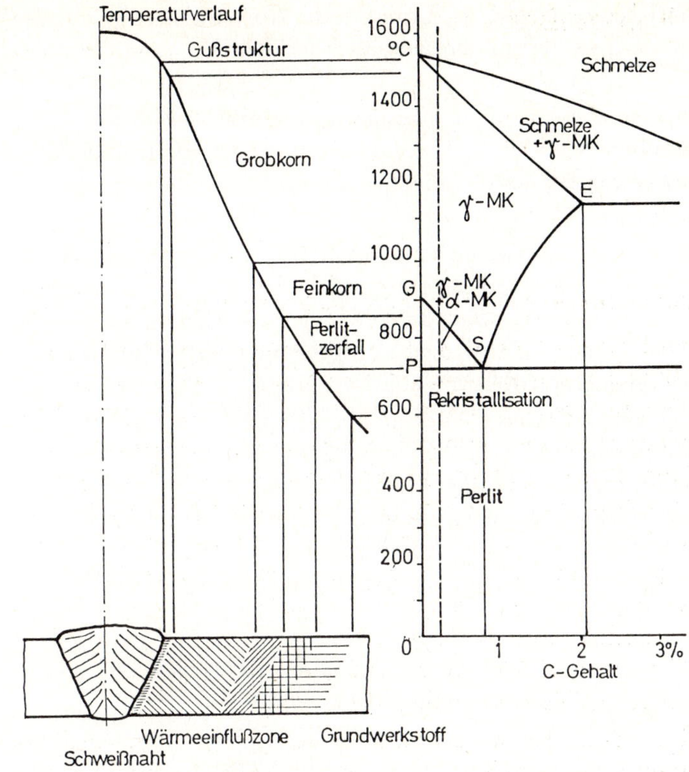

Bild 4.2
Eisen-Kohlenstoff-Schaubild mit Temperaturverlauf und Ausbildung der Wärmeeinflußzone bei einer Stumpfnaht

Betrachtet man die Vorgänge beim Schweißen eines Stahls mit 0,2% Kohlenstoff, so ergibt sich folgendes Bild:

– In der Schweißnaht liegt das Schweißgut, bestehend aus aufgeschmolzenem Grundwerkstoff und eventuell Zusatzwerkstoff im schmelzflüssigen Zustand oberhalb der Liquidus-Linie vor. Die Erstarrung erfolgt in der Regel unter Ausbildung von Dendriten, ausgehend von der Grenzlinie zwischen Schmelze und Grundwerkstoff, der Schmelzlinie. Die Temperatur liegt hier im Bereich der Solidus-Linie. Trotz der Gußstruktur kann das Schweißgut sowohl was die Festigkeits- als auch was die Zähigkeitseigenschaften anbetrifft durch die Wahl geeigneter Zusatzwerkstoffe beherrscht werden.

– In der sich anschließenden Wärmeeinflußzone sind je nach Höhe der Temperatur verschiedene Bereiche zu unterscheiden.

Unmittelbar neben der Schmelzlinie wird der Werkstoff überhitzt. Dies führt zur Austenitisierung mit Bildung eines groben Korns, vergleichbar dem Hoch- oder Grobkornglühen. Weiterhin können eventuell vorhandene Phasen mit niedrigem Schmelzpunkt, wie z.B. Eisen-Schwefel- oder Eisen-Phosphor-Verbindungen, aufschmelzen, was bei der Erstarrung dann zur Bildung von Warmrissen führen kann. Diese Zone weist die ungünstigsten Werte für die Kerbschlagzähigkeit auf.

Im Bereich oberhalb der Sättigungslinie GS (A_3-Linie) ist die Austenitisierung mit der Bildung eines feinkörnigen Gefüges verbunden, vergleichbar dem Vorgang des Normalisierens.

Auf die Feinkornzone folgt ein Gebiet mit unvollständiger Umkristallisation. Dies ergibt sich daraus, daß zwischen A_3- und A_1-Linie das Gefüge aus Ferrit und Perlit nur teilweise in Austenit umgewandelt wird. Eine durchgreifende Änderung des Gefüges findet daher nicht statt.

Wird die A_1-Linie unterschritten, so sind keine weiteren Gefügeumwandlungen mehr zu beobachten. Eine Ausnahme bilden kaltverformte Stähle, bei denen hier eine Rekristallisation mit einer Neubildung des Gefüges auftreten kann. Bei genügend hohem Kaltumformgrad führt dies zu einem feinen Korn; im Bereich des kritischen Grenzumformungsgrads kann jedoch auch Grobkorn gebildet werden.

Das Eisen-Kohlenstoff-Schaubild läßt keine Aussage über die sich in der Wärmeeinflußzone bei rascher Abkühlung bildenden Phasen bzw. Gefüge zu. Zur Bestimmung der bei beschleunigter Abkühlung auftretenden Gefüge und der damit verbundenen Härteänderung wird in der Werkstofftechnik das Zeit-Temperatur-Umwandlungs-schaubild (ZTU-Schaubild) für kontinuierliche Abkühlung verwendet, Bild 4.3. Ausgehend von einem unter vorgegebenen Bedingungen gebildeten Austenit lassen sich

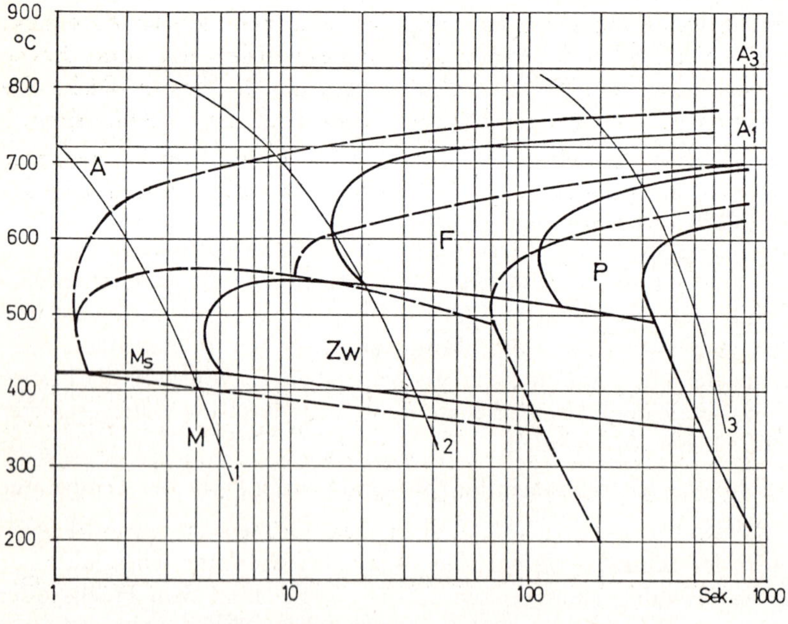

Bild 4.3 ZTU-Schaubild für kontinuierliche Abkühlung (Werkstoff St 52) für zwei Austenitisierungstemperaturen (900 °C - - - und 1300 °C ——)
1 Abkühlungsverlauf für eine Decklage an einem 10 mm dicken Blech (Lichtbogenhandschweißung) 2 UP-Schweißung an einem 15 mm dicken Blech 3 Elektroschlackeschweißung an einem 40 mm dicken Blech

aus diesem Diagramm für einen bestimmten Werkstoff die unter verschiedenen Abkühlbedingungen zu erwartenden Gefüge und Härtewerte ermitteln. Dieses Schaubild ist mit Einschränkung auch für die Beurteilung der beim Schweißen auftretenden Gefüge verwendbar. Zu berücksichtigen ist insbesondere, daß beim Schweißen höhere Temperaturen als bei der üblichen Wärmebehandlung auftreten, die Haltedauer dagegen kürzer ist. Dadurch werden die Umwandlungen zu tieferen Temperaturen und längeren Zeiten verschoben, was die Bildung des unerwünschten Martensits begünstigt. Dieselbe Wirkung haben die Legierungselemente Mn, Cr, Ni, Mo, V und W, die bei Vergütungsstählen zur Verbesserung der Durchvergütbarkeit eingesetzt werden.

Aus dem eigentlichen ZTU-Schaubild läßt sich ein Diagramm ableiten, das die Anteile der auftretenden Gefüge bzw. die sich daraus ergebende Härte in Abhängigkeit von der Abkühlungsdauer wiedergibt. Legt man für die Härte einen zulässigen Grenzwert fest, so kann das ZTU-Schaubild dazu verwendet werden, im voraus die Schweißbedingungen zu ermitteln, die zu einer einwandfreien Schweißung führen. Dazu wurde das Konzept der Abkühlzeit $t_{8/5}$ entwickelt. Darunter ist die Zeit zu verstehen, die bei der Abkühlung der Schweißraupe und der Wärmeeinflußzone zum Durchlaufen des Temperaturintervalls zwischen 800 und 500 °C erforderlich ist.

Bei der Berechnung dieser Abkühlzeit ist zwischen der drei- und der zweidimensionalen Wärmeableitung zu unterscheiden. Eine dreidimensionale Wärmeableitung liegt bei dicken Werkstücken vor. Die örtlich eingebrachte Wärme kann sowohl in der Werkstückebene als auch senkrecht dazu in Dickenrichtung abfließen. Dadurch wird die Abkühlzeit nicht beeinflußt. Dagegen erfolgt bei zweidimensionaler Ableitung, d.h. relativ geringer Wanddicke, der Wärmefluß im wesentlichen nur in der Ebene des Werkstücks. Somit ist dessen Dicke maßgebend für die Querschnittsfläche, die zur Wärmeleitung zur Verfügung steht; sie bestimmt also wesentlich die Abkühlzeit.

Aus den bekannten Beziehungen für die Wärmeleitung in einem festen Körper unter Annahme einer wandernden punktförmigen Wärmequelle lassen sich folgende Beziehungen für die Abkühlzeit $t_{8/5}$ ableiten:

a) dreidimensionale Wärmeableitung

$$t_{8/5} = \frac{\eta}{2\pi\lambda} \cdot \frac{U \cdot I}{v} \left(\frac{1}{500 - T_0} - \frac{1}{800 - T_0} \right)$$

In dieser Gleichung beschreiben η den thermischen Wirkungsgrad des Schweißverfahrens und λ die Wärmeleitzahl des Stahls in J/s · cm · K. Die eingebrachte Energie berechnet sich aus der Schweißspannung U, dem Schweißstrom I und der Schweißgeschwindigkeit v in cm/s. Die Größe T_0 steht für die Arbeitstemperatur.

Faßt man die werkstoff- und verfahrensabhängigen Größen zu einem Faktor $K_3 = \frac{\eta}{2\pi\lambda}$ zusammen und führt als Streckenenergie $E = \frac{U \cdot I}{v}$ ein, so erhält man

$$t_{8/5} = K_3 \cdot E \left(\frac{1}{500 - T_0} - \frac{1}{800 - T_0} \right)$$

Daraus läßt sich ablesen, daß die Abkühlzeit der Streckenenergie proportional ist und mit der Arbeitstemperatur zunimmt.

b) zweidimensionale Wärmeableitung

$$t_{8/5} = \frac{\eta^2}{4\pi\lambda\varrho c}\left(\frac{U \cdot I}{v}\right)^2 \cdot \frac{1}{d^2}\left[\left(\frac{1}{500-T_0}\right)^2 - \left(\frac{1}{800-T_0}\right)^2\right]$$

Zu den bereits oben genannten Größen treten die Werkstückdicke d in cm, die Dichte ϱ in g/cm^3 und die spezifische Wärme c des Stahls in J/g · cm^3 als weitere Einflußgrößen hinzu.

Durch Zusammenfassen der werkstoff- und verfahrensabhängigen Größen zum Faktor $K_2 = \eta^2/4 \cdot \pi \cdot \lambda \cdot \varrho \cdot c$ ergibt sich die Beziehung

$$t_{8/5} = K_2 \cdot \frac{E^2}{d^2}\left[\left(\frac{1}{500-T_0}\right)^2 - \left(\frac{1}{800-T_0}\right)^2\right]$$

In diesem Fall nimmt die Abkühlzeit also mit dem Quadrat der Streckenenergie und der Arbeitstemperatur zu; zudem ist sie umgekehrt proportional dem Quadrat der Dicke des Werkstücks.

c) Versuche haben gezeigt, daß die Faktoren K, die die werkstoffabhängigen Eigenschaften beschreiben, von der Arbeitstemperatur T_0 abhängen und sich durch folgende Beziehungen beschreiben lassen:

$$K_3 = 0{,}67 - 5 \cdot 10^{-4} \cdot T_0$$
$$K_2 = 0{,}043 - 4{,}3 \cdot 10^{-5} \cdot T_0$$

Weiterhin wurde bei entsprechenden Versuchen festgestellt, daß der thermische Wirkungsgrad η je nach verwendetem Schweißverfahren unterschiedlich ist. Bezieht man die Wirkungsgrade der verschiedenen Schweißverfahren auf den des Unterpulverschweißens, so kommt man zum relativen thermischen Wirkungsgrad η'. In Tabelle 12 sind die üblichen Werte für η' zusammengestellt.

Andere Versuche ergaben, daß der Abkühlvorgang von der Nahtart beeinflußt wird. Die Gleichungen für die Berechnung der Abkühlzeit müssen daher durch sogenannte Nahtfaktoren F_3 bzw. F_2 für die drei- bzw. zweidimensionale Abkühlung ergänzt werden, Tabelle 13.

Damit erhält man für die Berechnung der Abkühlzeit $t_{8/5}$ folgende Beziehungen:

$$t_{8/5} = (0{,}67 - 5 \cdot 10^{-4} \cdot T_0)\eta' \cdot E\left(\frac{1}{500-T_0} - \frac{1}{800-T_0}\right) \cdot F_3$$

$$t_{8/5} = (0{,}043 - 4{,}3 \cdot 10^{-5} \cdot T_0)\eta' \cdot \frac{E}{d^2}\left[\left(\frac{1}{500-T_0}\right)^2 - \left(\frac{1}{800-T_0}\right)^2\right] \cdot F_2$$

d) Die Blechdicke $d_ü$, für die der Übergang von der drei- zur zweidimensionalen Wärmeableitung erfolgt, läßt sich aus obigen Gleichungen berechnen. Man erhält sie allgemeingültig zu

$$d_ü = \sqrt{\frac{0{,}043 - 4{,}3 \cdot 10^{-5} \cdot T_0}{0{,}67 - 5 \cdot 10^{-4} \cdot T_0} \cdot \eta' \cdot E\left(\frac{1}{500-T_0} - \frac{1}{800-T_0}\right)}$$

Tabelle 12 Relativer thermischer Wirkungsgrad verschiedener Schweißverfahren

Schweißverfahren	relativer thermischer Wirkungsgrad η_r
Unterpulverschweißen	1,0
Lichtbogenhandschweißen, rutilumhüllte Stabelektrode	0,9
Lichtbogenhandschweißen, basisch umhüllte Stabelektrode	0,8
Metall-Aktivgasschweißen mit Kohlendioxid	0,85
Metall-Inertgasschweißen mit Argon bzw. Helium	0.75
Wolfram-Inertgasschweißen mit Argon bzw. Helium	0,65

Tabelle 13 Einfluß der Nahtart auf die Abkühlzeit (nach Degenkolbe)

Nahtart		Nahtart	
		zweidimensionale Wärmeableitung F_2	dreidimensionale Wärmeableitung F_3
Auftragsraupe	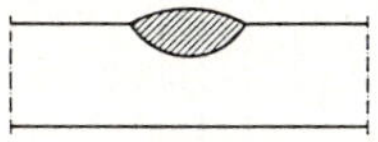	1	1
Füllagen eines Stumpfstoßes	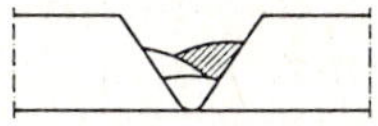	0,9	0,9
Einlagige Kehlnaht am Eckstoß	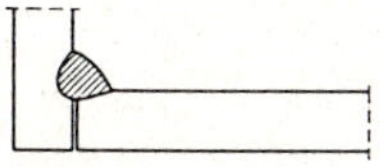	0,9 ... 0,67	0,67
Einlagige Kehlnaht am T-Stoß	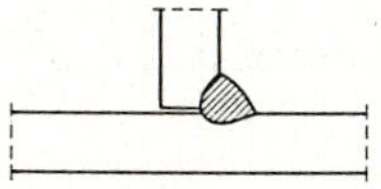	0,45 ... 0,67	0,67

Eine größere Wanddicke als $d_ü$ bedeutet dreidimensionale, eine kleinere zweidimensionale Wärmeableitung.

Die Bestimmung der Abkühlzeit im jeweiligen Fall wird durch die Verwendung von Schaubildern erleichtert. Aus Bild 4.4 kann abhängig von der Streckenenergie E und der Arbeitstemperatur T_0 die Übergangsdicke $d_ü$ ermittelt werden. Das Schaubild wurde für das Unterpulverschweißen aufgestellt. Durch Multiplikation mit dem rela-

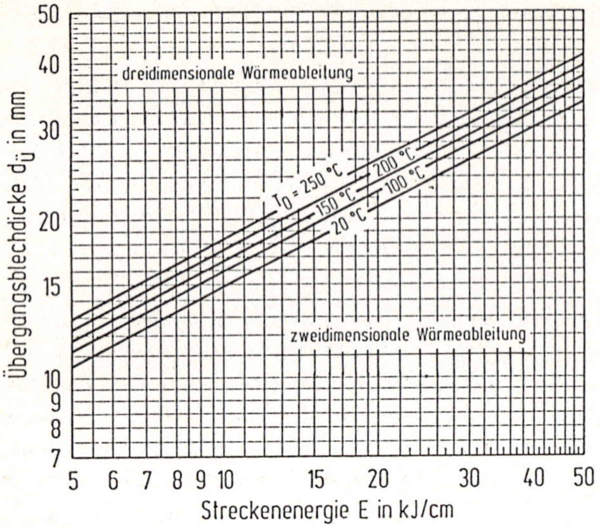

Bild 4.4
Blechdicke $d_{ü}$ für den Übergang von zwei- zu dreidimensionaler Wärmeableitung (UP-Schweißung, niedrig legierter hochfester Baustahl)

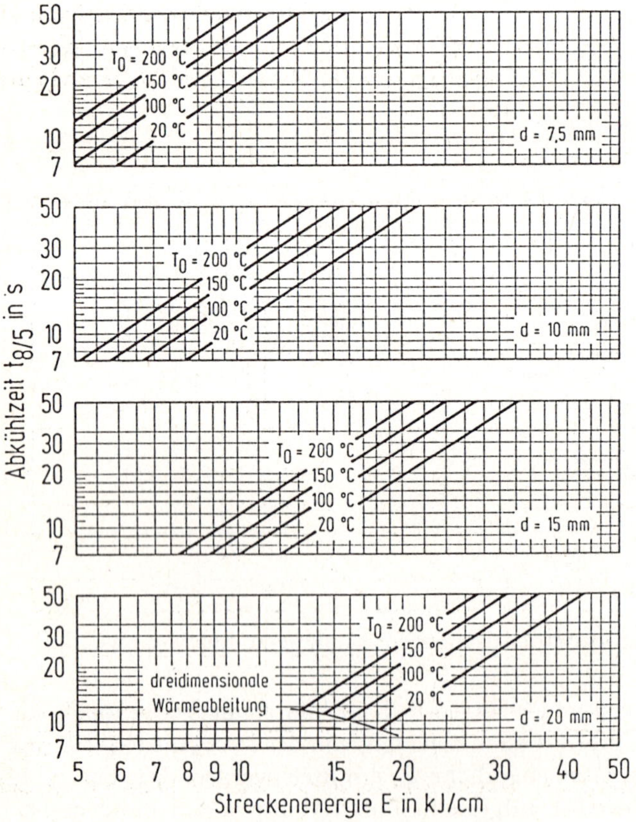

Bild 4.5
Abkühlzeit $t_{8/5}$ von Auftragsraupen für zwei- bzw. dreidimensionale Wärmeableitung (UP-Schweißung, niedriglegierter hochfester Baustahl)

tiven thermischen Wirkungsgrad η' kann das Ergebnis auf andere Schweißverfahren übertragen werden.

Ist die Art der Wärmeableitung bekannt, so kann aus Bild 4.5 die Abkühlzeit $t_{8/5}$ als Funktion der Streckenenergie E und der Arbeitstemperatur T_0 sowie bei zweidimensionaler Ableitung in Abhängigkeit von der Wanddicke d ermittelt werden. Auch diese Bilder wurden für das Unterpulverschweißen und Auftragsraupen aufgestellt. Die Anwendung auf andere Schweißverfahren bzw. Nahtarten erfolgt durch Multiplikation mit den entsprechenden Werten für den relativen thermischen Wirkungsgrad und den Nahtfaktor F.

Schließlich besteht auch die Möglichkeit, den $t_{8/5}$-Wert mit Hilfe eines Nomogramms zu ermitteln. Mit dem rechnerisch oder grafisch ermittelten $t_{8/5}$-Wert lassen sich aus dem ZTU-Schaubild des betreffenden Stahls Gefüge und Härte nach der Abkühlung ermitteln. Dazu ist es erforderlich, die zugehörige Abkühlungskurve durch Versuche zu ermitteln. Nachteilig bei diesem Vorgehen ist jedoch, daß die in der Wärmeeinflußzone auftretenden Temperaturen den ganzen Bereich zwischen der A_1-Temperatur und der Solidustemperatur bestreichen. Eine zuverlässige Bestimmung der Vorgänge setzt also voraus, daß ZTU-Schaubilder mit unterschiedlichen Austenitisierungstemperaturen zur Verfügung stehen.

Günstig ist es daher, mit sogenannten Spitzentemperatur-Abkühlungszeit-Schaubildern (STAZ-Diagrammen) zu arbeiten. Diese Schaubilder zeigen die Gefüge und Härtewerte in Abhängigkeit von der in der Wärmeeinflußzone auftretenden Spitzentemperatur und der Abkühlzeit $t_{8/5}$. Bild 4.6 zeigt das STAZ-Schaubild für einen Feinkornbaustahl.

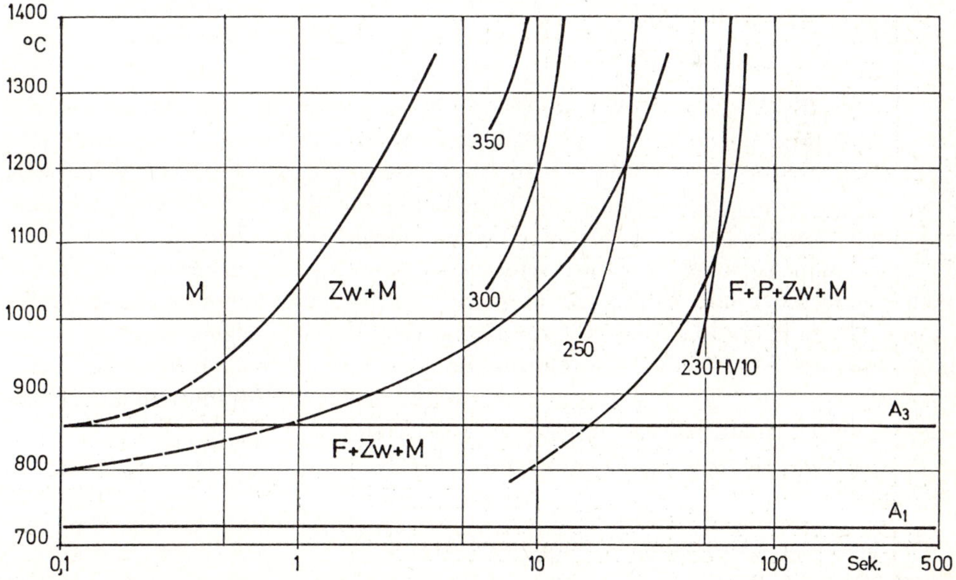

Bild 4.6 Spitzentemperatur-Abkühlzeit-Eigenschafts-Diagramm für die Härte HV 10 nach Gnirß und Ruge (Werkstoff etwa TT StE 43)

4.1.2 Allgemeine Baustähle nach DIN 17100

Unter dem Begriff „Allgemeine Baustähle" versteht man unlegierte oder niedriglegierte Stähle, die im warmgeformten oder normalgeglühten Zustand auf Grund ihrer Festigkeitseigenschaften verwendet werden.

Geliefert werden die Baustähle in Form von Grob- und Mittelblech, Flach-, Band- und Stabstahl (U-, T- und I-Profile), Draht sowie Formstahl und Schmiedestücken. Verwendet werden sie im Stahlhochbau, im Tief-, Brücken- und Wasserbau, im Behälterbau, dem Fahrzeug- und Maschinenbau.

In DIN 17100 (Ausgabe 1980) sind 11 Sorten genormt, Tabelle 14. Die Benennung erfolgt nach der Zugfestigkeit. Streckgrenze und Zugfestigkeit steigen mit zunehmendem Kohlenstoffgehalt, wobei ein Kohlenstoffgehalt von 0,22% als Grenze für die gute Schweißbarkeit gilt. Beim St 52-3, einer bevorzugt für geschweißte Stahlbauten verwendeten niedriglegierten Sorte, wird die Festigkeit durch einen auf 1,5% erhöhten Gehalt an Mangan und eine geringere Korngröße erzielt.

Innerhalb der Stahlsorten erfolgt eine Einteilung in drei Gütegruppen. Diese berücksichtigen die Herstellungsart und den Gewährleistungsumfang. Die Gütegruppe wird dem Zahlenwert der Zugfestigkeit durch einen Bindestrich beigefügt. Die Gütegruppe −1 ist in der Norm nicht mehr enthalten, da die dieser zugeordneten Sorten, erzeugt mittels des Thomas-Verfahrens, in der Bundesrepublik Deutschland nicht mehr hergestellt werden. Zu beachten ist, daß für die Sorte St 33 keinerlei Werte, weder Festigkeit noch chemische Zusammensetzung, gewährleistet werden.

Die Wahl des Erschmelzungsverfahrens bleibt dem Hersteller überlassen, soweit dies für die Gütegruppen −2 und −3 nicht mit dem Besteller besonders vereinbart wurde. Im Bereich der Bundesrepublik Deutschland kann jedoch auf Grund der Entwicklung der letzten Jahre davon ausgegangen werden, daß die hier hergestellten Stähle entweder mit einem Sauerstoff-Aufblasverfahren (Y) oder im Elektroofen (E) erzeugt worden sind.

Die Desoxidationsart ist in DIN 17100 verbindlich festgelegt. Unterschieden wird nach unberuhigt (U), beruhigt bzw. halbberuhigt (R) und besonders beruhigt (RR) vergossenen Stählen. Unberuhigte Stähle sind gekennzeichnet durch das Fehlen von Si und Mn als Legierungselement. Durch die Entwicklung von CO bzw. CO_2 bei der Abkühlung der Schmelze wird diese in der Kokille in eine wallende Bewegung versetzt, was zum Auftreten von Blockseigerungen, d.h. zur Anreicherung bestimmter Elemente im Blockinnern führt. Beruhigt werden die Stähle durch eine Zugabe von bis zu 0,4% Silizium; die Reaktion von C und O in der Schmelze unterbleibt durch die Bildung von SiO_2, so daß keine Entmischung zu erwarten ist. Für besonders beruhigte Stähle ist die Zugabe von zusätzlich mindestens 0,02% Aluminium kennzeichnend, wodurch eine Kornverfeinerung erreicht wird.

Die Schweißeignung der Allgemeinen Baustähle ist im wesentlichen von zwei Größen abhängig:

- der chemischen Zusammensetzung und
- der Desoxidationsart.

Tabelle 14 Übersicht über die Eigenschaften der Allgemeinen Baustähle nach DIN 17 100

Stahlsorte		Desoxidationsart	Mechanische und technologische Eigenschaften: R_m	R_{eH} für Erzeugnisdicke		Bruchdehnung A_5 für Erzeugnisdicke			Kerbschlagarbeit A_V ISO-V-Probe (längs)				Chemische Zusammensetzung in Gew.% (Stückanalyse) Erzeugnisdicke > 16 $\leqq 30$ mm			
Kurzname	W.-Nr.		$\geqq 3$ $\leqq 100$ mm N/mm²	$\leqq 16$ mm N/mm²	> 16 $\leqq 40$ mm N/mm²	Lage	$\geqq 3$ $\leqq 40$ mm %	> 40 $\leqq 63$ mm %	Zustand	Prüf-temp. °C	für Erzeugnisdicke $\geqq 10$ $\leqq 16$ mm J	> 16 $\leqq 63$ mm J	C	P	S	N
St 33	1.0035		290–510	185	175	1 q	18 16									
St 37-2 U St 37-2	1.0037 1.0036	 U	340–470	235	225	1 q	26 24	25 23	U, N	+ 20	27		0,25	0,065	0,065	0,010 0,009
R St 37-2	1.0038	R							U, N	+ 20	27	27	0,19	0,060	0,060	0,010
St 37-3	1.0116	RR							U N	± 0 − 20	27 27	27 27		0,050	0,050	
St 44-2	1.0044	R	410–540	275	265	1 q	22 20	21 19	U, N	+ 20	27	27	0,24	0,060	0,060	0,010
St 44-3	1.0144	RR							U N	± 0 − 20	27 27	27 27	0,23	0,050	0,050	
St 52-3	1.0570	RR	490–630	355	345	1 1	22 20	21 19	U N	± 0 − 20	27 27	27 27	0,22	0,050	0,050	
St 50-2	1.0050	R	470–610	295	285	1 q	20 18	19 17					(0,3)	0,060	0,060	0,010
St 60-2	1.0060	R	570–710	335	325	1 q	16 14	15 13					(0,4)			
St 70-2	1.0070	R	670–830	365	355	1 q	11 10	10 9					(0,5)			

Einwandfrei schweißbar sind nur Stähle mit einem C-Gehalt ≦0,22%, was einer Zugfestigkeit von etwa 400 N/mm² entspricht. Höhere C-Gehalte bedeuten eine verstärkte Neigung zur Abschreckhärtung (Martensitbildung beim Abkühlen), wodurch die Gefahr der Bildung von Härterissen besteht. Baustähle mit C-Gehalten zwischen 0,22 und 0,35% sind daher auf 200 bis 300°C vorzuwärmen. Stähle mit C-Gehalten >0,35% sind zumindest für das Lichtbogen- und Gasschmelzschweißen nicht geeignet.

Im allgemeinen überschreiten die Gehalte an Mn, Si, P, S, N und Al das für die Herstellung und Verarbeitung notwendige Maß nicht. Die modernen Gieß- und Walzverfahren bedingen jedoch u.U. höhere Gehalte an bestimmten Elementen wie z.B. Cu, was den Verlust der Schweißeignung zur Folge haben kann. Insbesondere bei der Sorte St 52-3 ist darauf zu achten, daß die Gehalte an den Elementen Cr, Cu, Ni, Nb, Ti und V einzeln und in der Summe begrenzt werden.

Stahlsorten der Gütegruppe −3 zeichnen sich durch einen weiter verminderten Gehalt an P und S aus (max. je 0,045%). Dadurch wird die Übergangstemperatur im Kerbschlagbiegeversuch erniedrigt und die Sprödbruchneigung vermindert. Zur Vermeidung einer Alterungsversprödung ist darauf zu achten, daß ausreichende Gehalte an stickstoffbindenden Elementen (z.B. Aluminium) vorhanden sind. Der Gehalt an Stickstoff darf 0,009% nicht übersteigen.

Die Desoxidations- bzw. Vergießungsart beeinflussen wesentlich die Schweißeignung der Baustähle. Bei unberuhigt vergossenen Stählen besteht die Gefahr, daß beim Schweißen die Seigerungszonen in der Mitte der Querschnitte bzw. in den Hohlkehlen angeschmolzen werden. Durch den dort vorhandenen hohen P- und S-Gehalt besteht die Gefahr der Bildung von Heißrissen, von Poren und spröden Zonen. Diese Gefahr besteht nicht bei beruhigt oder besonders beruhigt vergossenen Stählen. Bei letzteren bleibt die Schweißeignung auch nach einer vorausgegangenen Kaltverformung uneingeschränkt bestehen. Es besteht hier nicht die Gefahr der künstlichen Alterung.

4.1.3 Schweißbare Betonstähle

Das Schweißen von Betonstählen spielte bislang nur eine untergeordnete Rolle. Dies lag einmal am geringen Angebot schweißbarer Betonstähle, zum anderen auch daran, daß im Betonbau das Schweißen seither kein gängiges Verfahren war.

In DIN 488 wurden nunmehr drei schweißbare Betonstähle genormt. Die Stähle werden nach ihrer Mindeststreckgrenze benannt; ein dem Basiskennzeichen „St" vorangestelltes „B" kennzeichnet sie als Betonstähle. Dem Zahlenwert der Streckgrenze in N/mm² wird für Stabstahl ein „S" angefügt, entsprechend ein „M" für die Betonstahlmatte.

Tabelle 15 gibt eine Übersicht über Bezeichnungen, Herstellungsverfahren, Richtanalyse und geeignete bzw. zugelassene Schweißverfahren.

4.1.4 Feinkornbaustähle

Der Trend zur Leichtbauweise verlangt schweißbare Stähle höherer Festigkeit. Diese Festigkeitssteigerung ist mit den üblichen Verfestigungsmechanismen – wie z.B.

Tabelle 15 Betonstähle nach DIN 488 (Übersicht)

Bezeichnung	BSt 420 S (III S)	BSt 500 S (IV S)	BSt 500 M (IV M)
Verwendungsform	Betonstabstahl	Betonstabstahl	Betonstabmatte
Herstellungsverfahren	wärmebehandelt	kaltgeformt oder warmgewalzt (mikroleg.)	kaltgezogen kaltgewalzt
Analyse	C $\leqq$ 0,22 % Si $\leqq$ 0,60 % P, S $\leqq$ 0.05 % N $\leqq$ 0,012 %		C $\leqq$ 0,15 % sonst wie BSt 420 S
Schweißverfahren	E, MAG, GP, RA, RP		(E, MAG, RP)

Kaltverformen, Steigerung des Kohlenstoffgehalts (u.U. verbunden mit einer Wärmebehandlung zur Bildung von Martensit oder Zwischenstufe) – nicht zu erzielen. Die Entwicklung führte daher zu den schweißbaren Feinkornbaustählen, deren Eigenschaften im wesentlichen bestimmt werden durch

- einen Kohlenstoffgehalt von höchstens 0,22%,
- eine Festigkeitssteigerung infolge Mischkristallbildung durch das Legieren mit Mangan, Silizium, Chrom, Molybdän, Kupfer und Stickstoff,
- eine Steigerung der Festigkeit und Zähigkeit infolge Kornverfeinerung durch das Mikrolegieren mit geringen Anteilen an Aluminium, Niob und Vanadium,
- eine besondere Art der Warmumformung.

Kennzeichnend für die Feinkornbaustähle ist eben dieses feinkörnige Gefüge, das zu einer Erhöhung der Streckgrenze führt und die Zähigkeit verbessert. Günstig für das Verhalten beim Schweißen ist das feine Korn dadurch, daß dieses Gefüge die Umwandlung beim Erwärmen bzw. beim Abkühlen erleichtert, wodurch die Bildung von Martensit und Zwischenstufe erschwert wird.

Die schweißbaren Feinkornbaustähle können in drei Gruppen eingeteilt werden:

- Normalgeglühte Feinkornbaustähle,
- vergütete Feinkornbaustähle und
- perlitreduzierte, perlitarme oder perlitfreie Stähle mit thermomechanischer Behandlung.

Die *normalgeglühten Feinkornbaustähle* sind in DIN 17102 genormt. Sie sind in drei Gütestufen eingeteilt:

- die Grundgüte und warmfeste Reihe (W),
- die kaltzähe Güte (T) und
- die extra kaltzähe Güte (E).

Bezeichnet werden diese Stähle nach ihrer Mindeststreckgrenze, wobei zur Kennzeichnung zwischen dem Basiskurzzeichen „St“ und dem Zahlenwert der Streck-

Tabelle 16 Die Eigenschaften der Feinkornbaustähle nach DIN 17 102

Stahlsorte	Mechanische und technologische Eigenschaften					
	R_m	R_{eH}				A_5
	für Erzeugnisdicken in mm					
	≦ 70	≦ 16	> 16 ≦ 35	> 35 ≦ 50	> 50 ≦ 60	%
	N/mm^2	N/mm^2				mind.
StE 255 W StE 255 T StE 255	360–480	255		245	235	25
StE 285 W StE 285 T StE 285	390–510	285		275	265	24
StE 355 W StE 355 T StE 355	490–630	355		345	335	22
StE 380 W StE 380 T StE 380	500–650	380	375	365	355	20
StE 420 W StE 420 T StE 420	530–680	420	410	400	390	19
StE 460 W StE 460 T StE 460	560–730	460	450	440	430	17
StE 500 W StE 500 T StE 500	610–780	500	480	470	460	16

Kerbschlagarbeit A_V in Joule ISO-V-Probe – für Erzeugnisdicke ≧ 10 ≦ 70 mm	bei Prüftemperatur in °C						
	– 50	– 40	– 30	– 20	– 10	0	+ 20
Grund- und warmfeste Reihe (längs)				39	43	47	55
Kaltzähe Reihe (längs)	27	31	39	47	51	55	63
Kaltzähe Sonderreihe (längs)	30	40	50	65	80	90	100

grenze in N/mm^2 der Buchstabe „E“ eingefügt wird. Die Gewährleistungswerte können der Tabelle 16 entnommen werden.

Diese Stähle werden im Sauerstoff-Aufblasverfahren oder im Elektroofen erzeugt und in jedem Fall besonders beruhigt vergossen. Es sind kohlenstoffarme, unlegierte oder niedriglegierte Stähle mit gegenüber den Allgemeinen Baustählen verminderten Gehalten an Begleitelementen. Als Legierungselemente sind in der Norm Mangan, Nickel und Kupfer, sowie als Mikrolegierungselemente Niob, Titan und Vanadium vorgesehen. Letztere haben eine große Affinität zu Kohlenstoff und Stickstoff, was zur Bildung von Karbiden und Karbonitriden führt; durch Zugabe von Aluminium können zudem Nitride gebildet werden. Diese Ausscheidungen sind im Bereich der Normalglühtemperatur sehr stabil und unterstützen die Entstehung eines feinen Ferrit-Perlit-Gefüges.

Für die *vergüteten Feinkornbaustähle* liegen mit der EURONORM 137 technische Lieferbedingungen vor; entsprechende DIN-Normen oder SEW-Blätter fehlen. Auch diese Stähle werden in eine Grundgüte, eine warmfeste und eine kaltzähe Reihe eingeteilt. Die genormten Sorten reichen bis zu einer Streckgrenze von 690 N/mm^2. Stähle mit Streckgrenzen bis 1100 N/mm^2 sind lieferbar, jedoch nicht genormt.

Das Gefüge besteht hier aus Vergütungsgefüge, d.h. angelassenem Martensit oder unterer Zwischenstufe, wie es aus feinkörnigem Austenit entsteht. Neben hohen Streckgrenzwerten zeichnen sich diese Stähle durch eine gute Zähigkeit aus, was durch Übergangstemperaturen der Kerbschlagarbeit um −60°C verdeutlicht wird. Tabelle 17 gibt einen Überblick über die Eigenschaften dieser Stähle.

Bei den *thermomechanisch umgeformten Stählen* (TM) erfolgt die Umformung im metastabilen Austenitgebiet, Bild 4.7, wobei vor der Umwandlung des Austenits in andere Gefüge keine Rekristallisation erfolgt. Nach SEW 083 und SEW 084 kann die Umformung entweder oberhalb A_{r3} oder im Zweiphasengebiet erfolgen.

Diese Art der Umformung führt zu Eigenschaften, die durch eine Wärmebehandlung nicht erreichbar sind. Sie kann mit einer beschleunigten Abkühlung verbunden werden, auch mit einem Härten und nachfolgendem Anlassen bei höherer Temperatur.

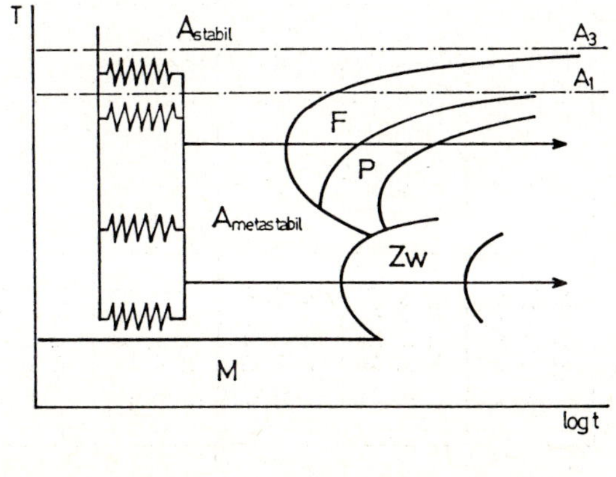

Bild 4.7
Umformbereiche im ZTU-Schaubild für die thermomechanische Umformung von Feinkornbaustählen (TM)

Tabelle 17 Feinkornbaustähle (Übersicht)

Normalgeglüht				Thermo-mechanisch behandelt	Wasservergütet oder ausscheidungsgehärtet		
DIN 17 102			SEW 092		Euronorm 137 (Entwurf)		
Grundgüte	Warmfeste Güte	Tieftemp. Güte	Feinkornbaustähle zum Kaltumformen		Grundgüte	Warmfeste Güte	Tieftemp. Güte
StE 255	W StE 255	T StE 255	Q StE 260 N	Q StE 340 TM			
StE 285	W StE 285	T StE 285					
StE 315	W StE 315	T StE 315					
			Q StE 340 N	Q StE 340 TM			
StE 355	W StE 355	T StE 355					
StE 380	W StE 380	T StE 380					
StE 420	W StE 420	T StE 420	Q StE 420 N	Q StE 420 TM			
StE 460	W StE 460	T StE 460	Q StE 460 N	Q StE 460 TM			
StE 500	W StE 500	T StE 500	Q StE 500 N	Q StE 500 TM	FeE 500 V KG	FeE 500 V KW	FeE 500 V KT
					FeE 550 V KG	FeE 550 V KW	FeE 550 V KT
					FeE 620 V KG	FeE 620 V KW	FeE 620 V KT
					FeE 690 V KG	FeE 690 V KW	FeE 690 V KT
					FeE 885 V KG	FeE 885 V KW	FeE 885 V KT

Der dadurch erzielte Werkstoffzustand ist durch eine Wärmebehandlung ebenfalls nicht erreichbar.

Durch die thermomechanische Umformung können Streckgrenzenwerte bis 550 N/mm² und Übergangstemperaturen um −60 °C erzielt werden. Der Grund hierfür liegt in der feinkörnigen Ausbildung des Gefüges und dem geringen Perlitgehalt, der sich aus der Absenkung des C-Gehalts auf Werte zwischen 0,1 und 0,16% ergibt. Erreichbar sind Streckgrenzenwerte bis 700 N/mm² bei zusätzlicher Optimierung der chemischen Zusammensetzung und Anwendung besonderer Maßnahmen bei der Umformung.

Die Feinkornbaustähle sind prinzipiell schweißgeeignet und mit allen Verfahren schweißbar. Richtlinien für das Schweißen und Brennschneiden enthält das SEW-Blatt 088. Zur Vermeidung von Kaltrissen ist u.U. ein Vorwärmen erforderlich. Die Höhe der Vorwärmtemperatur läßt sich mit Hilfe des $t_{8/5}$-Konzepts bestimmen.

Vorwärmen ist immer erforderlich, wenn die Werkstücktemperatur unter + 5 °C liegt; ist die Temperatur höher, so muß bei Überschreiten bestimmter Grenzdicken ebenfalls vorgewärmt werden. Abhängig von der Streckgrenze gelten folgende Werte

Streckgrenze (N/mm²)	Grenzdicke (mm)
≦ 355	30
> 355 bis 420	20
> 420 bis 590	12
> 590	8

Die Stabelektroden zum Lichtbogenhandschweißen von Feinkornbaustählen sind in DIN 8529 Teil 1 genormt.

4.1.5 Niedriglegierte Stähle

Bei den niedriglegierten Stählen handelt es sich bevorzugt um Vergütungsstähle (nach DIN 17200), aber auch um Kesselbleche (DIN 17155), Rohre (DIN 17175) oder gelegentlich um Einsatzstähle (DIN 17210).

Als Vergütungsstähle gelten solche Baustähle, die sich aufgrund ihrer chemischen Zusammensetzung zum Härten eignen und dann im vergüteten Zustand eine hohe Zähigkeit bei entsprechender Festigkeit aufweisen. Erschmolzen werden diese Stähle im Sauerstoff-Aufblasverfahren oder Elektroofen; sie werden grundsätzlich beruhigt vergossen. Ihre kennzeichnenden Eigenschaften erhalten diese Stähle durch das Legieren mit Mn, Cr, Mo, Ni und V. Diese Elemente bewirken eine Verschiebung der Umwandlungen zu längeren Abkühlzeiten und tieferen Temperaturen. Diese Verschiebungen sind für das Vergüten von größeren Dicken günstig. Die Schweißeignung dieser Stähle wird jedoch dadurch beeinträchtigt, da selbst bei langsamer Abkühlung in der WEZ noch Aufhärtungen mit Rißbildung infolge Martensitbildung auftreten.

Zur Vermeidung von Rissen bei der Abkühlung werden diese Stähle vorgewärmt. Die erforderliche Vorwärmtemperatur kann unter Verwendung des $t_{8/5}$-Konzepts mit Hilfe des ZTU-Schaubilds und des STAZ-Diagramms bestimmt werden.

Tabelle 18 Werte für das Kohlenstoffäquivalent verschiedener Stähle (nach Mewes)

Stahlbezeichnung	Streckgrenze* N/mm²	Zugfestigkeit* N/mm²	errechnetes mittleres Kohlenstoff-Äquivalent %	Stahlbezeichnung	Streckgrenze N/mm²	Zugfestigkeit N/mm²	errechnetes mittleres Kohlenstoff-Äquivalent %
C 10	250	420–520	0,18	StE 420	340–420	490– 580	0,44
St 37-2	220–240	330–480	0,23	St 52-3	340–360	520– 630	0,46
StE 255	230–250	380–480	0,23	StE 460	380–460	520– 730	0,47
C 15	300	500–650	0,24	StE 500	410–500	570– 780	0,50
GS-38	180	380–500	0,28	GS-60	360	600– 700	0,52
St 42-2	240–360	420–500	0,28	13 CrMo 44	290–310	450– 600	0,52
StE 285	230–290	360–510	0,28	C 35	330–420	550– 800	0,53
St 50-2	280–300	500–600	0,33	St 70-2	350–370	700– 850	0,53
StE 315	260–320	400–560	0,33	15 MnCr 5	600	800–1000	0,56
GS-45	220	450–550	0,36	Ck 45	360–480	600– 900	0,57
C 22	300–360	500–650	0,37	25 CrMo 4	420–650	650–1050	0,61
StE 355	290–360	450–630	0,40	27 MnSi 5	420–650	650–1050	0,63
StE 380	310–380	460–650	0,41	42 CrMo 4	550–900	750–1300	0,74
GS-52	250	520–600	0,43	Ck 60	440–570	700–1050	0,74
19 Mn 5	320–330	520–620	0,43	41 Cr 4	550–800	860–1200	0,76
St 60-2	320–340	600–720	0,43	36 CrNiMo 4	550–900	750–1300	0,78

* Die höheren (niedrigen) Werte gelten für kleine (große) Erzeugnisdicken. Es handelt sich um Anhaltswerte; genaue Angaben sind den DIN-Normen oder Stahl-Eisen-Werkstoffblättern für diese Stähle zu entnehmen.

Ein anderes, in der Praxis noch weit verbreitetes Verfahren zur Beurteilung der Aufhärtungsneigung und Bestimmung der Vorwärmtemperatur führt über die Berechnung des sogenannten Kohlenstoffäquivalents K. Dieses gewichtet die einzelnen Elemente nach ihrer härtenden Wirkung, bezogen auf den Kohlenstoff. Eine häufig benutzte Beziehung lautet

$$K = C + \frac{Mn}{6} + \frac{Cr}{5} + \frac{Ni}{15} + \frac{Mo}{4} + \frac{Cu}{13} + \frac{P}{2}$$

Dabei bedeutet C den Kohlenstoffgehalt in %, Mn den Mangangehalt in % usw.
Die Gültigkeit der Formel ist begrenzt auf folgende Werte:

$$C \leqq 0{,}5\%, Mn \leqq 1{,}6\%, Cr \leqq 1\%, Ni \leqq 3{,}5\%, Mo \leqq 0{,}6\% \text{ und } Cu \leqq 1\% .$$

Tabelle 18 enthält das Kohlenstoff-Äquivalent für einige häufig verwendete Stähle.
Die Schweißeignung wird danach wie folgt beurteilt:

$K < 0{,}4$	gute Schweißeignung,
$0{,}4 \leqq K < 0{,}6$	bedingt schweißgeeignet,
$0{,}6 < K$	Schweißeignung nicht gewährleistet.

Die Vorwärmtemperatur ist in Abhängigkeit von dem berechneten K-Wert dann wie folgt zu wählen:

$K < 0{,}45$	keine Vorwärmung erforderlich,
$0{,}45 \leqq K < 0{,}6$	100 bis 200 °C,
$0{,}6 < K$	200 bis 350 °C, ev. noch höher.

Von Mrosko stammt eine Tabelle, die Anhaltswerte für die Wahl der Vorwärmtemperatur in Abhängigkeit von K-Wert, Blechdicke, Nahtform und Elektrodendurchmesser enthält, Tabelle 19.

Der K-Wert wird auch benutzt, um die voraussichtliche Härtesteigerung in der WEZ zu berechnen:

$$HV = 1200 \cdot K - 200 .$$

Die zulässige maximale Härte würde auch hier mit 350 HV anzusetzen sein.

4.1.6 Hochlegierte Stähle

Stähle, bei denen die Summe der Legierungselemente 5% überschreitet, werden als hochlegierte Stähle bezeichnet. Nach ihrem Verwendungszweck können sie eingeteilt werden in die Hauptgruppen

Nichtrostende Stähle (DIN 17440, SEW 400),
Hitzebeständige Stähle (SEW 470),
Warmfeste Stähle (SEW 670),
Kaltzähe Stähle (SEW 680),
Nichtmagnetisierbare Stähle.

Tabelle 19 Empfehlungen für Vorwärmtemperaturen in Abhängigkeit von Kohlenstoffäquivalent, Blechdicke, Nahtart und Elektrodendurchmesser nach Mrosko

Kohlenstoff-Äquivalent K %	Elektroden-durchmesser mm	Vorwärmtemperatur in °C für							
		Stumpfnähte bei einer Blechdicke von				Kehlnähte bei einer Blechdicke von			
		6 mm	12 mm	25 mm	50 mm	6 mm	12 mm	25 mm	50 mm
0,35	3,25	0	0	0	0	0	0	0	100
	4	0	0	0	0	0	0	0	0
	5	0	0	0	0	0	0	0	0
	6	0	0	0	0	0	0	0	0
0,40	3,25	0	0	0	150	0	0	100	200
	4	0	0	0	0	0	0	0	150
	5	0	0	0	0	0	0	0	100
	6	0	0	0	0	0	0	0	100
0,45	3,25	0	0	150	250	0	100	250	300
	4	0	0	100	200	0	0	200	250
	5	0	0	0	150	0	0	100	200
	6	0	0	0	100	0	0	0	150
0,50	3,25	0	0	250	350	0	150	350	(450)
	4	0	0	150	300	0	100	250	400
	5	0	0	100	200	0	0	200	350
	6	0	0	0	150	0	0	150	300
0,55	3,25	0	150	400	(550)	100	300	(550)	–
	4	0	0	300	(450)	0	200	(450)	–
	5	0	0	150	350	0	100	350	(600)
	6	0	0	150	300	0	0	300	(600)
0,60	3,25	150	400	–	–	350	–	–	–
	4	100	250	–	–	250	(600)	–	–
	5	0	100	(500)	(600)	150	300	(600)	–
	6	0	0	350	(500)	0	150	(500)	–
0,65	3,35	300	–	–	–	–	–	–	–
	4	200	350	–	–	–	–	–	–
	5	0	150	(600)	–	200	(600)	–	–
	6	0	0	(500)	–	100	300	–	–
0,70	3,25	600	–	–	–	–	–	–	–
	4	300	500	–	–	–	–	–	–
	5	200	400	–	–	400	(600)	–	–
	6	0	200	(600)	–	200	400	–	–
0,75	5	400	500	–	–	(600)	–	–	–
	6	200	400	–	–	(450)	(600)	–	–

0: Vorwärmung nicht erforderlich

–: Die nötige Vorwärmtemperatur liegt so hoch, daß sie praktisch nicht anwendbar ist.

Üblich ist jedoch eine Einteilung nach dem Hauptgefügebestandteil bei Raumtemperatur in

Austenitische Stähle,
Ferritische Stähle,
Martensitische Stähle,
Austenitische Stähle.

Austenitische Stähle

Durch das Zulegieren von Nickel (7 bis 26%) wird das Gebiet des Austenits so ausgeweitet, daß die Umwandlung des Austenits in Ferrit bzw. Perlit bei der Abkühlung unterbleibt. Neben Nickel enthalten die austenitischen Stähle noch Chrom (16 bis 26%) und Molybdän (ca. 2%) zur Verbesserung der Korrosionsbeständigkeit. Wie sich die einzelnen Legierungselemente auf die Ausbildung des Gefüges auswirken, kann z.B. dem sogenannten Schaeffler-Diagramm entnommen werden, Bild 4.8.

Alle austenitischen Stähle weisen folgende charakteristische Eigenschaften auf

relativ niedrige Streckgrenze
(kann durch Zulegieren von N erhöht werden),
hohe Festigkeit,
hohe Zähigkeit auch bei tiefen Temperaturen,
gute Warmfestigkeit,
starke Kaltverfestigung,
geringe Wärmeleitfähigkeit,
hohe Wärmeausdehnung.

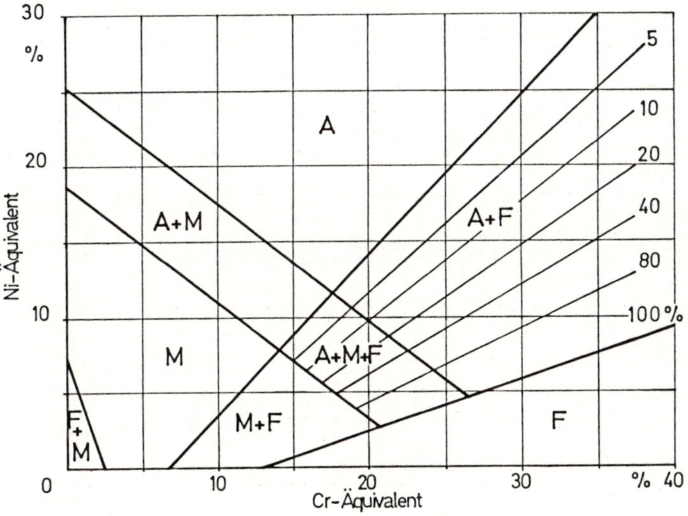

Bild 4.8 Schaeffler-Diagramm für Schweißgut von nichtrostenden Stählen
NI-Äquiv. = % Ni + 30 · % C + 0,5 · % Mn + 30 · % N
Ci-Äquiv. = % Cr + % Mo + 1,5 · % Si + 0,5 · % Nb

Die austenitischen Stähle sind – soweit keine Anteile an Ferrit oder Martensit vorhanden sind – unmagnetisch. Korrosionsbeständig sind sie nur dann, wenn der Cr-Gehalt mindestens 12% beträgt und das Chrom im Mischkristall gelöst ist.

Im Temperaturbereich zwischen 400 und 800 °C besteht bei austenitischen Stählen mit höherem C-Gehalt die Gefahr der Sensibilisierung für interkristalline Korrosion. Diese wird ausgelöst durch die Ausscheidung von Chromkarbiden auf den Korngrenzen. Abhilfe schafft die Absenkung des Kohlenstoffgehalts bis auf Werte um 0,03% und das Zulegieren von Titan oder Niob zum Abbinden des Kohlenstoffs (titan- bzw. niobstabilisierte austenitische Stähle). Hitzebeständige austenitische Stähle enthalten 17 bis 26% Cr und 9 bis 34% Ni. Infolge des hohen Nickelgehalts sind sie nicht beständig gegen reduzierend wirkende schwefelhaltige Gase. Der C-Gehalt dieser Stähle liegt relativ hoch. Möglich ist dies, weil in heißen Gasen keine interkristalline Korrosion auftritt.

Austenitische Stähle können in der Regel ohne Schwierigkeiten geschweißt werden. Gut geeignet sind das WIG- und das MIG-Schweißen. Auch das Lichtbogenschweißen mit Stabelektroden und das UP-Schweißen können angewandt werden. Sehr gut können austenitische Stähle mit Verfahren der Widerstandspreßschweißung verbunden werden. Geeignete Schweißzusatzwerkstoffe sind in DIN 8556 Teil 1 genormt.

Beim Schweißen von nichtrostenden austenitischen Stählen entstehen durch die Wärmeeinwirkung Oxidschichten (Anlauffarben, Zunder). Im Gegensatz zu den durch Einwirkung des Luftsauerstoffs bei Raumtemperatur entstandenen Schutzschichten haben diese nicht die Eigenschaften einer Passivschicht. Durch Bildung solcher Oxidschichten wird daher die chemische Beständigkeit des Stahls herabgesetzt, was zu Korrosionsschäden führen kann.

Zur Vermeidung solcher Oxidschichten beim Schweißen ist es zweckmäßig, die nicht vom Schutzgas beaufschlagten Oberflächen mit Formiergas zu spülen. Bereits gebildete Schichten sind mechanisch durch Bürsten, Schleifen, Strahlen oder chemisch durch Beizen zu beseitigen.

Zu beachten ist, daß ein Gefüge aus 100% Austenit heißrißempfindlich ist. Bestimmende Faktoren für die Heißrißempfindlichkeit sind

- die Art der Primärkristallisation,
- der Restgehalt an Deltaferrit,
- der Einfluß der Legierungselemente und Verunreinigungen,
- die Wanddicke,
- die Schweißparameter und
- die konstruktive Gestaltung.

Wichtig in diesem Zusammenhang ist, daß Austenit nur eine geringe Löslichkeit für heißrißfördernde Elemente aufweist, Tabelle 20. Diese Elemente werden als niedrigschmelzende Phasen bzw. Eutektika ausgeschieden.

Ein geringer Anteil an Deltaferrit vermindert die Heißrißanfälligkeit, wobei der wirksame Mindestgehalt von den Legierungselementen (z.B. Niob, Silizium, Schwefel, Phosphor) abhängig ist.

Tabelle 20 Löslichkeit der heißrißfördernden Elemente im Austenit und Ferrit, Struktur und Schmelzpunkte niedrig schmelzender Phasen (nach Folkhard)

Element	Löslichkeit im reinen Eisen				Niedrig schmelzende Phasen	
	im Austenit		im Ferrit		Struktur	Schmelzpunkt °C
	%	Temperatur °C	%	Temperatur °C		
Schwefel	0,05	1365	0,14	1365	Eutektikum Fe-FeS Eutektikum Ni-NiS	988 630
Phosphor	0,20	1250	1,6	1250	Eutektikum Fe-Fe_3P Eutektikum Ni-Ni_3P	1048 875
Bor	0,005	1381	0,5	1381	Eutektikum Fe-Fe_2B Eutektikum Ni-Ni_2B Eutektikum $(Fe, Cr)_2B$-Austenit	1177 1140 1180
Niob	1,0	1300	4,1	1300	Eutektikum Fe-Fe_2Nb Eutektikum NbC-Austenit Nb-Ni-reiche Phasen	1370 1315 1160
Titan	0,36	1300	8,1	1300	Eutektikum Fe-Fe_2Ti Eutektikum TiC-Austenit	1290 1320
Silizium	1,15	1300	10,5	1300	Eutektikum Fe-Fe_2Si Eutektikum NiSi-Ni_3Si_2 NiSi	1212 964 996

Verfahrenstechnisch kann die Bildung von Heißrissen durch Maßnahmen, die nur zu geringen Spannungen führen, vermindert werden. Empfohlen wird die Verwendung dünner Elektroden (= niedere Stromstärke, kurzer Lichtbogen), das Schweißen mit Zugraupen und das Einhalten von Abkühlpausen. Die gängigen Schweißzusätze enthalten überdies einen geringen Anteil Ferrit (4 bis 10%), der bei Raumtemperatur beständig ist oder bei der Abkühlung erhalten blieb.

Ferritische Stähle

Das Zulegieren von Chrom engt das Gebiet des Austenits im Eisen-Kohlenstoff-Schaubild ein, wodurch nichtumwandlungsfähige Stähle mit ferritischem Gefüge entstehen. Wie die austenitischen Stähle können sie als korrosionsbeständige oder hitzebeständige Stähle verwendet werden. Gegenüber den austenitischen Stählen sind die ferritischen Stähle gekennzeichnet durch eine geringere Warmfestigkeit, eine geringe Kaltzähigkeit bzw. höhere Übergangstemperatur.

Die korrosionsbeständigen Sorten sind zur Erhöhung der Korrosionsbeständigkeit z.T. mit Molybdän legiert. Da die Lösungsfähigkeit von Kohlenstoff und Stickstoff im Mischkristall begrenzt ist, werden entweder die Gehalte der beiden Elemente in der Summe begrenzt ($C + N \leqq 0{,}015\%$) oder die Stähle müssen durch Zulegieren von Titan oder Niob stabilisiert werden. Wie bei den austenitischen Stählen beschrieben, wird dadurch die Gefahr einer interkristallinen Korrosion vermindert.

Die ferritischen Stähle sind anfällig für Grobkornbildung. Insbesondere bei größeren Blechdicken ist dies zu beobachten. Kleinere Querschnitte können durch eine Kombination von Warm- bzw. Kaltwalzen und Rekristallisationsglühen ein feinkörniges Gefüge mit entsprechenden technologischen Eigenschaften erhalten.

Bei Chromgehalten über 12% verspröden die ferritischen Stähle infolge von Ausscheidungsvorgängen im Temperaturbereich zwischen 400 und 530 °C. Diese Erscheinung wird als „475 °C-Versprödung“ bezeichnet; sie kann durch ein kurzzeitiges Glühen bei 600 °C mit anschließend schnellem Abkühlen wieder rückgängig gemacht werden. Liegt der Chromgehalt über 17%, so verspröden die ferritischen Stähle bei langen Haltezeiten zwischen 600 und 900 °C durch die Bildung einer intermetallischen Fe-Cr-Verbindung, die als Sigma-Phase bezeichnet wird. Zur Beseitigung dieser Phase ist ein Glühen bei Temperaturen oberhalb 1 000 °C mit anschließendem Abschrecken erforderlich.

Die ferritischen Stähle sind grundsätzlich schweißgeeignet. Als Verfahren kommen in Betracht das Schweißen mit Stabelektroden wie auch das WIG- und das MIG-Verfahren. Das Widerstandsschweißen sollte nur bei Stählen mit einem C-Gehalt $<0{,}1\%$ angewandt werden.

Als Zusatzwerkstoffe sollten nur artgleiche, mindestens artähnliche Schweißzusätze verwendet werden. In DIN 8556 Teil 1 sind hierzu entsprechende Angaben gemacht. Beim Schweißen von korrosionsbeständigen ferritischen Stählen werden aus verschiedenen Gründen häufig austenitische Zusatzwerkstoffe verwendet. Dies ist bei den hitzebeständigen ferritischen Stählen wegen des Angriffs durch schwefelhaltige Gase jedoch nicht möglich.

Zu beachten ist die Gefahr der Grobkornbildung beim Schweißen, was zum Auftreten von Kaltsprödigkeit in der WEZ führt. Diese Kornvergröberung läßt sich durch ein anschließendes Glühen nicht mehr beseitigen.

Martensitische Stähle

Wie dem Schaeffler-Diagramm zu entnehmen ist, tritt bei niedrigen bis mittleren Cr- und/oder Ni-Gehalten bevorzugt ein martensitisches Gefüge auf. Beide Elemente begünstigen die Einhärtbarkeit, d.h. sie verschieben die Umwandlungen zu längeren Abkühlzeiten und tieferen Temperaturen. So legierte Stähle bilden daher bereits bei Abkühlung an ruhender Luft Martensit.

Stähle dieser Art finden bevorzugt als hochwarmfeste Stähle im Bereich zwischen 550 und 600 °C Verwendung. Ihr Einsatz als korrosionsbeständige Stähle ist demgegenüber begrenzt.

Geliefert werden sie in der Regel in Form von Blechen, Rohren und Schmiedestücken im vergüteten Zustand. Beim Schweißen der martensitischen Stähle besteht die Gefahr der Bildung von Härterissen. Grundsätzlich müssen daher diese Stahlsorten auf Temperaturen zwischen 300 und 400 °C vorgewärmt werden und während des ganzen Schweißvorgangs dort gehalten werden. Nach Beendigung des Schweißens muß das Werkstück ohne Zwischenabkühlung bei 650 bis 780 °C angelassen werden.

4.1.7 Eisen-Kohlenstoff-Gußwerkstoffe

Die Eisen-Kohlenstoff-Gußwerkstoffe sind gekennzeichnet durch einen Kohlenstoffgehalt zwischen 2,5 und 4,5% Der kleinere Teil des Kohlenstoffs (ca. 0,5%) ist in der Regel im Zementit Fe_3C gebunden, der überwiegende Teil liegt als freier Kohlenstoff in Form von Graphit vor. Mangan begünstigt die Bildung von Zementit, Silizium fördert die Ausscheidung von Graphit.

Nach der Ausbildung des Graphits werden folgende Werkstoffe unterschieden:

Gußeisen mit Lamellengraphit GG (Grauguß) (DIN 1691),
Gußeisen mit Kugelgraphit GGG (DIN 1693),
Temperguß GTS bzw. GTW (DIN 1692).

Gefördert wird diese Graphitausscheidung durch die hohen Gehalte an Kohlenstoff und Silizium; auch Phosphor begünstigt die Ausscheidung des Kohlenstoffs als Graphit. Daneben beeinflussen die Abkühlbedingungen wesentlich die Erstarrungsform.

Die Form der Graphitausscheidungen wie auch deren Größe kann in weiten Grenzen verändert werden. Die Möglichkeiten reichen von grob- bzw. feinlamellarer Form über Flocken und Knötchen bis zur Kugelform. Kennzeichnend für den Grauguß ist der lamellare Graphit. Beim Temperguß wird der Graphit erst nach einer besonderen Glühbehandlung in Flockenform aus der graphitfrei erstarrten Matrix ausgeschieden. Zu unterscheiden ist dabei nach nicht entkohlend geglühtem (schwarzem) Temperguß (GTS) und entkohlend geglühtem (weißem) Temperguß (GTW). Die kugelige Form des Graphits beim Gußeisen mit Kugelgraphit wird durch eine Behandlung der Schmelze mit Magnesium und die Verwendung besonderer, schwefelarmer Roheisensorten erreicht.

Eine feine Verteilung der Graphitausscheidungen wird durch eine Schmelzüberhitzung oder durch das Impfen der Schmelze mit Keimbildnern, z.B. Kalzium-Silizium (Meehanite-Guß) erzielt.

Die Festigkeit und die Verformbarkeit der Eisen-Kohlenstoff-Gußwerkstoffe sind einmal von der Größe und der Form der Graphitausscheidungen abhängig. Festigkeit und Zähigkeit steigen mit feinerer Verteilung des Graphits an. Die Ausscheidung des Kohlenstoffs in Form von Graphitlamellen stört den Kraftfluß sehr stark, was zu einer Verminderung der Festigkeit und Abnahme der Zähigkeit führt. Demgegenüber ist die Kerbwirkung der Graphitknötchen bzw. -kugeln beim Temperguß bzw. Gußeisen mit Kugelgraphit wesentlich geringer, was zu stahlähnlichen Eigenschaften führt. Zum anderen werden die Eigenschaften der Gußwerkstoffe durch die Ausbildung der Matrix beeinflußt. Je nach Legierungszusammensetzung (Kohlenstoff, Silizium, Mangan) und Abkühlgeschwindigkeit kann dieses Grundgefüge ferritisch bis perlitisch sein. Ein Gußeisen mit ferritischem Gefüge weist generell eine niedrigere Festigkeit auf; beim Temperguß und beim Gußeisen mit Kugelgraphit kann in diesem Fall eine nennenswerte Zähigkeit erreicht werden. Mit zunehmendem Perlitanteil steigen Härte und Zugfestigkeit an, die Zähigkeit nimmt allerdings deutlich ab.

Entsprechend der gestellten Aufgabe ist die Unterscheidung in

Fertigungsschweißen,
Instandsetzungsschweißen und
Konstruktionsschweißen

üblich.

Unter Fertigungsschweißen versteht man Schweißarbeiten an Gußstücken im Verlauf deren Fertigung. So können z.B. kleine Gießfehler durch Schweißen beseitigt werden. Das Instandsetzungsschweißen hat die Wiederherstellung eines gebrochenen oder durch Verschleiß unbrauchbar gewordenen Gußstücks zum Ziel. Demgegenüber spricht man von Konstruktionsschweißung, wenn in der Fertigung mehrere Gußstükke zu einem Bauteil verschweißt oder Gußteile durch Schweißen mit Schmiedestücken u.a. verbunden werden.

Für die Güte von Schweißverbindungen bei Eisen-Kohlenstoff-Gußwerkstoffen werden zwei Klassen gebildet:

Güteklasse A

Die Schweißverbindung hat die gleichen Eigenschaften wie der ungeschweißte Werkstoff.

Güteklasse B

Die Schweißverbindung ist in ihren Eigenschaften von denen des ungeschweißten Werkstoffs verschieden. Sie genügt aber den Anforderungen für einen bestimmten Verwendungszweck (zweckbedingte Güte).

Schweißen von Grauguß

Die Schweißeignung dieses Werkstoffs ist abhängig von

der chemischen Zusammensetzung und
dem heterogenen Gefügeaufbau.

Der hohe Kohlenstoffgehalt bewirkt, daß sich bei schnellem Abkühlen nach dem Schweißen in der WEZ Martensit bildet, was zu einer Versprödung führt. Beeinträchtigt wird die Schweißeignung weiterhin auch durch höhere P- und S-Gehalte. Bei einem Schwefelgehalt über 0,06% und einem Phosphorgehalt über 0,1% besteht die Gefahr der Bildung von Warm- wie auch von Kaltrissen. Kritisch ist auch die Verwendung artgleicher Zusatzwerkstoffe. Sie führen zur Bildung von Ledeburit im Schweißgut, wodurch die Naht spröde und rißanfällig wird. Bei Beachtung bestimmter Voraussetzungen ist Grauguß jedoch grundsätzlich schweißbar. Anwendbar sind folgende Arbeitsverfahren:

Das Warmschweißen

Bei diesem Verfahren wird das Gußstück langsam auf 400 bis 600 °C vorgewärmt, unter Anwendung artgleicher Zusatzwerkstoffe verschweißt und langsam abgekühlt. Das Vorwärmen ermöglicht einen Ausgleich der Spannungen und Formänderungen während des Schweißens, vermindert das Temperaturgefälle und sichert eine einwandfreie Verbindung von Grund- und Zusatzwerkstoff. Die Ledeburitbildung im

Schweißgut wird dadurch weitgehend unterdrückt, auch die Martensitbildung in der WEZ wird verhindert.

Bei Wanddicken bis zu etwa 30 mm kann das Gasschmelzschweißen angewandt werden. Üblich ist das Arbeiten mit einem leichten Überschuß an Azetylen.

Das Lichtbogenhandschweißen mit Stabelektroden ist für alle Wanddicken geeignet, doch wegen der erforderlichen hohen Stromstärken in der Praxis schwierig durchzuführen. Auch ist ein Vorwärmen mit dem Brenner erforderlich. Die Zusatzwerkstoffe hierfür sind in DIN 8573 genormt. In Betracht kommen weiterhin für Sonderfälle das Gießschweißen, das aluminothermische Schmelzschweißen und das Elektro-Schlacke-Schweißen.

Zu beachten ist, daß wegen des kleinen Schmelzbereichs von Grauguß nur in Wannenlage geschweißt werden kann und eine Badsicherung vorzusehen ist. Weiterhin besteht wegen der hohen Temperatur die Gefahr der Verzunderung; es müssen daher u.U. Flußmittel zur Desoxidation der Nahtflanken verwendet werden.

Eine Variante des Warmschweißens ist das Halbwarmschweißen, das sich vom erstgenannten Verfahren durch eine nur örtliche Vorwärmung unterscheidet. Es ist in der Anwendung auf solche Fälle beschränkt, bei denen sich das Bauteil ohne Behinderung ausdehnen bzw. zusammenziehen kann.

Das Kaltschweißen

Beim Kaltschweißen wird das zu schweißende Gußstück entweder gar nicht oder nur bis etwa 300 °C vorgewärmt. Es sollte nur dann angewandt werden, wenn die durch das Warmschweißen erzielbaren Eigenschaften (Güteklasse A) nicht erforderlich sind.

Verwendet werden beim Kaltschweißen aus metallurgischen Gründen nur artfremde Zusatzwerkstoffe auf Eisen-, Nickel- oder Kupferbasis. Das Schweißgut besteht dann aus diesen Metallen und verhält sich damit im wesentlichen duktil.

Das Gasschmelzschweißen kommt wegen der niedrigen Energiedichte und der breiten Wärmeeinflußzone nicht in Betracht. Der Forderung, die Erwärmung an der Schweißstelle möglichst gering zu halten, entsprechen nur das Lichtbogenhandschweißen mit umhüllten Elektroden nach DIN 8553 und kleinen Durchmessern sowie das Schutzgasschweißen mit entsprechenden Stäben bzw. Drähten. Ein Abhämmern der Naht vermindert die Spannungen.

Schweißen von Gußeisen mit Kugelgraphit

Im Gegensatz zum Grauguß ist beim Gußeisen mit Kugelgraphit infolge der günstigen Verformungseigenschaften dieses Werkstoffs die Gefahr der Rißbildung stark vermindert. Es ist jedoch zu beachten, daß auch hier wegen des hohen Kohlenstoffgehalts in der WEZ Aufhärtungen und Risse auftreten können. Trotzdem besteht die Möglichkeit, neben Fertigungs- und Instandsetzungsschweißungen auch Konstruktionsschweißungen durchzuführen.

Wie beim Schweißen von Grauguß stehen zwei Arbeitsverfahren zur Verfügung, die sich in der Anwendung des Vorwärmens und der Verwendung unterschiedlicher Zusatzwerkstoffe unterscheiden.

Beim Schweißen mit artgleichem Zusatzwerkstoff wird das Bauteil auf Temperaturen zwischen 400 und 600°C vorgewärmt. Beim Schweißen bildet sich im Schweißgut wie in der WEZ Ledeburit, der durch ein Glühen bei 900°C in Perlit und durch eine zweistufige Wärmebehandlung (900°C/Ofenabkühlung + 700°C/Luftabkühlung) in Ferrit und Graphit umgewandelt werden kann. Das verformungsfähige Gefüge der Schweißnaht erfüllt die Anforderungen der Güteklasse A.

Wird mit artfremdem Zusatzwerkstoff gearbeitet, so unterbleibt das Vorwärmen bzw. die Vorwärmtemperatur beträgt nicht mehr als etwa 100°C. Zum Schweißen werden in der Regel Nickel-Eisen-Legierungen als Zusatzwerkstoff verwendet; das Schweißgut bleibt austenitisch. In der Schmelzlinie, d.h. dem aufgeschmolzenen Teil der WEZ des Grundwerkstoffs, entstehen Eisen-Nickel-Legierungen. Bei Ni-Gehalten <35% führt dies auch bei relativ langsamem Abkühlen zur Bildung von Nickelmartensit hoher Härte; ein Vorgang, der auch durch ein Vorwärmen nicht verhindert wird. Eine nachträgliche Wärmebehandlung bei 600°C kann die Härte nur etwas vermindern. Die martensitische Umwandlung des Gefüges im über die A_3-Linie erwärmten Bereich der WEZ kann durch das Vorwärmen allerdings unterbunden werden.

Diese Vorgänge führen dazu, daß in der Schweißverbindung nicht die Gütewerte des ungeschweißten Grundwerkstoffs erreicht werden. Es werden lediglich die Anforderungen der Güteklasse B erfüllt.

Zum Schweißen von Gußeisen mit Kugelgraphit kann das Gasschmelzschweißen mit artgleichen Schweißstäben verwendet werden. Das Lichtbogenhandschweißen eignet sich sowohl für das Schweißen mit artgleichem als auch mit artfremdem Zusatzwerkstoff nach DIN 1573. Das WIG-Schweißen eignet sich nur zum Schweißen mit artgleichem Werkstoff, während das MIG-Schweißen mit artfremden, insbesondere hochnickelhaltigen Drahtelektroden möglich ist. Auch das Schweißen mit Fülldrahtelektroden hat sich bewährt.

Bei Konstruktionsschweißungen kommen in erster Linie Verbindungen zwischen Gußeisen mit Kugelgraphit und Stahl in Betracht. Werden Elektroden auf Eisenbasis, z.B. unlegierte B-Elektroden verwendet, so ist ein Vorwärmen auf mindestens 200°C erforderlich. Auf der Gußseite bildet sich Ledeburit, u.U. auch Martensit. Durch ein Glühen bei 900°C mit anschließender Ofenabkühlung können beide Gefüge beseitigt werden. Werden Nickel-Eisen-Legierungen als Zusatzwerkstoff verwendet, so kann das Vorwärmen entfallen; eine zweistufige Wärmenachbehandlung zur Beseitigung der Aufhärtung ist jedoch erforderlich.

Möglich ist auch die Verwendung einer Elektrode vom Typ FeCGHl nach DIN 8573. Sie erfordert aber ein Vorwärmen auf 450°C und ein nachträgliches Glühen bei 850 bis 920°C mit Ofenabkühlung.

Angewandt werden auch das MIG- bzw. MAG-Verfahren mit Argon bzw. Kohlendioxid als Schutzgas.

Das Schweißen von Temperguß

Bei allen Tempergußsorten führt die Erwärmung in der WEZ zu einer teilweisen Lösung der Temperkohle in der metallischen Matrix. Um die Temperkohleflocken können sich daher bei der Abkühlung Ledeburit, aber auch Martensit und Zwischenstufengefüge bilden. Zur Beseitigung der damit verbundenen Aufhärtung wie auch zum Abbau der Schweißeigenspannungen dient eine nachfolgende Wärmebehandlung. Zweckmäßig ist in jedem Fall ein Vorwärmen auf etwa 250 °C, da damit dem Aufbau von Spannungen im Werkstück entgegengewirkt wird.

Die beste Schweißeignung hat die Tempergußsorte GTW-S 38. Sie weist bis zu einer Wanddicke von 7 mm ein vollständig entkohltes Gefüge auf, so daß Fertigungs-, Instandsetzungs- und Konstruktionsschweißungen möglich sind. Eine besondere Wärmebehandlung erübrigt sich.

Zum Schweißen von weißem Temperguß wird das Gasschmelzschweißen mit Schweißstäben aus unlegierten oder niedriglegierten Stählen gelegentlich verwendet. Nachteilig ist die geringe Abschmelzleistung und die tiefgreifende Erwärmung des Bauteils.

Die GTW-Sorten können mit dem Lichtbogenhandschweißen mit umhüllten Elektroden verschweißt werden. Empfohlen wird die Verwendung von Elektroden geringen Durchmessers, verschweißt mit möglichst geringen Stromstärken.

Bewährt hat sich beim weißen Temperguß auch das Arbeiten mit dem MIG- bzw. MAG-Verfahren, wobei aus wirtschaftlichen Gründen bevorzugt CO_2 oder Mischgase eingesetzt werden. Kennzeichnend ist eine kleine Wärmeeinflußzone, die sich aus der hohen Schweißgeschwindigkeit ergibt.

In der mechanisierten Fertigung haben sich für Verbindungsschweißungen von GTW-S 38 mit Teilen aus unlegierten Stählen das Abbrennstumpfschweißen und das Reibschweißen bewährt.

4.1.8 Schweißverbindungen von unterschiedlichen Metallen

In vielen Fällen sind unterschiedliche Metalle bzw. Legierungen miteinander durch Schweißen zu verbinden. Dies kann unter bestimmten Voraussetzungen sowohl durch Schmelz- als auch durch Preßschweißverfahren erfolgen.

Die Eignung einer Paarung von zwei Metallen für das Schmelzschweißen ist im wesentlichen abhängig von den im Schmelzbad auftretenden Phasen und deren Verhalten beim Abkühlen. Dabei kommt dem Zusatzwerkstoff besondere Bedeutung zu. In vielen Fällen kann aus dem Zustandsschaubild eine erste Aussage über die Schweißeignung abgeleitet werden.

Günstig ist es, wenn die beteiligten Legierungskomponenten vollständig ineinander löslich sind, d.h. eine Mischkristallbildung eintritt. Das Auftreten intermetallischer Phasen führt allgemein zu einer Versprödung der Naht. Zu beachten ist auch das Verhalten des erstarrten Schmelzguts beim Abkühlen. Ein erhöhter Kohlenstoffgehalt bzw. eine durch bestimmte Legierungselemente bewirkte verminderte kritische Abkühlgeschwindigkeit können zu einer Aufhärtung in der Naht infolge Martensitbildung führen.

Da bei den Preßschweißverfahren in der Regel nur eine kleine flüssige Phase auftritt, sind diese zum Verbinden von unterschiedlichen Metallen allgemein besser geeignet als Schmelzschweißverfahren.

Für einige häufig auftretende Werkstoffpaarungen seien folgende Regeln genannt:

- Kombination Stahl C>0,3% mit Stahl C<0,3%.
  Der höhere C-Gehalt der Schmelze begünstigt die Bildung von Martensit. Beim Schmelzschweißen muß daher auf Temperaturen über 200°C vorgewärmt und langsam abgekühlt werden. Empfehlenswert ist die Verwendung einer Elektrode mit zähem Schweißgut (z.B. B-Elektroden, Nickel-Elektroden).
- Kombination un-/niedriglegierter Stahl mit Werkzeugstahl/hochlegierter Stahl.
  Zu empfehlen ist in diesem Fall die Anwendung eines Preßschweißverfahrens, z.B. Abbrennstumpfschweißen oder Reibschweißen.
- Kombination un-/niedriglegierter Stahl mit austenitischem/ferritischem Stahl.
  Wichtig ist in diesem Fall der sogenannten „schwarz-weiß-Verbindung" die Wahl des richtigen Zusatzwerkstoffs. Sehr hilfreich bei der Auswahl des Zusatzwerkstoffs und der Beurteilung des im Schweißgut entstehenden Gefüges ist das Schaeffler-Diagramm. In Bild 4.9 wird am Beispiel der Verbindung eines St 52-3 mit einem X6CrNiTi1810 (W.Nr. 1.4541) die Vorgehensweise dargestellt. Der Punkt a stellt im Diagramm den St 52-3 dar, der Punkt b entsprechend den austenitischen Stahl. Geht man davon aus, daß von den beiden Stählen gleiche Mengen aufgeschmolzen werden, so stellt der Punkt C den Mischungspunkt in der Mitte der Verbindungslinie ab dar. Wählt man für die Schweißung eine Elektrode vom Typ ETi252026 (W.Nr. 1.4842), so stellt der Punkt d das reine Schweißgut dar. Das Gefüge der entstehenden Schweißnaht muß dann auf der Verbindungslinie cd liegen. Die Lage des zugehörigen Punktes e bestimmt sich aus dem Aufmischungsgrad, der vom angewandten Schweißverfahren abhängt, Tabelle 21. Geht man von

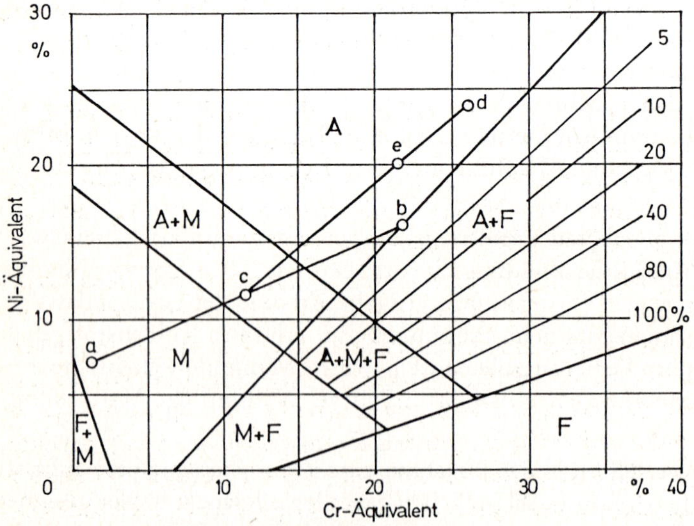

Bild 4.9 Bestimmung des Gefüges im Schweißgut mit Hilfe des Schaeffler-Diagramms

Tabelle 21 Aufmischungsgrad für verschiedene Schweißverfahren

Schweißverfahren	Aufmischungsgrad in %
Gasschmelzschweißen	2
Lichtbogenhandschweißen	30–40
UP-Eindraht-Schweißen	40–50
UP-Bandelektrode	5–20
WIG-Schweißen	5–15
MIG-/MAG-Schweißen	20–25
Plasmaschweißen	5–25

einer Lichtbogenhandschweißung aus, bei der abhängig von den Schweißbedingungen zwischen 20 und 40% der Grundwerkstoffe aufgeschmolzen werden, so kann Punkt e mit Hilfe des Hebelgesetzes bestimmt werden. Wird ein Aufmischungsgrad von 30% zugrunde gelegt, so wird die Strecke cd durch e im Verhältnis 3:7 geteilt (Abstand ed = 3 Teile, ce = 7 Teile). Im Beispiel würde sich ein voll austenitisches Gefüge einstellen, was die Entstehung von Heißrissen begünstigt. Empfehlenswert sind daher sogenannte überlegierte Zusatzwerkstoffe, z.B. die Legierung 23% Cr, 13% Ni und eventuell 2% Mo. Möglich ist auch die Verwendung rein austenitischer Nickelelektroden, was ein zähes Schweißgut ergibt.

Schweißen plattierter Stahlbleche

Das Plattieren gestattet die Verwendung von korrosionsbeständigen Stählen bzw. Nickelwerkstoffen, wo der Einsatz von Vollmaterial wirtschaftlich nicht zu vertreten wäre. Ein anderer Anwendungsfall ist gegeben, wenn es erforderlich ist, die höhere Festigkeit von un- bzw. niedriglegierten Stählen bei gleichzeitiger Forderung nach Korrosionsbeständigkeit auszunutzen. Die Plattierung wird in der Regel einseitig durch Walzen aufgebracht. Für besondere Fälle ist auch die Anwendung des Sprengplattierens gegeben.

Sollen plattierte Stähle geschweißt werden, so ist zu beachten, daß eine ununterbrochene Plattierung entsteht. Da plattiertes Blech aus zwei sehr unterschiedlichen Werkstoffen besteht, müssen Grundwerkstoff und Plattierung getrennt mit dem jeweils geeigneten Zusatzwerkstoff geschweißt werden. Richtlinien für die Gestaltung und Ausführung solcher Schweißverbindungen findet man in DIN 8553.

Je nachdem, welcher Werkstoff zuerst verschweißt wird, sind zwei Verfahrensvarianten zu unterscheiden. Einmal ist es möglich, zuerst den Grundwerkstoff zu verschweißen. Hierfür werden geeignete, auf diesen abgestellte Zusatzwerkstoffe verwendet. In der ersten Lage kommt es dabei zu einer Vermischung des korrosionsbeständigen Werkstoffs der Plattierung mit dem Eisen. Die Plattierung muß daher in mindestens zwei Lagen geschweißt werden, um den Eisengehalt in der Decklage dann möglichst gering zu halten. Üblich ist die Verwendung eines höherlegierten Zusatzwerkstoffs für die 1. Lage, der dann die Eisenaufnahme ausgleicht. Der Zusatzwerkstoff der anderen Lage entspricht dann in der Zusammensetzung dem Grundwerkstoff.

Oft ist es erforderlich, zuerst die Plattierung zu schweißen und dann den Grundwerkstoff aufzufüllen. Wird hierzu ein unlegierter Zusatzwerkstoff verwendet, so kann es in der 1. Lage zu einer Auflegierung mit den Elementen der Plattierung kommen, was die Martensitbildung begünstigt. Damit verbunden ist dann die Gefahr der Versprödung und Rißbildung. In diesem Fall verwendet man zum Verschweißen des Grundwerkstoffes einen Zusatzwerkstoff, der in seiner Zusammensetzung der der Plattierung entspricht.

4.1.9 Schweißfehler

Die beim Schweißen u.U. auftretenden Fehler für Schmelz- und Preßschweißverbindungen sind in DIN 8524 definiert. Die Norm ordnet die Fehler in sechs Fehlergruppen, Tabelle 22. Die Fehler der ersten drei Gruppen sind dabei im wesentlichen werkstoffbedingt, während die restlichen Fehler von den Verfahren und deren Handhabung abhängig sind. In Bild 4.10 sind die bei Schmelzschweißverbindungen zu beobachtenden Fehler schematisch dargestellt.

Tabelle 22 Schweißfehlergruppen

Gruppe	Bezeichnung	Beispiele
a	Risse	Heißrisse Kaltrisse Längsrisse Querrisse
b	Hohlräume	Poren Lunker
c	Feste Einschlüsse	Schlackenzeilen
d	Bindefehler ungenügende Durchschweißung	
e	Formfehler	Einbrandkerben Decklagenunterwölbungen
f	Sonstige Fehler	Kantenversatz Schweißspritzer Zündstellen

Risse

Unter Rissen versteht man in der Ausdehnung begrenzte, meist flächenförmige Werkstofftrennungen. Weitere Unterscheidungsmöglichkeiten sind die äußere Erscheinung (Makro- und Mikrorisse), die Lage (Längs- und Querrisse) oder die Entstehungsbedingungen (Heiß- und Kaltrisse) sowie die Entstehungsursache (z.B. Schrumpfrisse).

Heißrisse entstehen im Bereich der Solidustemperatur. Ursächlich für diese Rißbildung sind die Ablagerungen niedrigschmelzender Substanzen, z.B. Sulfide oder

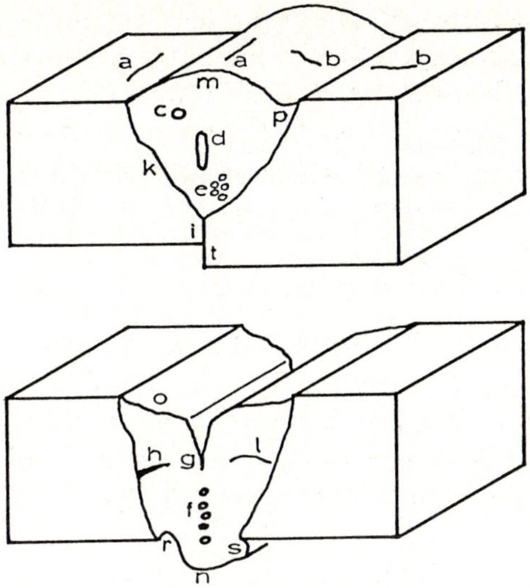

Bild 4.10
Fehlertypen in Schmelzschweißverbindungen nach Dorn
a Längsriß b Querriß c Pore d Schlauchpore e Porennest f Porenkette g Lunker h Schlackeneinschluß i ungenügende Durchschweißung k Flankenbindefehler l Lagenbindefehler m Nahtüberhöhung n Wurzelüberhöhung o Decklagenunterwölbung p Einbrandkerbe r Wurzelkerbe s Schweißgutüberlauf t Kantenversatz

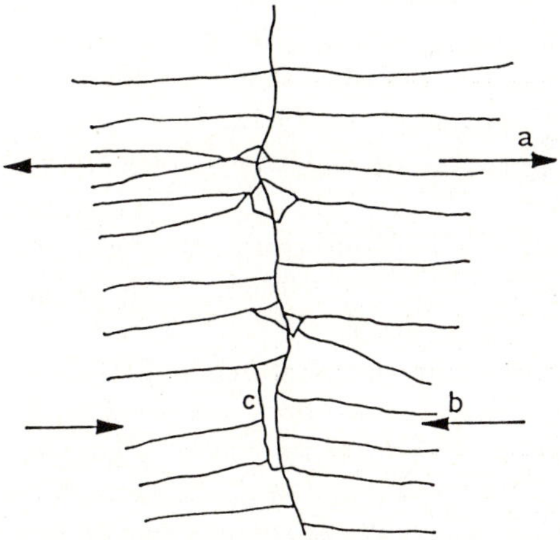

Bild 4.11
Heißrißbildung durch Bildung niedrigschmelzender Phasen bei der Erstarrung
a Verformung durch Schrumpfung
b Kristallisationsrichtung c Restschmelze

Phosphide, auf den Korngrenzen. Risse dieser Art verlaufen daher interkristallin, d.h. auf den Korngrenzen.

Nach der Art der Rißbildung sind zwei Typen zu unterscheiden, der Erstarrungsriß und der Aufschmelzungsriß, Erstarrungsrisse entstehen im Schweißgut gegen Ende der Erstarrung in dem zuletzt erstarrenden Bereich der Schmelze. Die Restschmelze, mit einer infolge von Seigerungsvorgängen oft niedrigeren Schmelztemperatur, liegt als dünner Film auf den primär erstarrten Kristalliten. Dieser ist nicht in der Lage, die bei der Schrumpfung auftretenden Spannungen aufzunehmen, so daß eine Trennung auf den Korngrenzen erfolgt. Gut identifizierbar sind Erstarrungsrisse daran, daß sie zumeist bis zur Oberfläche reichen und in der Regel in der Mitte des Schweißguts liegen, Bild 4.11.

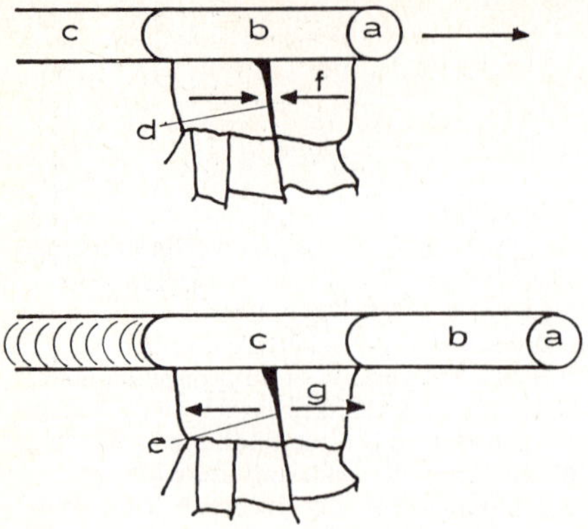

Bild 4.12
Bildung von Aufschmelzrissen in der Wärmeeinflußzone
a Lichtbogen b flüssiges Schweißgut c teigiges Schweißgut d aufgeschmolzene Korngrenzensubstanz e Aufschmelzungsriß f Druck g Zug

Demgegenüber treten Aufschmelzrisse in der Wärmeeinflußzone bzw. bei Mehrlagenschweißungen in der Naht auf. Ursache für diese Rißbildung sind wiederum niedrigschmelzende Verbindungen auf den Korngrenzen, die unter dem Einfluß der beim Schweißen eingebrachten Wärme aufschmelzen, ohne daß der Werkstoff selbst die Schmelztemperatur erreicht. Bei der Abkühlung reißen diese aufgeschmolzenen Korngrenzen infolge der Spannung beim Schrumpfen auf, Bild 4.12.

Heißrisse können vermieden werden durch Verwendung von Werkstoffen höherer Reinheit bzw. mit kleinerem Erstarrungsintervall. Weitere Maßnahmen sind: Abbinden von Schwefel und Phosphor durch geeignete Zusatzwerkstoffe, Schweißen mit breitem, flachem Schmelzbad und geringer Wärmezufuhr sowie freies Schrumpfen der Teile.

Kaltrisse entstehen entsprechend im festen Zustand, bei Temperaturen im Bereich der A_1-Linie und darunter. Sie haben verschiedene Ursachen. Gemeinsam ist allen Erscheinungen die Beanspruchung des Werkstoffs durch Schrumpfvorgänge bei der Abkühlung. Dies ist mit elastischen wie auch plastischen Verformungen verbunden. Wird das temperaturabhängige Formänderungsvermögen dabei überschritten, so kommt es örtlich zur Bildung eines Risses.

Eine besondere Bedeutung haben die durch *Wasserstoff induzierten Risse.* Der Wasserstoff kann aus feuchter Elektrodenumhüllung, feuchtem Schweißpulver bzw. unsauberen Werkstoffoberflächen stammen oder infolge eines unterbrochenen Schutzgasschleiers aus der Atmosphäre aufgenommen werden. Er wird zunächst in der Schmelze gelöst, bei der Erstarrung aber wieder ausgeschieden und interstitiell im Gefüge oder in Gasblasen eingelagert. Auch eine Diffusion in die austenitisierten Bereiche der WEZ ist möglich. Die Folgen dieser Wasserstoffeinlagerung sind Porenbildung, Härtesteigerungen oder Gefügeänderungen, aber auch die Bildung von Fischaugen und Mikrorissen. Fischaugen sind rundliche Werkstofftrennungen mit einer Pore oder einem Schlackeneinschluß im Zentrum, umgeben von einer Zone duktilen Werkstoffs. Bei einer plastischen Verformung werden im Bereich der Pore bzw. des Einschlusses neue Oberflächen erzeugt. Dort kommt es zu einer Adsorption von

Bild 4.13 Fischauge in einer Schweißverbindung. REM-Aufnahme, 620fache Vergrößerung
Foto FH Reutlingen

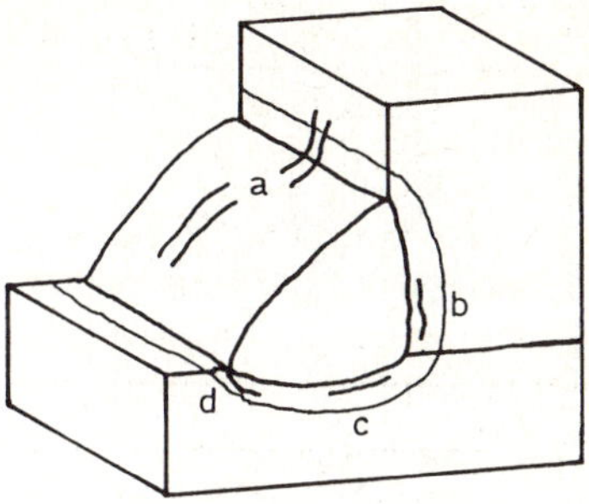

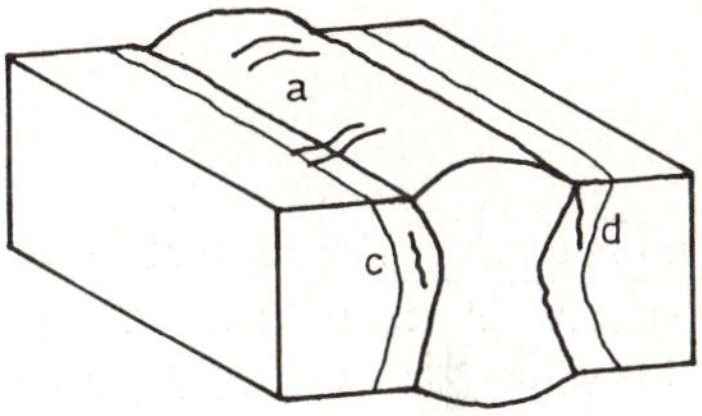

Bild 4.14 Wasserstoffinduzierte Risse in Kehl- und Stumpfnähten nach Böhme und Heuser
a Querriß b Wurzelriß c Unternahtriß
d Kerbriß

Wasserstoff, der in dissoziiertem Zustand in das aufgeweitete Gitter diffundiert und dort eine Versprödung bewirkt. Voraussetzung für die Bildung von Fischaugen ist eine plastische Verformung unmittelbar nach dem Schweißen, Bild 4.13.

Bei schneller Abkühlung und einem hohen Angebot an Wasserstoff kann es zur Bildung von Mikrorissen kommen. Diese haben in ihrem Aussehen große Ähnlichkeit mit den Fischaugen, jedoch fehlen die charakteristischen Poren bzw. Schlackeneinschlüsse.

Wasserstoffinduziert sind auch die Risse, die entsprechend ihrer Lage als Unternahtrisse, Wurzelrisse, Kerbrisse und Querrisse bezeichnet werden, Bild 4.14. Ihre Bildung ist abhängig vom Wasserstoffangebot, der Wärmebehandlung, dem Gefügezustand, den Diffusionsmöglichkeiten und der Belastung. Eine wichtige Einflußgröße ist die Zeit, da insbesondere die Diffusionsvorgänge temperatur- und zeitabhängig sind. So kann die Rißbildung u.U. erst längere Zeit nach dem Schweißen auftreten.

Wasserstoff kann auch in die WEZ diffundieren. Trifft es dort auf Martensit oder Zwischenstufengefüge, so kann dies rißauslösend wirken.

An Kehlnähten findet man u.U. *Kerbrisse.* Sie sind auf das Zusammenwirken von Spannungserhöhungen infolge geometrischer Kerben und „innerer" Kerben, resultie-

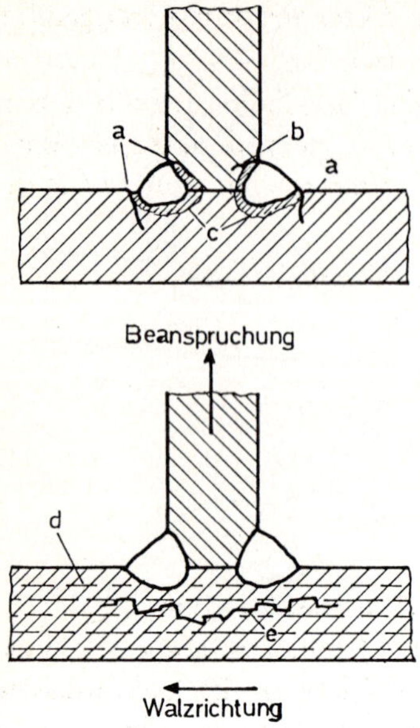

Bild 4.15
Risse im Bereich von Kehlnähten
Oben: Zusammentreffen von geometrischen und metallurgischen Kerben. Unten: Auftreten von Lamellenrissen bei Beanspruchung des Blechs in Dickenrichtung
a Kerbriß b Einbrandkerben c Wärmeeinflußzone
d Seigerungszonen e Lamellenriß

rend aus grobem Korn in der WEZ, zurückzuführen. Diese Kerbrisse liegen entweder in der Schweißnaht oder in der Übergangszone, Bild 4.15.

Risse, die in einer Entfernung bis zu 20 mm neben der Naht verlaufen, sind zumeist *Alterungsrisse*. Bei alterungsanfälligen Stählen kommt es zu Ausscheidungen von Stickstoff-Kohlenstoffverbindungen. Dieser Vorgang ist zeitabhängig und führt zur Versprödung des Werkstoffs mit dem Auftreten von Trennbrüchen. Der Vorgang wird durch die beim Schweißen eingebrachte Wärme beschleunigt, wodurch es in einem bestimmten Bereich der WEZ zu einer künstlichen Alterung mit der beschriebenen Rißbildung bei Beanspruchung kommt. Hierbei muß eine Kaltverfestigung vorangehen. Ausscheidungsrisse entstehen durch die Ausscheidung komplexer Phasen während der Einwirkung der Schweißwärme bzw. bei der Wärmenachbehandlung. Diese Ausscheidungen können ebenfalls zu einer Versprödung des Werkstoffs mit Rißbildung führen.

Werden dickere Bleche in Dickenrichtung beansprucht, so findet man u.U. sogenannte *Lamellenrisse* oder *Terrassenbrüche*. Insbesondere besonders beruhigte Stähle sind davon betroffen. Verantwortlich für diese Art der Rißbildung sind in erster Linie sulfidische Verunreinigungen sowie Verunreinigungen aus Silikaten und Oxiden. Diese Verbindungen entstehen bei der Stahlherstellung durch das Abbinden des Schwefels wie auch die Desoxidation der Schmelze mit Hilfe hoher Manganzugaben. Die ursprünglich rundlichen Einschlüsse werden beim Umformen in Walzrichtung gestreckt. Dadurch wirken diese nun zeilenförmigen Einschlüsse bei einer Beanspruchung in Dickenrichtung als Kerben, was die Rißbildung begünstigt. Charakteristisch für diese Risse ist ein terrassenförmiger Verlauf entlang diesen Verunreinigungen im Bereich der WEZ, vereinzelt sogar im Grundwerkstoff, Bild 4.15.

Zur Verhinderung von Kaltrissen ist dafür zu sorgen, daß im Schweißgut wie in der Wärmeeinflußzone ein ausreichendes Formänderungsvermögen vorhanden ist. Entsprechend den verschiedenen Ursachen für die Bildung von Kaltrissen sind verschiedene Maßnahmen erforderlich:

- Verwendung schweißgeeigneter Grund- und Zusatzwerkstoffe,
- auf den Grundwerkstoff abgestimmte Wärmeführung,
- keine Behinderung der Schrumpfung (Schweißfolge),
- Verhinderung der Aufnahme von Gasen aus der Umgebung,
- Vermeidung von Spannungskonzentrationen,
- auf den Werkstoff abgestimmte Konstruktion.

Hohlräume

Die Norm zählt zu diesen volumenhaften Fehlern Gasblasen und Lunker.

Metalle sind in der Lage, im schmelzflüssigen Zustand größere Volumina an Gasen zu lösen. Entsprechend dem geringen Lösungsvermögen im festen Zustand müssen diese Gase beim Erstarren der Schmelze wieder ausgeschieden werden; es bilden sich *Gasblasen.* Gebildet werden diese Gasblasen an der Erstarrungsfront, d.h. an der Phasengrenze fest-flüssig. Bei langsamem Fortschreiten der Erstarrungsfront können die Blasen in der Schmelze zur Oberfläche aufsteigen. Zum Einschluß der Gasblasen in der Schweißnaht kommt es dann, wenn die Bildung der Blasen langsamer erfolgt als die Kristallisation fortschreitet. Beobachtet werden kugelförmige Gaseinschlüsse, Schlauchporen und Porenketten oder ganze Porennester. Letztere werden in der Regel durch Verunreinigungen verursacht.

Für ein porenfreies Erstarren der Schmelze ist eine gute Entgasung, d.h. langsames Erstarren erforderlich, was durch ein hohes Wärmeeinbringen und eine kleine Schweißgeschwindigkeit erreicht wird. Wichtig ist weiterhin eine wirkungsvolle Abschirmung des Bads vor dem Zutritt von Gasen, Feuchtigkeit und Verschmutzungen aus der Umgebung.

Unter *Lunkern* versteht man Hohlräume, die durch die mit der Abkühlung verbundene Volumänderung verursacht werden. Sie treten dort auf, wo bei der Erstarrung keine Schmelze mehr nachgespeist werden kann, beim Schweißen also in erster Linie am Ende einer Naht in Form eines Endkraters. Dieser stellt einmal eine Schwächung des Querschnitts dar, andererseits wirkt er als Kerbe und hat somit eine spannungserhöhende Wirkung. Endkrater sind daher bevorzugte Ausgangspunkte für Risse. Schließlich konzentrieren sich im Bereich des Endkraters auch noch die niedrigschmelzenden Komponenten der Schmelze.

Die Bildung eines solchen Schweißfehlers wird verhindert, wenn beim Lichtbogenhandschweißen die Elektrode vom Ende der Naht nochmals ein Stück auf die bereits geschweißte Naht zurückgeführt und erst dort der Lichtbogen zum Erlöschen gebracht wird. Beim Metall-Schutzgasschweißen kann mit Hilfe eines besonderen Stromprogramms ein Auffüllen des Endkraters durch ein langsames Absenken des Schweißstroms erreicht werden.

Feste Einschlüsse

Hierbei handelt es sich um räumlich ausgedehnte Einlagerungen von in erster Linie nichtmetallischen Fremdstoffen, z.B. Schlacken, im Schweißgut. Diese Schlackeneinschlüsse können verschiedene Formen haben (kugel-, schichten- oder nadelförmig); zumeist bestehen sie aus Oxiden oder Sulfiden. Sie entstehen, wenn z.B. die Schweißkanten verdreckt waren oder bei Mehrlagenschweißungen die Schlacke nicht sorgfältig entfernt wurde.

Beim WIG-Schweißen können metallische Einschlüsse aus Wolfram auftreten, wenn beim Schweißen von Aluminium-Werkstoffen mit Wechselstrom die Wolframelektrode überhitzt wurde. Kupfereinschlüsse werden beobachtet beim Metall-Schutzgasschweißen, wo der Abrieb von verkupferten Zusatzdrähten oder der Kontaktdüse ins Schweißbad gelangen kann.

4.2 Nichteisenmetalle

4.2.1 Aluminium und Aluminiumlegierungen

Aluminium ist der typische Vertreter der Gruppe der Leichtmetalle. Unterschieden wird nach

Reinstaluminium (DIN 1712),
Reinaluminium (DIN 1712) und
Aluminiumlegierungen (DIN 1725).

Bei den technisch bedeutsamen Aluminiumwerkstoffen handelt es sich fast ausnahmslos um Aluminiumlegierungen. Wichtige Legierungselemente sind dabei Mangan, Magnesium, Kupfer, Silizium und Zink.

Die Festigkeit dieser Legierungen kann auf zwei verschiedene Weisen beeinflußt werden. Einmal durch eine Mischkristallbildung, gegebenenfalls im Zusammenwirken mit einer Kaltverfestigung und einer Glühbehandlung, zum andern durch eine Aushärtung. Unterschieden wird daher zwischen naturharten, nicht aushärtbaren und aushärtbaren Legierungen. Eine andere Einteilung folgt der Art der Herstellung des Werkstoffs; diese unterscheidet nach Knet- und Gußlegierungen.

Aus der großen Zahl der genormten Aluminiumlegierungen sind grundsätzlich schweißgeeignet

- alle nichtaushärtbaren Legierungen der Sorten AlMn, AlMnMg, AlMg und AlMgMn,
- die aushärtbaren Legierungen der Sorten AlMgSi und AlZn4,5Mg1,
- die Gußlegierungen mit Ausnahme der Druckgußlegierungen.

Nicht geeignet sind die kupferhaltigen Legierungen und die bleihaltigen Automatenlegierungen.

Ebenfalls schweißgeeignet sind Reinst- und Reinaluminium. Beide neigen jedoch zur Bildung von Poren in der Schweißnaht. Bei Reinstaluminium besteht zudem eine erhöhte Neigung zur Rißbildung. Diese Gefahr besteht auch bei den nicht aushärtbaren Al-Mg-Legierungen und den oben genannten aushärtbaren Legierungen. Letztere sind nur mit artfremdem, nicht aushärtendem Zusatzwerkstoff rißfest schweißbar.

Wie bei Stahl, so findet man auch bei Aluminium neben der Naht eine Wärmeeinflußzone. Tabelle 23 zeigt schematisch die verschiedenen bei einer Schweißung auftretenden Zonen.

Bei nichtaushärtbaren Legierungen tritt bei weichem Ausgangszustand keine Änderung des Gefüges und der Festigkeit ein. Liegt das Material jedoch in halbhartem oder hartem Zustand vor, so beobachtet man eine Entfestigung infolge Kristallerholung bzw. Rekristallisation. Der Grad der Entfestigung ist dabei von der Höhe der Kaltver-

Tabelle 23 Wärmeinflußzonen beim Schweißen von Aluminiumlegierungen (nach Aluminium-Zentrale)

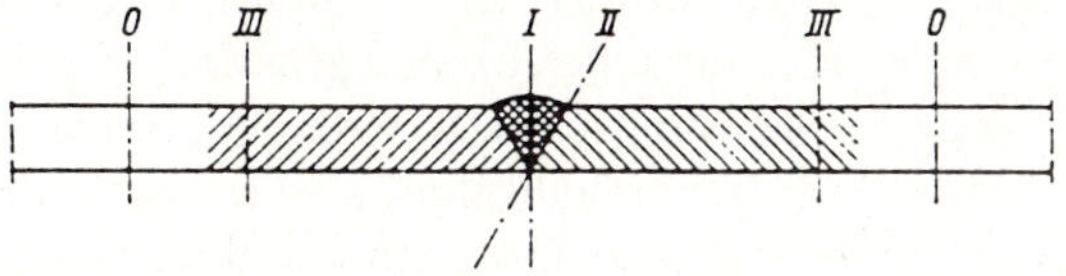

0 = unbeeinflußte Zone
I = Nahtzone
II = Übergangszone
III = Wärmeinflußzone (schraffiert)

	Werkstoff	Eigenschaften in der Wärmeeinflußzone			
	Legierung	Ausgangszustand	Veränderungen des Zustands	Veränderungen der Festigkeit	nachträgliche Festigkeitssteigerung
nicht aushärtbar	Al99,5 AlMn AlMg3	weich: Rekristallisations-gefüge	keine	keine	nicht möglich
nicht aushärtbar	AlMgMn AlMg4,5Mn	halbhart, hart, kaltverfestigt: vom Verformungs-grad abhängiges Gefüge	Erholung, ggf. Rekristallisation	Entfestigung ggf. bis Zustand weich	nicht möglich
aushärtbar	AlMgSi1	kaltausgehärtet, warmausgehärtet: ausgehärtetes Rekristallisations-gefüge	Veränderung des Mischkristalls durch Ausscheidungen	Entfestigung	mittels erneuter Wärme-behandlung der Bau-teile durch Lösungs-glühen, Abschrecken, Warmauslagern. Zu beachten: Verzug und Eigenspannungen
aushärtbar	AlZnMg1	kaltausgehärtet, warmausgehärtet: ausgehärtetes, re-kristallisiertes oder nicht rekristalli-siertes Gefüge	Lösungsglüh- und Abschreckeffekt, Mischkristall-bildung	nur kurzfristige Entfestigung	a) durch selbstätiges Wiederaushärten bei Raumtemperatur; Endzustand kalt-ausgehärtet b) durch Warmaus-lagern a) und b) Kein Verzug b) ggf. Abbau von Eigenspannungen

festigung und von der eingebrachten Wärmemenge, d.h. vom Schweißverfahren abhängig.

Die beiden schweißgeeigneten Werkstoffe aus der Gruppe der aushärtbaren Legierungen zeigen ein unterschiedliches Verhalten. Die Legierung vom Typ AlMgSi kann sowohl im kaltausgehärteten wie auch im warmausgehärteten Zustand vorliegen. Eine Erwärmung führt regelmäßig zu einer bleibenden Entfestigung, im ersten Fall durch die Bildung grober Ausscheidungen aus dem übersättigten Mischkristall, im zweiten Fall durch ein Wachsen der inkohärenten Ausscheidungen. Die Wiederherstellung des alten Zustands ist durch ein erneutes Aushärten möglich. Da damit ein Verzug sowie das Einbringen von Eigenspannungen in unbekannter Höhe verbunden sind, wird diese Wärmebehandlung kaum angewandt.

Günstig verhält sich dagegen die Legierung AlZn4,5Mg1, die ebenfalls kalt- oder warmausgehärtet vorliegen kann. Sie ist gekennzeichnet durch einen großen Temperaturbereich für das Lösungsglühen und lange Auslagerungszeiten bei Raumtemperatur. Die eingebrachte Wärme führt daher zu einer Mischkristallbildung – entsprechend dem Lösungsglühen. Die Abkühlung danach bewirkt einen milden Abschreckeffekt. So ist in der WEZ in der Folgezeit auch bei Raumtemperatur ein Ansteigen der Festigkeit zu beobachten, ohne daß damit ein Verzug verbunden wäre.

Das Gasschmelzschweißen und das Lichtbogenhandschweißen haben für das Schweißen von Aluminiumwerkstoffen keine Bedeutung mehr. Der Grund hierfür ist darin zu suchen, daß in beiden Fällen zum Aufbrechen der Oxidhaut mit besonderen Flußmitteln gearbeitet werden muß.

Für das Schmelzschweißen von Aluminiumwerkstoffen kommen daher heute nur noch die verschiedenen Schutzgas-Schweißverfahren in Betracht, die ohne Flußmittel auskommen. Das Aufbrechen der Oxidhaut wird beim MIG-Schweißen durch eine negative Polung des Werkstücks erreicht. Beim WIG-Schweißen würde dies zu einer Überhitzung der Wolframelektrode führen. Das Verfahren arbeitet daher mit Wechselstrom, wobei in Kauf genommen wird, daß die Reinigungswirkung nur während einer Halbwelle auftritt. Das MIG-Schweißen wird in der Regel für Werkstücke von 4 bis 50 mm Dicke, das WIG-Schweißen für Dicken von 0,5 bis 20 mm angewandt. Bei beiden Verfahren hat sich die Anwendung des Impulslichtbogens durchgesetzt.

Aluminiumwerkstoffe lassen sich mit allen Preßschweißverfahren verbinden.

4.4.2 Kupfer und Kupferlegierungen

Kupfer

Entsprechend dem Verwendungszweck werden die Kupfersorten in zwei Gruppen eingeteilt

1. Kupfer für den Apparatebau
2. Kupfer als Leitwerkstoff für die Elektrotechnik

Bei den im Apparatebau verwendeten Sorten handelt es sich um mit Phosphor desoxidiertes, weitgehend sauerstofffreies Kupfer. Im wesentlichen handelt es sich um Halbzeug aus den Sorten SF-Cu und SW-Cu bzw. um den Kupfer-Gußwerkstoff G-Cu, Tabelle 24.

Tabelle 24 Im Apparatebau und in der Elektrotechnik verwendete Kupfersorten (nach Dt. Kupfer-Inst.)

Kurzzeichen DIN 1787	Zusammensetzung (Massenanteile) in %	Eigenschaften und Verwendung
Kupfer für den **Apparatebau**		
SF-Cu	≧ 99,90 Cu 0,015 bis 0,040 P	**sauerstoffrei** mit hohem Restphosphorgehalt; Halbzeug ohne Anforderungen an elektrische Leitfähigkeit; sehr gut schweißbar; wasserstoffbeständig; für Rohrleitungen, Apparatebau und Bauwesen
SW-Cu	≧ 99,90 Cu 0,005 bis 0,014 P	**sauerstoffrei** mit niedrigem Restphosphorgehalt; Halbzeug ohne festgelegte elektrische Leitfähigkeit (~ 52 m/$\Omega \cdot$ mm^2); gut schweißbar; wasserstoffbeständig; für Apparatebau und Bauwesen
Kupfer für die **Elektrotechnik**		
E-Cu 58 E-Cu 57	≧ 99,90 Cu 0,005 bis 0,040 Sauerstoff	**sauerstoffhaltig**; Halbzeug für die Elektrotechnik
SE-Cu	≧ 99,90 Cu ≈ 0,003 P	**sauerstoffrei**; Halbzeug für die Elektrotechnik bei besonderen Anforderungen an Schweißbarkeit
OF-Cu	≧ 99,95 Cu	

Kurzzeichen DIN 17655	Zusammensetzung (Massenanteile) in %	Eigenschaften und Verwendung
Kupfer für den **Apparatebau** und die **Eisenhüttentechnik**		
G-Cu	≧ 98,0	Armaturen, Kühlkästen, Blasformen, Dichtungsringe u.a.
Kupfer für die **Elektrotechnik**		
G-CuL 45	≧ 99,8	Guß-Kupfer vornehmlich für die Elektrotechnik; Schaltbauteile, Kontaktbacken, Elektrodenarme, Elektrodenhalter, stromführende Teile
G-CuL 50	≧ 99,9	
G-S CuL 50	≧ 99,9	

* G-Cu, G-CuL 45 und G-S CuL 50 können geschweißt werden. Für G-CuL 50 wird die Schmelzschweißbarkeit wegen des Sauerstoffgehaltes allerdings nicht garantiert.

Das in der Elektrotechnik als Leitwerkstoff verwendete Kupfer kann sauerstofffrei oder sauerstoffhaltig sein. Der Sauerstoff wird in der Stufe der Raffination zugeführt, wo er u.a. die Aufgabe hat, Elemente, welche die elektrische Leitfähigkeit vermindern, durch Oxidation zu binden. Frei von Sauerstoff sind die Sorten SE-Cu und OF-Cu während die Sorten E-Cu 58 und E-Cu 57 nur noch geringe Anteile an Sauerstoff enthalten.

Beim Schweißen von Kupfer sind drei Eigenschaften zu berücksichtigen

- die hohe Wärmeleitfähigkeit,
- die große Wärmedehnung und
- die Fähigkeit der Kupferschmelze, größere Mengen Gase zu lösen, die beim Erstarren wieder ausgeschieden werden.

Durch die hohe Wärmeleitfähigkeit des Kupfers fließt die örtlich eingebrachte Wärme schnell in den Grundwerkstoff ab. Um ein Aufschmelzen des Kupfers zu erreichen, müssen daher Verfahren angewandt werden, die an der Schweißstelle genügend Wärme einbringen. Andere Möglichkeiten sind das Vorwärmen des Bauteils oder das doppelseitig-gleichzeitige Schweißen, das allerdings nur unter bestimmten Voraussetzungen praktiziert werden kann.

Kupfer hat eine vergleichsweise hohe Wärmedehnung. Mit dem Einbringen der Schweißwärme ist daher eine größere Verschiebung der Schweißkanten verbunden, die durch Heftstellen nicht behindert werden darf. Zweckmäßig ist daher ein Verlaschen der Schweißkanten so, daß in Schweißrichtung ein keilförmiger Spalt entsteht, Bild 4.16. Entsprechend dem Schweißfortschritt werden diese geschraubten Verbindungen dann wieder gelöst. Schrumpfrisse werden vermieden, wenn man das Schweißen bei Punkt A, also etwas vom Rand entfernt, in Richtung 1 beginnt und den verbleibenden Spalt in Richtung 2 erst in der 2. Schweißfolge schließt (Pilgerschritt-Verfahren).

Die Kupferschmelze kann aus der Atmosphäre größere Mengen an Sauerstoff aufnehmen. Die Lösungsfähigkeit des festen Kupfers für Sauerstoff ist jedoch sehr klein. Bereits kleine Sauerstoffgehalte führen bei der Erstarrung zur Bildung von Kupferoxid, das sich in der Schweißnaht als Kupfer-Kupferoxid-Eutektikum an den Korngrenzen abscheidet und zu einer Versprödung der Naht führt.

Auch Wasserstoff wird von Kupfer sowohl in der Schmelze als auch bei höherer Temperatur im festen Zustand in größerer Menge gelöst. Zu beachten ist dies insbesondere beim Gasschmelzschweißen und beim Glühen in einer wasserstoffhaltigen Atmosphäre. Dringt Wasserstoff bei hoher Temperatur in sauerstoffhaltiges Kupfer ein, so führt dies zu einer Reduktion. Dabei wird das Kupferoxid unter Bildung von Wasserdampf zu metallischem Kupfer reduziert. Die diffusionsunfähigen Wassermoleküle führen wegen ihrer Größe zu einer Aufweitung der Korngrenzen und damit zu einer Gefügelockerung. Dieser Vorgang wird auch als „Wasserstoffkrankheit" des Kupfers bezeichnet. Werden Teile aus Kupfer geschweißt, so muß zur Vermeidung dieser Versprödung sauerstofffreies Kupfer verwendet werden.

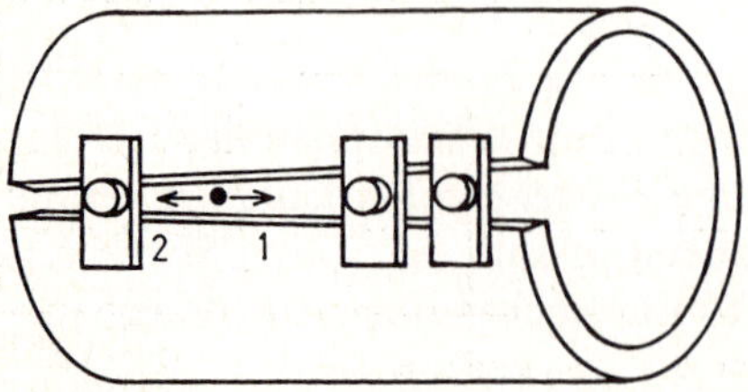

Bild 4.16
Schweißen von Kupfer mit keilförmigem Spalt zur Vermeidung von Schrumpfrissen

Einen Überblick über die zum Schweißen von Kupfer anwendbaren Verfahren gibt Tabelle 25.

Beim Gasschmelzschweißen, das nur noch vereinzelt angewandt wird, werden Schweißstäbe nach DIN 1733 verwendet, die neben Kupfer hauptsächlich Silber oder Zinn enthalten (S-CuAg, S-CuSn). Dabei sind in jedem Fall Flußmittel zu verwenden, mit denen die Fugen wie auch die Schweißstäbe eingestrichen werden, sofern diese nicht eine entsprechende Umhüllung oder Füllung aufweisen. Die Flamme muß neutral eingestellt sein.

Üblich ist das Schweißen einer Naht in kleinen Abschnitten, die noch im rotwarmen Zustand hammervergütet werden. Dadurch wird einmal die Naht eingeebnet, zum anderen auch das Gefüge verfeinert (Rekristallisations-Gefüge).

Das Lichtbogenhandschweißen ist zum Schweißen von Kupfer weniger geeignet.

Am häufigsten finden die Schutzgasschweißverfahren WIG und MIG Anwendung. Bis 4 mm ist das WIG-Verfahren problemlos anzuwenden; bei größeren Wanddicken muß auf 500 bis 600 °C vorgewärmt werden. Auch beim MIG-Schweißen müssen dikkere Teile auf 500 bis 700 °C vorgewärmt werden. Als Zusatzwerkstoffe kommen beim WIG-Schweißen die Legierungen S-CuAg und S-CuSn in Betracht, während für das MIG-Verfahren die Sorte S-CuSn empfohlen wird. In beiden Fällen sollte Flußmittel als Oxidationsschutz zusätzlich auf die Kanten und die Gegenseite aufgetragen werden.

Aus der Gruppe der Preßschweißverfahren ist besonders das Preßstumpfschweißen zum Verbinden von Kupfer geeignet. Bei dünnen Blechen ist auch das Punkt- und Rollennahtschweißen möglich.

Tabelle 25 Schweißeignung von Kupfer (nach Dt. Kupfer-Inst.)

Kurzzeichen	Gasschweißen	WIG-Schweißen	MIG-Schweißen	Lichtbogenhandschweißen
Kupfersorten nach DIN 1787				
E-Cu 58, E-Cu 57	5	3	4	5
OF-Cu	3	2	2	5
SE-Cu, SW-Cu	3	2	2	4
SF-Cu	2	1	1	3
Guß-Kupfersorten nach DIN 17655				
G-Cu	3	2	2	3
G-CuL 45	4	3	3	4
G-CuL 50	5	4	4	5
G-S CuL 50	4	3	3	4

* 1 = ausgezeichnet; 2 = gut; 3 = mäßig; 4 = wenig geeignet; 5 = nicht geeignet.

Kupferlegierungen

Kupfer-Zink (Messing)

Die Eigenschaften der Kupfer-Zink-Legierungen mit mind. 50% Cu werden im wesentlichen vom Zink-Gehalt beeinflußt. Problematisch ist beim Schweißen dieser Legierungen die Neigung des Zinks, bei längerer Schweißdauer infolge seines relativ niederen Siedepunkts (907 °C) auszudampfen. Legierungen mit niedrigem Zn-Gehalt sind daher zum Schweißen geeigneter.

An Schweißverfahren kommen im wesentlichen das Gasschmelzschweißen und das WIG-Schweißen in Betracht. Beim Gasschmelzschweißen wird mit einem deutlichen Sauerstoffüberschuß geschweißt. Die Bildung von Zn-Oxid auf Naht und Grundwerkstoff behindert die Ausdampfung des Zinks. Unterstützt wird diese Wirkung durch Legierungskomponenten im Zusatzwerkstoff, die einmal wie Silizium eine Schutzschicht aus SiO_2 bilden, zum anderen – wie P oder Al – eine höhere Affinität zum Sauerstoff haben als der Grundwerkstoff. Damit wird die reduzierende Wirkung des Zinks auf das im Grundwerkstoff enthaltenen Cu_2O unterbunden.

Beim WIG-Verfahren besteht zwar auch die Gefahr des Ausdampfens von Zink, jedoch kann, z.B. durch Vorwärmen, die Wirkung des Lichtbogens so vermindert werden, daß das Ausdampfen geringer ausfällt. Bei aluminiumfreien Kupfer-Zink-Legierungen wird mit Gleichstrom unter Verwendung von Flußmitteln geschweißt. Für aluminiumhaltige Legierungen empfiehlt sich das Schweißen mit Wechselstrom ohne Flußmittel.

Kupfer-Zink-Legierungen können mit den bekannten Widerstandspreßschweißverfahren verbunden werden.

Kupfer-Zinn (Zinnbronze)

Die Kupfer-Zinn-Legierungen enthalten bis zu 12% Zinn. Da der Siedepunkt des Zinns mit 2450 °C sehr hoch liegt, besteht keine Gefahr, daß diese Komponente beim Schweißen ausdampft.

Kupfer-Zinn-Legierungen können mit einer neutral eingestellten Acetylen-Sauerstoff-Flamme geschweißt werden. Abgesehen von Sonderfällen ist dieses Verfahren jedoch nicht mehr von großer Bedeutung.

Beim Lichtbogenhandschweißen mit umhüllten Elektroden wird mit artgleichem Zusatzwerkstoff gearbeitet. Zur Vermeidung von Poren im Schweißgut muß auf 200 bis 300 °C vorgewärmt werden.

Günstig ist das Schweißen mit WIG und MIG. Wie beim Schweißen mit Stabelektroden wird auch hier mit artgleichem Zusatzwerkstoff gearbeitet.

Kupfer-Nickel-Zink-Legierungen (Neusilber)

Neusilber ist eine Kupferlegierung mit 5 bis 30% Nickel und 5 bis 45% Zink. Infolge des Zinkgehalts besteht in der Schweißeignung eine weitgehende Übereinstimmung mit dem Verhalten von Messing, d.h. es besteht die Gefahr des Ausdampfens von Zink.

Beim Gasschmelzschweißen wird wieder mit einem gewissen Sauerstoffüberschuß gearbeitet. Zur Vermeidung der Bildung von Nickeloxid müssen entsprechende Flußmittel eingesetzt werden. Anwendbar sind auch das WIG-Verfahren und das Lichtbogenhandschweißen mit umhüllten Elektroden mit Vorwärmung. Neusilber ist zum Weich- und Hartlöten sehr gut geeignet.

Kupfer-Nickel-Legierungen

Diese Legierungen verhalten sich ähnlich den oben beschriebenen Kupfer-Nickel-Zink-Legierungen, wobei keine Gefahr besteht, daß Legierungselemente ausdampfen. Dafür besteht bei den Kupfer-Nickel-Legierungen die Gefahr der Porenbildung.

Anwendbar ist das Lichtbogenhandschweißen mit Mn- und Si-haltigen Zusatzwerkstoffen, was ein porenarmes Schweißgut garantiert.

Kupfer-Aluminium-Legierungen (Aluminiumbronze)

Aluminiumbronzen sind gekennzeichnet durch eine gute Korrosionsbeständigkeit gegen Meerwasser und Säuren sowie einen relativ hohen Verschleißwiderstand und eine beachtliche Warmfestigkeit. Aluminiumbronzen werden daher zu Armaturen, Gußstücken für den chemischen Apparatebau, Pumpenteilen, Zahn- und Schneckenräder, auch Gleitlager vergossen. In DIN 17665 sind die Knetlegierungen genormt. Es handelt sich um binäre und Mehrstofflegierungen, die neben Aluminium eventuell Arsen bzw. Eisen, Mangan und Nickel enthalten.

Aluminiumbronzen sind zum Schweißen gut geeignet. Schwierigkeiten können auftreten durch Aluminiumoxide; daher sind die zum Schweißen von Aluminium angewandten Verfahren wie das WIG- und MIG-Schweißen bevorzugt anzuwenden. Aber auch das Lichtbogenhandschweißen mit umhüllten Elektroden ist von Bedeutung.

4.2.3 Nickel und Nickellegierungen

Nickel und seine Legierungen werden verwendet, wenn an Korrosionsbeständigkeit, Hitzebeständigkeit, Warmfestigkeit oder Zeitstandfestigkeit besondere Anforderungen gestellt werden.

Eine hohe Warm- und Zeitstandfestigkeit weisen Ni-Cr-Legierungen auf, die durch Zusatz besonderer Legierungselemente, z.B. Al oder Ti, ausscheidungshärtbar werden. Auch die Festigkeit korrosionsbeständiger Typen, z.B. NiCu, NiMo oder NiCr, kann auf diese Weise gesteigert werden.

Nickel weist eine große Affinität zu Schwefel auf. Das sich oberhalb 400 °C bildende Nickelsulfid scheidet sich bevorzugt auf den Korngrenzen ab; es führt zu einer Versprödung sowohl bei der Warm- wie auch der Kaltumformung. Besonders schwefelempfindlich ist Reinnickel, während die Nickellegierungen je nach Legierungszusammensetzung weniger empfindlich sein können.

In der Regel wird Halbzeug aus Nickel und Nickellegierungen im weichgeglühten Zustand geliefert. Kaltverfestigte Werkstoffe sollten vor dem Schweißen weichgeglüht werden. Die Legierung NiMo30 bildet beim Schweißen in der WEZ u.U. Korngrenzenausscheidungen, die die Korrosionsbeständigkeit beeinträchtigen. Diese Legierung sollte zur Beseitigung dieses Fehlers kurzzeitig bei ca. 1180 °C geglüht und anschließend rasch abgekühlt werden.

Die aushärtbaren Legierungen dürfen nur im lösungsgeglühten Zustand geschweißt werden. Die geringe Verformbarkeit im ausgehärteten Zustand birgt die Gefahr in sich, daß sonst beim Schweißen Spannungsrisse entstehen. Es empfiehlt sich auch, Werkstücke aus diesen Legierungen nach dem Schweißen erst weich zu glühen und dann auszuhärten. Die Gefahr der Rißbildung wird dadurch vermindert.

Nickelwerkstoffe neigen, insbesondere bei Anwesenheit von Stickstoff, zur Bildung von Poren in der Schweißnaht. Es ist daher darauf zu achten, daß das Schweißbad nicht mit der Luft in Berührung kommt. Auch ist es wichtig, daß keine verunreinigten Gase verwendet werden.

Die Nickelwerkstoffe können mit den meisten Schutzgasschweißverfahren geschweißt werden. Beim Lichtbogenhandschweißen mit umhüllten Elektroden nach DIN 1736 wird die Elektrode am Pluspol verschweißt. Wird das WIG-Schweißen angewandt, so wird die Elektrode am Minuspol angeschlossen. Das Argon muß trocken sein, auch ist darauf zu achten, daß es keinen Wasserdampf, etwa aus feuchter Luft, aufnimmt. Wichtig ist weiterhin, daß die Schweißkanten wie der Zusatzwerkstoff, bei Mehrlagenschweißungen auch die Nähte, absolut metallisch blank sind.

Geeignet ist ebenfalls das MIG-Schweißen, mit dem Zusatzdraht am Pluspol. Günstig ist dabei die Anwendung des Kurzlichtbogens unter Argon.

4.2.4 Titan und Titanlegierungen

Die Titanwerkstoffe sind gekennzeichnet durch eine relativ hohe Festigkeit bis zu Temperaturen um 300°C in Verbindung mit einer geringen Dichte. Dementsprechend finden sie Verwendung in der Luft- und Raumfahrt, wegen ihrer guten Korrosionsbeständigkeit aber auch im chemischen Apparatebau. Titan nach DIN 17850 wird im weichgeglühten Zustand verwendet; die Titanlegierungen nach DIN 17851 werden sowohl weichgeglüht als auch ausgehärtet geliefert. Als Hauptlegierungselement findet man Aluminium; daneben kommen Vanadium, Zirkon, Molybdän und Zinn als Legierungselemente in Betracht. Für den Einsatz unter erschwerten Korrosionsbedingungen werden auch schwach palladiumlegierte Titanwerkstoffe verwendet.

Beim Schweißen von Titanwerkstoffen ist zu beachten, daß das Schweißgut durch die Aufnahme von Gasen wie Wasserstoff, Sauerstoff und Stickstoff aus der Atmosphäre stark beeinflußt wird. Die Zähigkeit wird vermindert und schon geringe Gehalte führen zur Versprödung. Als Schweißverfahren kommen daher nur Schutzgas-Schweißverfahren, insbesondere das WIG- und das MIG-Verfahren in Betracht. Auf blanke Oberflächen ist dabei zu achten. In der Luft- und Raumfahrttechnik wird auch das Elektronenstrahl-Schweißen eingesetzt. Zum Schweißen werden nur artgleiche Zusatzwerkstoffe verwendet. Das Verbinden von Titanwerkstoffen mit anderen Metallen ist wegen der Bildung spröder Phasen nur mit Sonderverfahren möglich.

Von den Preßschweißverfahren eignet sich besonders das Widerstandspunktschweißen.

4.2.5 Molybdän und Molybdänlegierungen

Molybdän und seine Legierungen zählen zu den Hochtemperatur-Konstruktionswerkstoffen. Reines Molybdän zeigt eine gute Beständigkeit gegen die Einwirkung von Metallschmelzen; es hat einen relativ geringen Neutroneneinfangquerschnitt, so daß es auch für kerntechnische Anlagen interessant ist.

Die Eigenschaften des Molybdäns werden von seinem Reinheitsgrad bestimmt. Bei hochreinem Molybdän findet man eine hohe Zugfestigkeit, gepaart mit einer guten Zähigkeit auch bei tieferen Temperaturen. Molybdän hat einen hohen Elastizitätsmodul und eine gute Warmfestigkeit. Es besitzt eine sehr hohe Wärmeleitfähigkeit und einen kleinen Wärmeausdehnungskoeffizienten.

Durch Legieren können die mechanischen Eigenschaften des technisch reinen Metalls verbessert werden. Als Legierungselemente kommen in Betracht Titan, Zirkon, Rhenium und Wolfram. Titan und Zirkon bewirken eine Mischkristall-Verfestigung; eine Festigkeitssteigerung kann auch durch die Ausscheidung feinstverteilter Karbide bewirkt werden. Dieser Effekt kann auch zur Ausscheidungshärtung verwendet werden. Legierungen mit Rhenium zeichnen sich durch eine gute Verformungsfähigkeit und hohe Warmfestigkeit aus. Durch das Legieren mit Wolfram erhält man einen harten, warmfesten und korrosionsbeständigen Werkstoff.

Bei der Beurteilung der Schweißeignung der Molybdän-Werkstoffe ist die chemische Zusammensetzung und die Kornstruktur des Werkstoffs von Bedeutung. Technisch reines Molybdän versprödet in der Schweißnaht beim Schmelzschweißen, so daß es für Schweißkonstruktionen nicht geeignet ist. Die Molybdän-Legierungen können dagegen im Hochvakuum mit dem Elektronenstrahl, dem Laserstrahl und dem WIG-Verfahren unter hochreinen Inertgasen in geschlossenen Kammern geschweißt werden.

Von den Preßschweißverfahren eignen sich Widerstandspunktschweißen, das Reibschweißen und das Diffusionsschweißen. Wegen der guten elektrischen und thermischen Leitfähigkeit sind beim Widerstandspunktschweißen Maschinen hoher Leistung erforderlich. Beim Reibschweißen wird mit hohen Drehzahlen gearbeitet; diese sind zur Erwärmung der Schweißstelle auf die erforderliche Temperatur notwendig. Das Diffusionsschweißen erfordert ein hohes Vakuum und u.U. lange Verweilzeiten bei hoher Temperatur. Durch Verwendung von Zwischenschichten kann die Arbeitstemperatur herabgesetzt werden. Sie erlauben auch die Verbindung von Molybdän mit anderen Werkstoffen wie z.B. Stählen.

5 Mechanisierung und Automatisierung

Der Wettbewerb auf den internationalen Märkten erfordert die ständige Rationalisierung der Fertigung. Diese beinhaltet neben einer Senkung der Fertigungskosten durch Vereinfachung der Fertigung auch das Ziel, dem arbeitenden Menschen alle ständig wiederkehrenden oder ihn physisch belastenden Arbeiten durch den Einsatz geeigneter Vorrichtungen abzunehmen. Diese Übernahme von Tätigkeiten durch mechanische Geräte führt über eine Mechanisierung zur automatisierten Fertigung.

Bei der Mechanisierung wird menschliche Arbeitskraft durch mechanische Einrichtungen entweder unterstützt oder ersetzt. Der Mensch behält dabei jedoch seine leitende Funktion bei, indem er den Vorgang steuert. Zu einer Automatisierung wird der Fertigungsprozeß erst dann, wenn er selbständig und zwangsläufig abläuft, d.h. keine Eingriffe des Menschen während des Ablaufs erforderlich sind.

Die zur Mechanisierung einer Fertigung eingesetzten Einrichtungen reichen von Vorrichtungen, vornehmlich Einzweckinstallationen zur Bearbeitung größerer Stückzahlen gleichbleibender Werkstücke, bis zum frei programmierbaren Handhabungsgerät, dem Industrieroboter, der je nach Aufgabenstellung in den verschiedenen Ausführungen verwendet werden kann.

Die Portalbauweise wird in erster Linie für Trennvorgänge eingesetzt, Bild 5.1. Für das Widerstandsschweißen eignen sich Teleskopgeräte, Bild 5.2, während Industrieroboter in Drehgelenkbauweise oder mit Knickarm sowohl für das Widerstandsschweißen als auch für das Bahnschweißen eingesetzt werden, Bild 5.3.

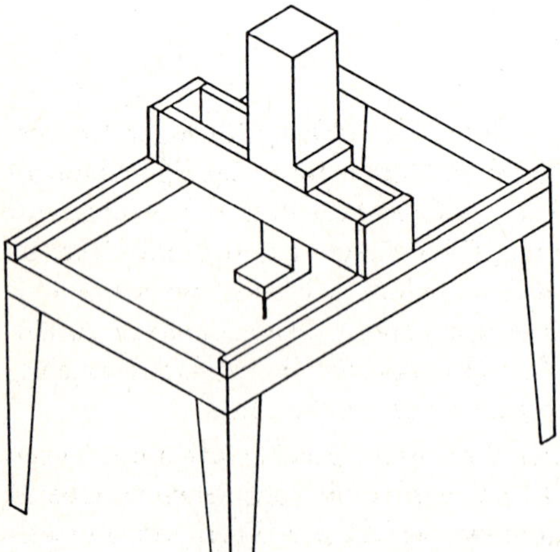

Bild 5.1
Industrieroboter in Portalbauweise haben drei Translationsachsen. Sie haben einen quaderförmigen Arbeitsraum

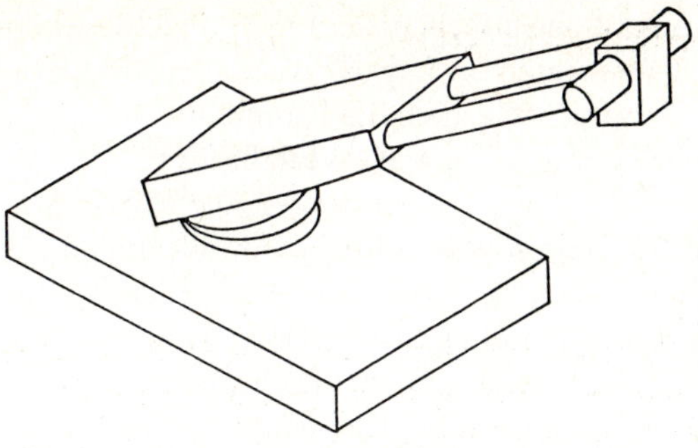

Bild 5.2
Industrieroboter in Teleskopbauweise besitzen neben zwei Rotationsachsen auch eine Translationsachse. Dies ermöglicht einen sphärenförmigen Arbeitsraum

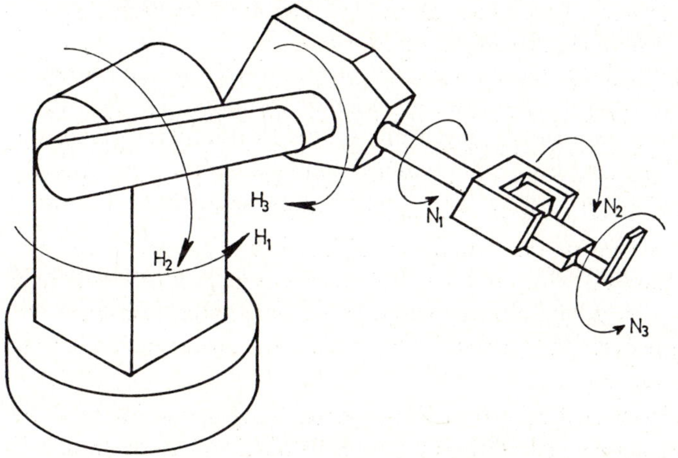

Bild 5.3 Für das Bahnschweißen eignen sich Industrieroboter in Drehgelenkbauart. Diese haben drei Hauptachsen (H_1 bis H_3) und drei Nebenachsen (N_1 bis N_3), was einen torusförmigen Arbeitsraum ergibt

Diese Bauweise ist durch einen kompakten Bau und einen halbkugelförmigen Arbeitsraum gekennzeichnet. Die Positionierung der Schweißzange bzw. der Schweißpistolenspitze erfolgt mit Hilfe der drei Hauptachsen, während die drei Nebenachsen die Winkelstellung des Schweißwerkzeugs bewirken. Die Bewegung erfolgt mit Hilfe von Gleichstrommotoren. In den Regelkreisen für Geschwindigkeit und Lage werden die jeweiligen Istwerte durch einen Tachogenerator bzw. einen Inkrementalgeber erfaßt. Eine Bremse dient der Sicherung bei Stillstand und Energieausfall. Bei einer Tragfähigkeit von 10 kg Nutzlast beträgt die Wiederholgenauigkeit ± 0,2 mm.

Industrieroboter dieser Art werden in einer der bekannten Sprachen off-line oder online im „teach-in-Verfahren“ programmiert. Dabei werden die vorgesehenen Arbeitspositionen von Hand im Tippbetrieb angefahren, worauf die jeweiligen Positionswerte im Informationsspeicher abgespeichert werden. Die Art der Steuerung (Punkt-, Vielpunkt oder Bahnsteuerung) richtet sich nach der auszuführenden Arbeit.

Im Bereich der schweißtechnischen Fertigung ist eine Mechanisierung in verschiedenen Stufen möglich. So können z.B. bei der Herstellung von Lagerbehältern aus rostfreiem Stahl die Längsnaht des zylindrischen Schusses wie auch die Rundnähte zwischen den beiden Böden und dem Schuß unter Verwendung des WIG-Verfahrens teilmechanisiert verschweißt werden. Erforderlich sind hierzu Vorrichtungen zur Positionierung bzw. Drehung der zu verschweißenden Teile sowie Führungseinrichtungen für den Schweißkopf. Der Schweißvorgang wird nach der erfolgten Positionierung des Schweißkopfes durch ein von Hand gegebenes Kommando gestartet, wodurch wie beim manuellen Schweißen der Schutzgasstrom, das Zünden des Lichtbogens und die Vorschubbewegung des Schweißkopfes gesteuert werden. Das Ende des Prozesses kann durch Endschalter eingeleitet werden. Eine besondere Schweißstromquelle ist hierzu nicht erforderlich. Das Einlegen der Teile zum Schweißen wie auch das Entnehmen der geschweißten Teile erfolgt von Hand.

Eine mechanisierte Fertigung ist auch das Punktschweißen von Karosserien für Personenkraftwagen in Vielpunktanlagen, die nur für einen bestimmten Typ des Fertigungsprogramms verwendbar sind. Erfolgt das Einlegen und Positionieren der zu verschweißenden Teile von Hand, so liegt eine Teilmechanisierung vor. Werden dafür Handhabungsgeräte eingesetzt, so ist der Schritt zur vollmechanisierten Fertigung vollzogen.

Der große Vorteil der Industrieroboter, wie ihn Bild 5.4 zeigt, ist ihre große Flexibilität, die es gestattet, sich unterschiedlichen Werkstückgeometrien anzupassen. Es gibt jedoch gerade beim Schweißen noch weitere Vorteile, wie

Reproduzierbarkeit der Güte,
gleichbleibende Qualität,
hohe Produktivität,
kurze Umrüstzeiten,
Wirtschaftlichkeit bei kleinen Losgrößen.

Bild 5.4 Schweißroboter für das Bahnschweißen
Werkfoto Cloos

Voraussetzung für einen automatisierten Schweißprozeß ist die genaue Kenntnis der Vorgänge beim Schweißen, da die Anlage im Sinne der Definition die relevanten Verfahrensparameter selbständig führen soll. Erforderlich ist weiterhin auch die Reaktion auf Lageveränderungen des Bauteils, Toleranzen und Prozeßstörungen allgemein. Was die Schweißstromquellen für das Lichtbogenschweißen betrifft, so stehen heute Geräte zur Verfügung, die durch einen elektronischen Steuerungsteil den Anforderungen des automatisierten Schweißens genügen.

Derzeit arbeiten die Industrieroboter noch mit werkstückspezifischen Programmen, die während des Schweißvorganges unverändert abgefahren werden, Toleranzen und Lageänderungen nicht berücksichtigen. Zur Lösung dieses Problems sind Sensoren zur Führung des Schweißbrenners über der Naht notwendig. Die Entwicklung dieser Sensoren geht in zwei Richtungen, einmal die Messung mit dem Lichtbogen selbst, zum anderen die Messung mit externen Sensoren.

Die erstgenannte Verfahrensgruppe verwendet den Lichtbogenstrom bzw. die Lichtbogenspannung als Führungsgröße. Dazu pendelt der Brenner – mechanisch oder magnetisch bewegt – quer zur Naht. Befindet sich der Brenner nicht über der Fugenmitte, so sind die Änderungen der Lichtbogenlänge bei der Auslenkung nicht symmetrisch. Damit wird erkennbar, ob der Brenner der Fugenmitte folgt. Aus dem Meßwert kann ein entsprechendes Steuersignal für die Brennerführung abgeleitet werden.

Mit dem Lichtbogensensor ist eine genaue Positionierung der Schweißpistole zur Schweißfuge möglich; er erfaßt alle Toleranzen einschließlich des Verzugs durch die eingebrachte Wärme. Nicht geeignet ist er zum Schweißen von I-Nähten und zum Aufsuchen des Nahtanfangs.

Externe Sensoren arbeiten entweder als Kontaktsensor (taktile Sensoren) oder berührungslos. Taktile Sensoren sind die einfachste Bauart. Als Sensoren können Taststifte, die Schutzgasdüse oder auch die Drahtelektrode verwendet werden. Der Sensor muß bis zur Berührung mit dem Bauteil an dieses herangefahren werden, wobei die Abweichung der tatsächlichen von der theoretischen Position festgestellt wird.

Berührungslos arbeiten induktive, kapazitive und optische Systeme. Letztere erfassen die Naht mit Videokameras, fotoelektrisch mit Diodenarrays oder mit Laserscannern bzw. Laserstrichsensoren. Die Bild- und Datenaufbereitung übernimmt ein Rechner. Sensoren dieser Art erkennen Nahtanfang, Spaltbreite, Winkeländerungen und die Materialdicke.

Der Einsatz von Schweißrobotern setzt voraus, daß ihre Möglichkeiten und Grenzen bereits bei der Konstruktion berücksichtigt werden. So sollte die Wannenlage als Schweißposition unbedingt bevorzugt werden; Zwangslagen sind zu vermeiden. Wirtschaftlich ist der Einsatz dort, wo der Zeitgewinn aus dem Wegfall der Positionierzeit größer ist als eine eventuelle kürzere Schweißzeit d.h. für kurze einlagige Nähte oder Heftschweißungen.

6 Wirtschaftlichkeit des Schweißens

Die Wirtschaftlichkeit des Fügens von Bauteilen durch Schweißen ist abhängig von

- einer schweißgerechten Konstruktion,
- Wahl des richtigen Schweißzusatzwerkstoffs und
- der Auswahl des zweckmäßigsten Schweißverfahrens.

Die Grundsätze einer schweißgerechten Konstruktion werden im nachfolgenden Kapitel behandelt. Von der Wirtschaftlichkeit her betrachtet, sind daraus insbesondere folgende Punkte zu beachten:

1. Bei der Wahl der Nahtform ist auf das Schweißnahtvolumen, d.h. die Menge des zum Auffüllen der Fuge benötigten Schweißgutes zu achten. So werden z.B. beim Schweißen eines 20 mm dicken Blechs bei einer V-Naht 60% mehr Schweißgut benötigt als bei einer DV-Naht.
2. Am günstigsten zum Schweißen sind waagrecht angeordnete Nähte; bei Kehlnähten ist die Wannenlage zu bevorzugen.

Die Wannenlage gestattet große Abschmelzleistungen mit einer gegenüber der horizontalen Anordnung höheren Stromstärke.

Diese Lage bewirkt weiterhin eine gleichmäßige Verteilung des Schweißguts, wodurch die Nahtdicke besser eingehalten und eine gleichschenklige Naht erzielt werden kann. Verbunden damit ist ein geringeres Gesamtvolumen. Auch gestattet die Wannenlage die Verwendung dickerer Schweißzusätze, was zu einer geringeren Lagenzahl und damit zu einer weiteren Einsparung an Zeit führt. Nach FUCHS ergibt ein Zeitvergleich folgende Verhältniswerte für die Schweißzeit:

Waagrecht in Wannenlage	1,0
Waagrecht in 90°-Lage	1,5 ... 1,15
Senkrecht	1,25 ... 1,35
Über-Kopf	1,4 ... 1,6

Die Auswahl des Elektrodentyps beim Lichtbogenhandschweißen richtet sich nach dem zu verschweißenden Werkstoff, der Schweißposition und der Nahtart, dem Durchmesser des Kernstabs und der Werkstückdicke. Als Anhaltswerte für das Schweißen von Baustählen können folgende Angaben dienen:

1. Wurzellage von V-Nähten, einseitig durchgeschweißt, ab 6 mm Werkstückdicke

Typ RR 6, C 4	2,5 mm Kernstabdurchmesser
R(C)4	3,25 mm Kernstabdurchmesser

2. Zwischen- und Deckenlagen von V-Nähten
   alle Lagen von Kehlnähten bis 20 mm Werkstückdicke
   Typ RR 6, A 7, RR 11, AR 11 } 3,25 bis 5 mm Kernstabdurchmesser abhängig von Wekstückdicke und Schweißposition

3. Kehlnähte in Zwangslagen
   Typ A 7 3,25 bis 5 mm Kernstabdurchmesser

Die Wirtschaftlichkeit einer Elektrode zeigt sich in der Abschmelzleistung, die in der Regel in kg/h ausgedrückt wird. Bild 6.1 gibt einen Überblick über die erreichbaren Abschmelzleistungen üblicher Elektroden bei einer Einschaltdauer von 100%

Die Einschaltdauer wird dabei mit einem Spiel von 5 Minuten als das Verhältnis

$$X = \frac{\text{Lichtbogenbrennzeit}}{\text{Gesamtschweißzeit}} \cdot 100\%$$

bestimmt.

In der Praxis ist jedoch beim Lichtbogenhandschweißen nur von einer Einschaltdauer von etwa 40% auszugehen. Mit einer mitteldick umhüllten basischen Elektrode sind daher bei 200 A Stromstärke etwa 0,6 kg/h Abschmelzleistung erzielbar.

Zum Vergleich zeigt Bild 6.2 die beim UP-Schweißen mit seinen Verfahrensvarianten erreichbaren Werte.

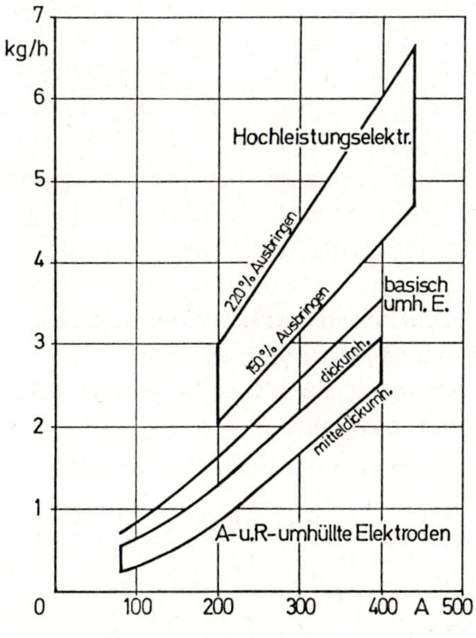

Bild 6.1
Abschmelzleistungen von Elektroden beim Lichtbogenhandschweißen

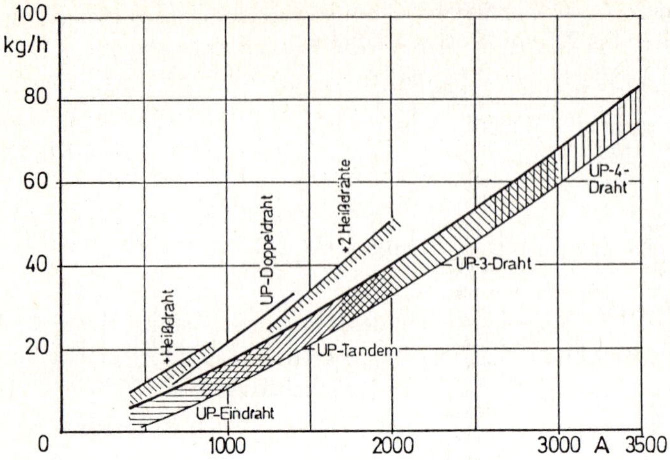

Bild 6.2
Abschmelzleistungen beim UP-Schweißen und seinen Verfahrensvarianten

Die Abschmelzleistung, die beim MAG-Schweißen zu erzielen ist, hat eine große Bandbreite. Sie reicht bei einem Drahtdurchmesser von 1,2 mm von etwa 1,5 kg/h im Kurzlichtbogen bis zu 6 kg/h im Sprühlichtbogen.

Jedes Schweißverfahren hat einen bestimmten Anwendungsbereich, in dem es wirtschaftlich eingesetzt werden kann.

Das Gasschweißen wird fast ausschließlich zum Schweißen von Rohren bis etwa NW 200 bzw. 6 mm Wanddicke verwendet; üblich ist hier das Schweißen in einer Lage.

Beim Metall-Lichtbogenschweißen stehen drei Verfahren in Konkurrenz miteinander: das Lichtbogenhandschweißen, das UP-Schweißen und das MIG/MAG-Schweißen.

Das Lichtbogenhandschweißen ist gekennzeichnet durch geringe Anlagekosten. Dem stehen jedoch sehr hohe Lohnkosten wie auch relativ hohe Kosten für den Zusatzwerkstoff gegenüber. Dazu kommt noch, daß die Möglichkeiten zur Automatisierung des Schweißvorganges sehr begrenzt, wie auch – abgesehen von den Hochleistungselektroden – die erreichbaren Abschmelzleistungen gering sind. Der wirtschaftlich vertretbare Einsatzbereich des Verfahrens wurde daher immer mehr eingeengt. Wenn nicht besondere Verhältnisse vorliegen, so liegt er derzeit im Bereich der Mittelbleche bis etwa 20 mm Dicke, von kurzen Nähten und kleinen Stückzahlen.

Ab Blechdicken größer 15 mm wird bei langen Nähten das UP-Verfahren wirtschaftlich. Die Investitionen für dieses Verfahren sind im Verhältnis sehr hoch, dafür sind die Kosten für Löhne und Zusatzwerkstoffe im Vergleich der drei Verfahren am geringsten. Die Wirtschaftlichkeit des Verfahrens ist daher dann gegeben, wenn ein hoher Nutzungsgrad vorliegt, d.h. die im Vergleichszeitraum geschweißte Nahtlänge groß ist.

Beim MIG/MAG-Schweißen sind die Anlagekosten höher als beim Lichtbogenhandschweißen. Andererseits sind die Kosten für Löhne und Zusatzwerkstoffe etwas kleiner. Das Interessante an diesem Verfahren ist jedoch der breite Anwendungsbereich, der von der Dünnblechschweißung (Blechdicke ab etwa 0,66 mm) bis zum Grobblech reicht. Eine MAG-Schweißung an einem Blech von 50 mm Dicke wäre technisch möglich, doch wird hier der Einsatz des UP-Schweißens bei langen Nähten viel wirtschaftlicher. Das MIG/MAG-Verfahren selbst ist für eine Mechanisierung bzw. Automatisierung gut geeignet, wodurch die Wirtschaftlichkeit durch die erreichbare hohe Schweißgeschwindigkeit noch gesteigert werden kann.

7 Schweißkonstruktionen

Das Schweißen steht im Maschinenbau in Konkurrenz mit anderen Fertigungsverfahren wie dem Schmieden und insbesondere dem Gießen. Die Weiterentwicklung der Gußwerkstoffe in den vergangenen Jahren, besonders aber die modernen Formverfahren, haben dazu geführt, daß bisher durch Schweißen hergestellte Teile durch gegossene ersetzt werden. Eine Vielzahl von Einflußgrößen erschwert einen objektiven Vergleich beider Verfahren, so daß es nicht möglich ist, eine Abgrenzung des wirtschaftlichen Einsatzgebietes jedes dieser Fertigungsverfahren vorzunehmen. Es ist aber durchaus möglich, die Vor- und Nachteile der beiden Verfahren einander gegenüberzustellen und so dem Konstrukteur Leitlinien für die Auswahl des wirtschaftlichsten Fertigungsverfahrens an die Hand zu geben.

Als Vorteile des Gießens können genannt werden:

- alle Werkstoffe können vergossen werden,
- die gute Korrosionsbeständigkeit der Gußwerkstoffe,
- die Isotropie der Eigenschaften,
- die gute Schwingungsdämpfung bei Grauguß,
- die größere Steifigkeit der Konstruktion,
- die weitgehende Freiheit in der Formgebung,
- die hohe Maßgenauigkeit bei modernen Formverfahren mit engen Toleranzen.

Dem stehen als Nachteile gegenüber

- es ist eine besondere Form erforderlich; damit verbunden u.U. eine teure Lagerhaltung,
- die Isotropie der Werkstoffeigenschaften setzt gleichmäßige Wanddicken bzw. vergleichbare Abkühlgeschwindigkeiten voraus,
- alle Formverfahren setzen eine Mindestwanddicke voraus,
- Grauguß hat eine geringere Steifigkeit (E-Modul) als Stahl, damit eine größere Verformung bei gleicher Beanspruchung.

In gleicher Weise können als Vorteile des Schweißens genannt werden:

- die Wanddicken können der Beanspruchung angepaßt werden,
- die höhere Festigkeit von Stahl gegenüber Grauguß ermöglicht vielfach Einsparungen an Masse,
- das Vormaterial (Bleche, Profile) ist zumeist kurzfristig beschaffbar,
- die Werkstoffkennwerte weisen eine geringere Streubreite auf und die Homogenität des Gefüges läßt die Verwendung niedrigerer Sicherheitsbeiwerte zu.

Als Nachteile sind zu nennen:

- nicht jeder Werkstoff läßt sich mit jedem Schweißverfahren verbinden,
- durch das örtliche Einbringen von Wärme ist mit Schweißeigenspannungen und Verzug zu rechnen,
- bei komplexen Teilen wird ein hoher Aufwand für den Zuschnitt und den Zusammenbau erforderlich,
- Schweißen ist derzeit – zumindest in der Einzel- und Kleinserienfertigung – noch ein sehr lohnintensives Verfahren.

Bei schweißgerechter Gestaltung der Konstruktion erhält man Bauteile, die sich durch die Kennzeichen des Leichtbaus auszeichnen: hohe Tragfähigkeit bei geringem Gewicht. Erreicht wird dies durch die optimale Ausnutzung der Querschnitte bei kleiner Masse, durch Formleichtbau.

Dazu ist es erforderlich, beispielsweise die typischen Elemente von Konstruktionen des Maschinenbaus unter dem Gesichtspunkt der schweißgerechten Gestaltung zu untersuchen.

- *Stangen und Hebel*
  dienen der Übertragung von Bewegungen. Entsprechend den unterschiedlichen Aufgaben ergeben sich verschiedene Möglichkeiten einfacher Bauweisen. Bild 7.1 zeigt einige typische Beispiele.

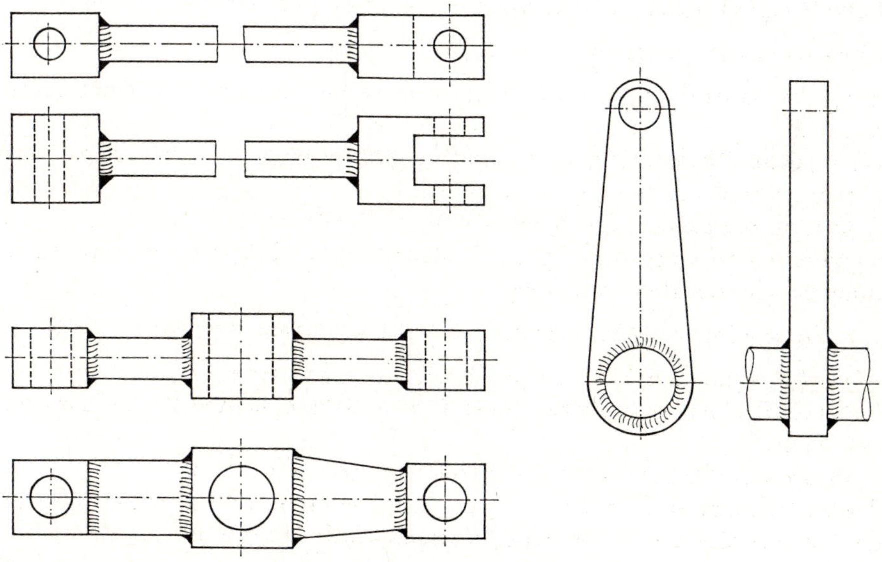

Bild 7.1 Beispiele für die Gestaltung von geschweißten Stangen und Hebeln

- *Stützen und Druckstäbe*
  werden auf Knicken beansprucht. Es ist daher darauf zu achten, daß für alle Achsen ein genügend großes Flächenträgheitsmoment vorhanden ist. Dieses wird erreicht, wenn die Querschnittsflächen möglichst weit vom Flächenschwerpunkt entfernt angeordnet werden, Bild 7.2.
- *Träger*
  sind in der Regel auf Biegung beansprucht. Zu unterscheiden ist zwischen Trägern mit „offenem" Querschnitt, z.B. Fachwerkträgern, und Trägern mit „geschlossenem" Querschnitt, den Vollwand- oder Kastenträgern.
  Die Fachwerkträger sind gekennzeichnet durch eine große Steifigkeit bei geringerem Gewicht. Vom Profil her gesehen handelt es sich im wesentlichen um T-, I- oder U-Profile, die durch Warmwalzen, teilweise auch als Kaltprofile aus Blechen hergestellt werden. Wie der Name aussagt, finden sie bevorzugt in Fachwerken als Zug- bzw. Druckstäbe Verwendung.
  Vollwandträger sind Schweißkonstruktionen, bei denen Bleche tragende Funktion haben. Sie sind gekennzeichnet durch relativ kleine Bauhöhen und einfache Formen. In Anlehnung an das I-Profil sind sie so zu gestalten, daß Biegemomente von den Gurtblechen, Querkräfte von den Stegblechen übertragen werden. Um ein Beulen offener Querschnitte zu verhindern, müssen diese durch Quer- und Längssteifen bzw. Rippen ausgesteift werden, wie Bild 7.3 beispielhaft zeigt. Der Rippenabstand darf nicht zu groß gewählt werden; in jedem Fall ist an der Krafteinleitungsstelle eine Quersteife vorzusehen.

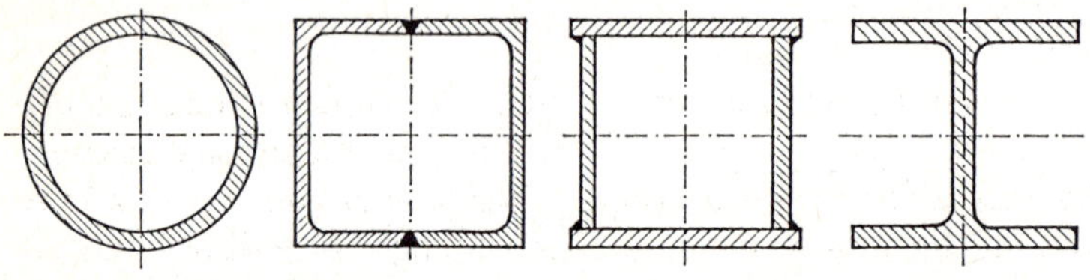

Bild 7.2 Beispiele für Querschnitte wie sie zweckmäßig für Stützen und Druckstäbe verwendet werden

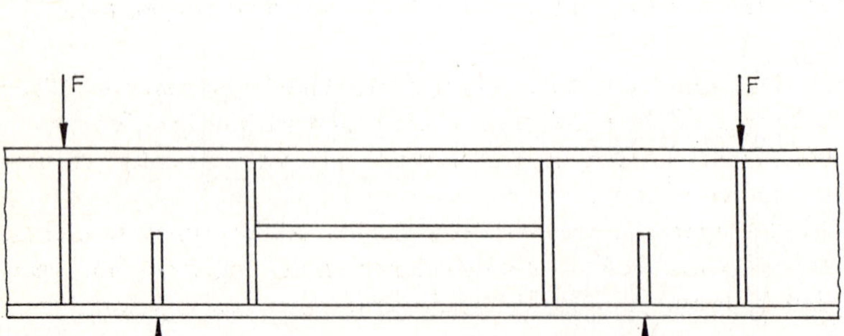

Bild 7.3 Aussteifen eines geschweißten Trägers mit Längs- und Querrippen

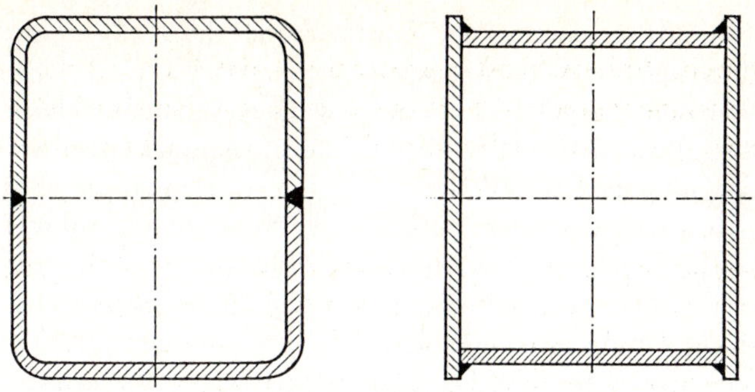

Bild 7.4
Für Torsionsbeanspruchung gut geeignete Querschnittsformen

Geschlossene Querschnitte sind dann vorzuziehen, wenn eine Torsionsbeanspruchung vorliegt. Da eine dem Kreis angenäherte Querschnittsform hier günstig ist – auch bei Überlagerung von Biegung und Torsion –, sind Ausführungen, wie sie Bild 7.4 zeigt, vorzuziehen. Durch das Biegen oder Abkanten von Blechen können dabei Schweißnähte eingespart bzw. günstiger angeordnet werden.
Bei dieser Konstruktion ist zu beachten, daß beim Abkanten und Biegen eine Beeinträchtigung des Verformungsverhaltens des Werkstoffs in Verbindung mit dem nachfolgenden Schweißen eintreten kann. Beträgt die Kaltverformung mehr als 5%, so ist ein Schweißen nur dann erlaubt, wenn es sich um einen alterungsbeständigen Stahl handelt oder der Stahl vor dem Schweißen normalgeglüht wurde. In jedem Fall soll die Schweißnaht von der kaltverformten Stelle einen Abstand von mindestens 50 mm haben.

– *Kasten- oder Zellenbauweise*
  Diese Bauweise findet man im Maschinenbau häufig. So werden Pressengestelle oder Gehäuse aller Art in der Regel aus plattenförmigen Zuschnitten zusammengeschweißt. Nachteilig ist bei dieser Konstruktion die Neigung großer ebener Wände zum Ausknicken unter Druckbeanspruchung. Dieser Mangel kann durch das Anbringen von Rippen oder durch das Aussteifen des Kastens vermieden werden.
  Dabei ist in jedem Falle zu beachten, daß durch das Verrippen bzw. Aussteifen Verformungen behindert werden, was zur Ausbildung von Spannungen führt.
– *Schalenbauweise*
  Diese ist gekennzeichnet durch die Verwendung dünnwandiger gekrümmter Wände mit sehr guter Formsteifigkeit. Besonders interessant ist hier die „Sandwich-Bauweise" mit zwei dünnen Schalen, die durch eine ebenfalls dünnwandige Versteifung auf Abstand gehalten werden.
  Besteht dieses Zwischenmaterial aus Nichtmetallen, z.B. Kunststoffen, so kommt man zum Verbundwerkstoff. Die Herstellung solcher Versteifungen aus Stahl setzt allerdings besondere Kenntnisse in der Verarbeitung dünner Bleche voraus.
– *Gemischtbauweise*
  Die Gemischtbauweise besteht in der Verbindung von Stahlgußstücken oder Schmiedeteilen mit Zuschnitten aus gewalztem Material. Diese Bauweise kann aus

verschiedenen Gründen vorteilhaft sein, wobei der Kraftfluß oder die Verwendung öfters wiederkehrender Teile beispielhaft genannt seien.

Ein gutes Beispiel für die Gemischtbauweise ist ein geschweißtes Schiebergehäuse für eine Ölfernleitung, wie es Bild 7.5 zeigt. Die Stutzen zum Anschweißen der Pipeline-Rohre sind aus Stahlguß gefertigt und weisen seitlich Flansche mit rechteckigem Querschnitt auf. Die Flansche gegenüberliegender Stutzen sind mittels mehrerer Abschnitte aus Breitflachstahl, die zwischen den Enden der Flansche eingeschweißt sind, lamellenartig miteinander verbunden. Auf diese Art wird erreicht, daß Kräfte, die aus auf die Rohrleitung wirkenden Zwangsverformungen resultieren, nicht auf das Schiebergehäuse einwirken. Das Schiebergehäuse selbst ist eine Schweißkonstruktion aus gleichschenkligen Winkelprofilen und Stahlplatten, auf die zur Versteifung mehrere Rippen aufgeschweißt sind.

Eine Schweißkonstruktion muß neben der Funktionsgerechtigkeit noch insbesondere zwei weiteren Forderungen gerecht werden. Sie muß

- beanspruchungs- und werkstoffgerecht sowie
- fertigungsgerecht sein.

Jede Konstruktion muß die Beanspruchungen, die im Rahmen der Fertigung und im Betrieb auf sie wirken, sicher aufnehmen können. Die Beanspruchungsart (Zug, Druck, Biegung und Torsion), deren zeitlicher Verlauf (ruhend, wechselnd), die Betriebstemperatur und die Einflüsse der Umgebung (Korrosion) sind bei der Gestaltung mit zu berücksichtigen.

Ein wichtiges Element jeder Schweißverbindung ist die Schweißnaht. Zu unterscheiden ist einmal nach der Nahtart: Stumpf- und Kehlnaht, Bild 7.6. Innerhalb der einzelnen Gruppen können noch weitere Nahtarten gewählt werden, wie Bild 7.7 zeigt. Welche Fugenform gewählt wird, ist abhängig von der Beanspruchung, der Werkstückdicke, dem Schweißverfahren und dem Werkstoff. Entsprechende Regeln enthält DIN 8551.

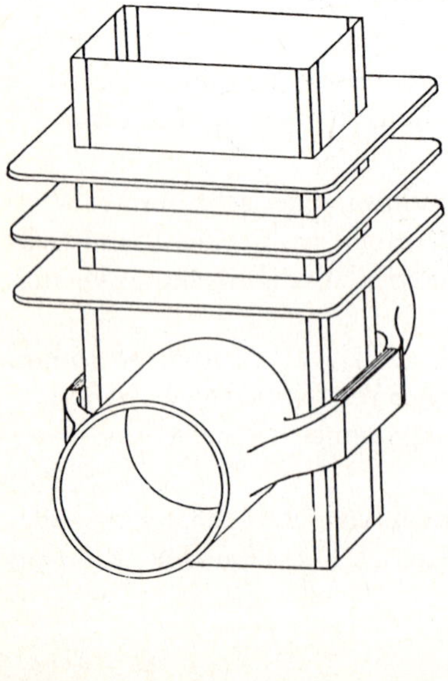

Bild 7.5
In Gemischtbauweise hergestelltes Schiebergehäuse für eine Ölfernleitung

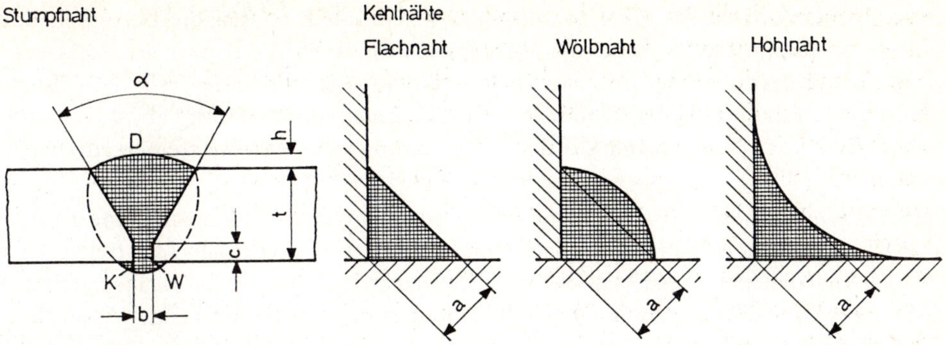

Bild 7.6 Stumpf- und Kehlnähte
Formen und Bezeichnungen
a Nahtdicke b Stegabstand c Steghöhe h Nahtüberhöhung t Werkstückdicke D Decklage K Kapplage W Wurzellage

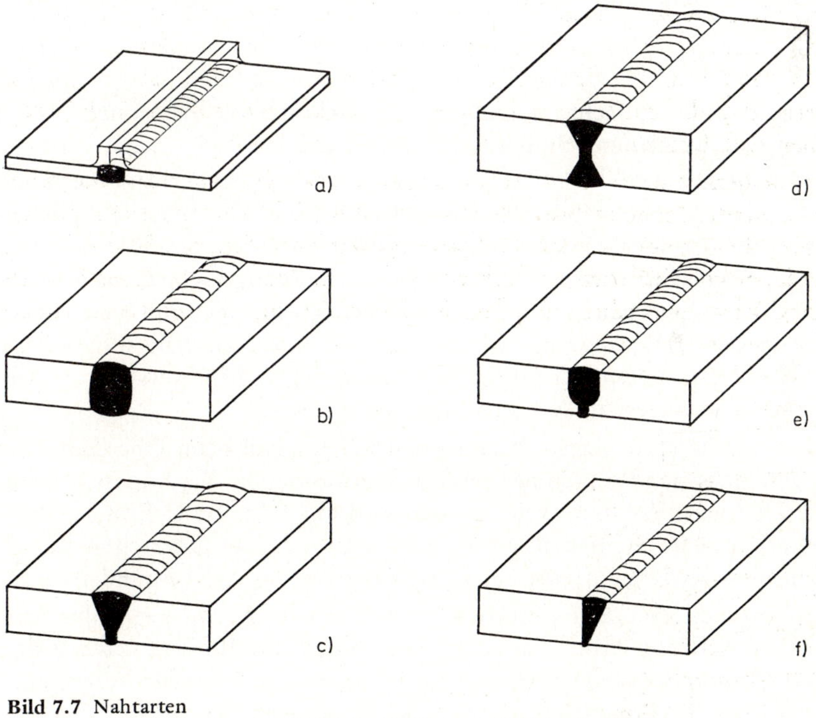

Bild 7.7 Nahtarten
a) Bördelnaht b) I-Naht c) V-Naht d) DV-Naht e) U-Naht f) HV-Naht

Der Kraftlinienfluß ist bei einer Stumpfnaht gleichmäßig, so daß die Festigkeit der Verbindung zumindest bei ruhender Beanspruchung der des Grundwerkstoffs entspricht. Mit Ausnahme der I-Naht erfordern alle Stumpfnähte eine besondere Nahtvorbereitung. Für den Konstrukteur leitet sich daraus die Forderung ab, durch eine überlegte Wahl der Naht Kosten bei der Vorbereitung und beim Schweißen einzusparen.

Wegen ihrer einfachen Form, die keine Vorbereitung erfordert und auch keine großen Anforderungen an das Können des Schweißers stellt, ist die Kehlnaht sehr beliebt. Es ist jedoch zu berücksichtigen, daß diese Naht je nach Ausführung und Beanspruchung eine Spannungserhöhung zur Folge hat, die in einer niedrigeren zulässigen Spannung ihren Ausdruck findet.

Bei dynamischer Beanspruchung – was den Regelfall darstellt – bildet die Schweißnaht die Schwachstelle der Konstruktion. Sie muß daher aus dem Bereich höherer Beanspruchung verlegt werden.

Die Bauteile sollen sich bei der Belastung im Betrieb möglichst frei verformen können. Jede Behinderung einer Verformung erzeugt eine vermeidbare Spannung. Unter diesem Gesichtspunkt ist den Stellen mit einer Änderung der Steifigkeit besondere Aufmerksamkeit zu widmen.

Im einzelnen ist auf folgendes zu achten:

- Unsymmetrische bzw. einfachsymmetrische Querschnitte verdrehen sich, wenn die Belastung nicht durch den Schubmittelpunkt geht. Wie Bild 7.8 zeigt, wird ein U-Profil nur dann auf reine Biegung beansprucht, wenn die Last entweder in der Symmetrieebene wirkt oder durch den Schubmittelpunkt geht. Alle anderen Beanspruchungen führen zu einer Verdrehung des Querschnitts.
- Die Steifigkeit von plattenförmigen Teilen, wie z.B. Wandungen von Gehäusen, ist in der Regel gering. Dies macht sich insbesondere dann unangenehm bemerkbar, wenn Kräfte in diese Teile eingeleitet werden müssen. In diesem Fall ist darauf zu achten, daß die Bleche im Bereich der Krafteinleitung ausreichend versteift werden bzw. insgesamt eine biegesteife Konstruktion gewählt wird.
- Problematisch ist die sprungartige Änderung der Steifigkeit beim Übergang von offenen zu geschlossenen Profilen bei Verdrehbeanspruchung. Wichtig ist hier ein allmählicher Übergang der Steifigkeit, wie dies in Bild 7.9 für ein U-Profil gezeigt wird. Generell ist jeder Steifigkeitssprung und jeder schroffe Querschnittsübergang zu vermeiden, da damit in jedem Fall Spannungserhöhungen verbunden sind.
- Die Verformungsfähigkeit eines Bleches ist in Dickenrichtung gegenüber der Längs- und Querrichtung stark vermindert. Die Ursache hierfür liegt in der Walztextur des Blechs und der schichtweisen Anordnung nichtmetallischer Verunreinigungen parallel zur Blechoberfläche durch das Walzen, was zu einer Art „Blätterteig-Struktur“ führen kann. Wird ein solches Blech, wie bei Eck-, Kreuz- oder T-Stößen der Fall, in Dickenrichtung auf Zug beansprucht, so können sogenannte Terrassenbrüche oder Lamellenrisse auftreten.

  Im Zusammenhang mit der Entwicklung der „Offshore-Technik“ wurden zwar Stähle entwickelt, bei denen die oben genannte Struktur in deutlich geringerem

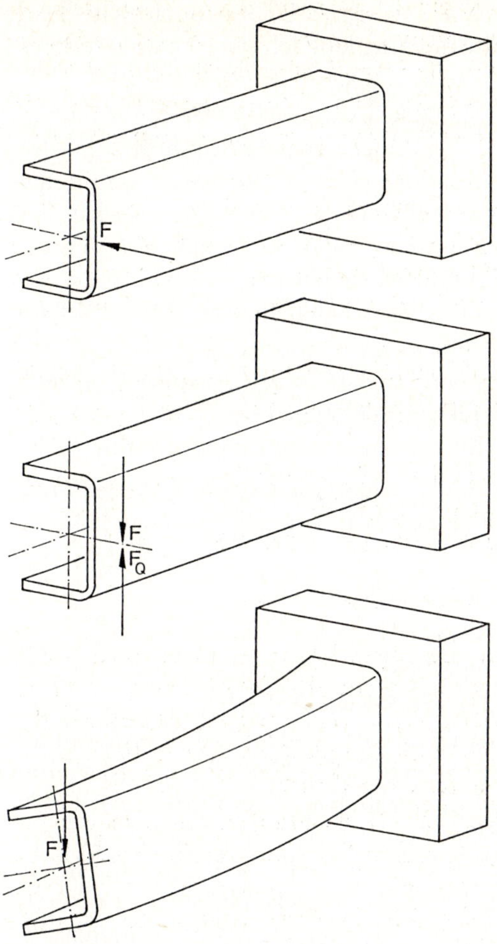

Bild 7.8

Torsionsfreie Biegung eines U-Profils bei Kraftangriff in der Symmetriebene bzw. im Schubmittelpunkt
Verdrehung des Stabs durch Beanspruchung außerhalb des Schubmittelpunkts

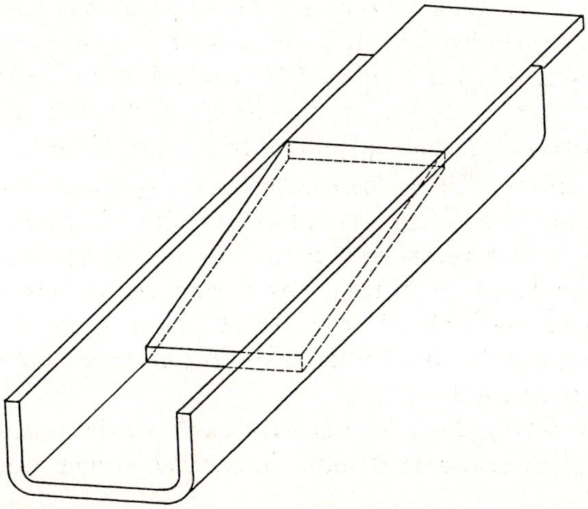

Bild 7.9

Richtige Aussteifung eines Querschnitts ohne sprunghafte Änderung des Querschnitts

Maße auftritt (Feinkornbaustähle nach SEW 096, sog. Z-Stähle), doch sollte durch eine fließgerechte Konstruktion die Krafteinleitung möglichst werkstoffgerecht erfolgen.

- Bei allen Schweißkonstruktionen sind Blechdicken von über 30 mm unbedingt zu vermeiden. Als Ausweg bietet sich die Kasten- oder Zellenbauweise an.
  Größere Blechdicken begünstigen die Ausbildung eines mehrachsigen Spannungszustands, womit sich die Gefahr eines spröden Bruchs auch bei zähen Werkstoffen ergibt. Mit der Wahl kleinerer Blechdicken sind im Endeffekt aber auch Einsparungen an Werkstoffkosten (Dickenzuschlag) und Schweißgut zu erzielen. Wegen des damit verbundenen geringeren Wärmeeinbringens erhält man auch kleinere Verformungen und niedrigere Schweißeigenspannungen.
- Wegen der Möglichkeit der Ausbildung eines mehrachsigen Spannungszustands mit der Gefahr eines Sprödbruchs sind auch Anhäufungen und Kreuzungen von Schweißnähten zu vermeiden. Beispiele für geeignete Gestaltung zeigt Bild 7.10.

Jede Konstruktion muß fertigungsgerecht gestaltet sein; diese allgemeingültige Forderung hat bei Schweißkonstruktionen eine besondere Bedeutung. Sie beinhaltet so einfache Forderungen wie

- die Zugänglichkeit der Schweißstelle muß gewährleistet sein,
- die Wannenlage ist gegenüber anderen Positionen vorzuziehen und
- auf eine einfach Zusammenbaufolge ist zu achten.

Von besonderer Bedeutung bei der Gestaltung von Schweißkonstruktionen ist jedoch die Forderung, die Verformungen beim Erwärmen und Abkühlen des geschweißten Teils möglichst nicht zu behindern. Bei allen Schmelzschweißverfahren wird Wärme in unterschiedlicher Höhe und Konzentration eingebracht. Dies führt zur Ausdehnung des Bauteils beim Erwärmen, der ein Schrumpfen bei der Abkühlung folgt. Werden diese Bewegungen behindert, so führt dies zur Ausbildung von Eigenspannungen, die elastisch die Höhe der Streckgrenze des Werkstoffs erreichen können. Je geringer die eingebrachte Wärme ist, desto geringer werden Ausdehnung und Schrumpfen ausfallen.

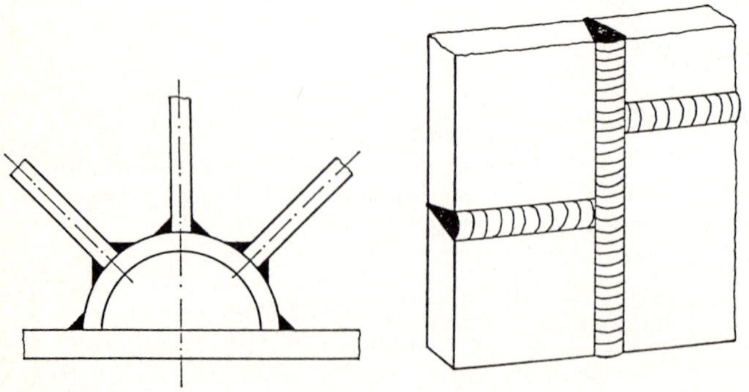

Bild 7.10
Schweißnahtanhäufungen und -kreuzungen sind zu vermeiden

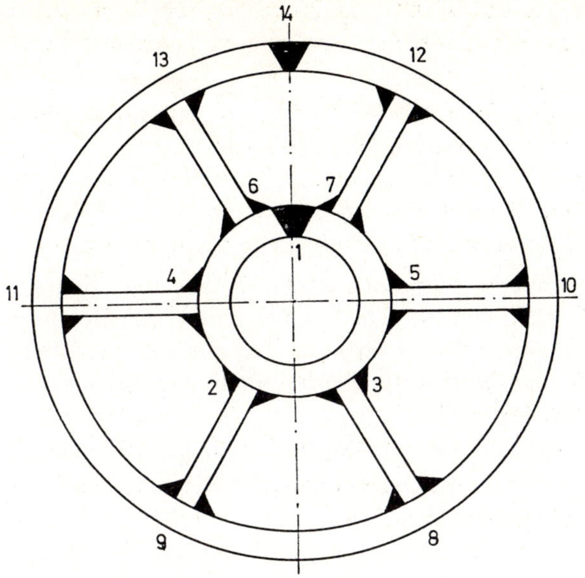

Bild 7.11
Schweißfolgeplan für ein geschweißtes Treibrad (nach Puhrer)

Dies führt zu den Regeln:

- Zahl der Schweißnähte möglichst klein halten und
- nur soviel Schweißgut einbringen, wie unbedingt notwendig.

Unterstützend zu diesen Maßnahmen sollte in jedem Fall ein Schweißfolgeplan festgelegt werden. Die Schweißfolge ist ein wichtiges Mittel zur Verminderung von Verzug und Eigenspannungsbildung. Bild 7.11 zeigt, in welcher Reihenfolge z.B. bei einem Treibrad die Nähte geschweißt werden müssen, damit der Verzug möglichst gering bleibt.

8 Löten

Löten ist ein thermisches Verfahren zum Verbinden metallischer Werkstoffe unter Verwendung eines geschmolzenen Zusatzmetalls, des Lots, gegebenenfalls unter Anwendung von Flußmitteln und/oder Lötschutzgasen. Die Schmelztemperatur des Lots liegt stets unterhalb derjenigen der miteinander zu verbindenden metallischen Werkstoffe. Die Flächen der zu verbindenden Werkstoffe werden durch das Lot benetzt, ohne selbst an- oder aufgeschmolzen zu werden.

Unter *Lot* versteht man danach eine als Zusatzmetall zum Löten geeignete Legierung oder ein reines Metall, verwendet in Form von Drähten, Stäben, Blechen, Bändern, Stangen, Pulvern, Pasten oder Formteilen.

Ein *Flußmittel* ist ein nichtmetallischer Stoff, der vorwiegend die Aufgabe hat, Oxide auf der Lötfläche zu beseitigen und ihre Neubildung vor allem während der Anwärmphase zu verhindern. Weiterhin eignen sich die meisten Flußmittel als Temperaturindikator für die Lotschmelztemperatur.

Lötmechanismus

Voraussetzung für eine einwandfreie Lötverbindung ist die Benetzung, d.h. ein rein metallischer Kontakt von Lot und Werkstoff. Bild 8.1 verdeutlicht schematisch die beim Löten ablaufenden Vorgänge.

Die an der Oberfläche eines metallischen Werkstoffs liegenden Atome weisen ungesättigte Bindungskräfte auf (a). Wird das Teil der atmosphärischen Luft ausgesetzt (b), so können sich demzufolge Sauerstoffmoleküle an der Oberfläche anlagern. Die adsorbierten Sauerstoffmoleküle reagieren mit den Atomen des Metalls, wodurch sich dieses mit einer Oxidhaut überzieht. Damit wird der beim Löten erforderliche Kontakt zwischen schmelzflüssigem Lot und festem Metall verhindert.

Diese Oxidhaut muß also entfernt werden, wofür ein Flußmittel verwendet wird (c). Es muß einmal stark benetzende Eigenschaften haben, zum anderen muß es die Oxidhaut chemisch reduzieren und die Reaktionsprodukte abtransportieren. Wichtig ist weiterhin, daß das Flußmittel die Neubildung der Oxidhaut verhindert (d). In ähnlicher Weise wirken die häufig verwendeten Schutzgase, die die Oxidschichten auf dem Werkstück reduzieren und eine Neubildung der Oxidhaut verhindern sollen.

Wird auf eine so vorbereitete Oberfläche das flüssige Lot aufgebracht, so kommt es zu einer Bindung primär infolge Adhäsion, d.h. atomare Bindungskräfte (e). Voraussetzung hierfür ist, daß das Lot den Grundwerkstoff benetzt und dabei das Flußmittel verdrängt. Ist die Temperatur ausreichend hoch, so kommt es zu Diffusionsvorgängen, d.h. zur Legierungsbildung durch atomare Platzwechselvorgänge in der Randschicht, was eine Erhöhung der Haftkräfte zur Folge hat. Es kann in diesem Zusammenhang auch zur Bildung von intermetallischen Phasen kommen. Diese sind in der

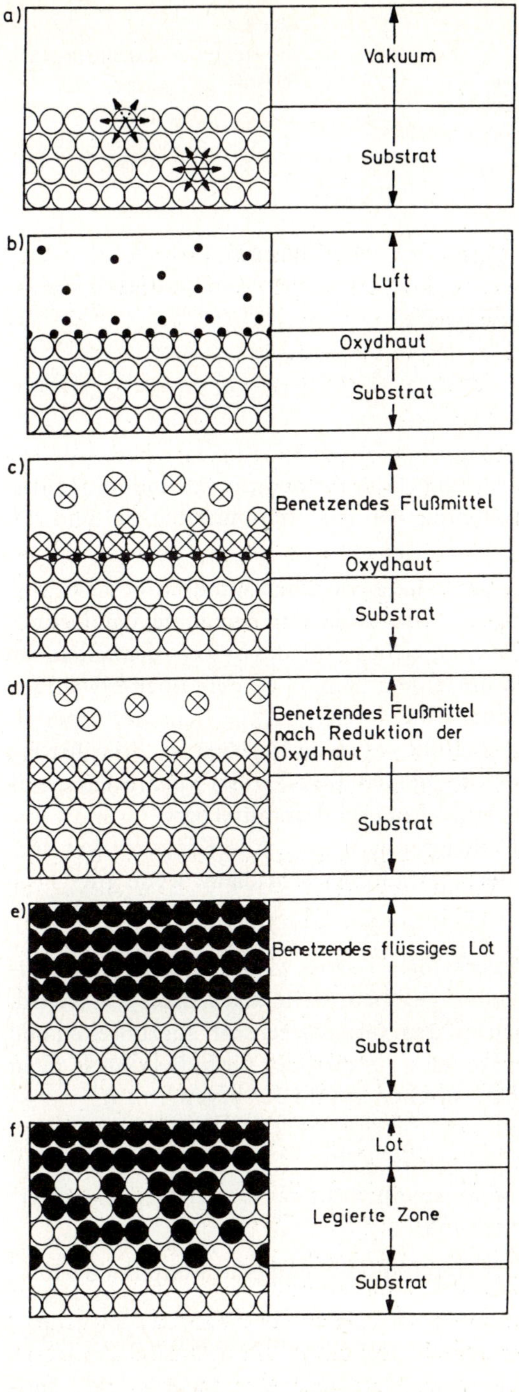

Bild 8.1
Die Vorgänge beim Löten (schematisch) nach Fasching

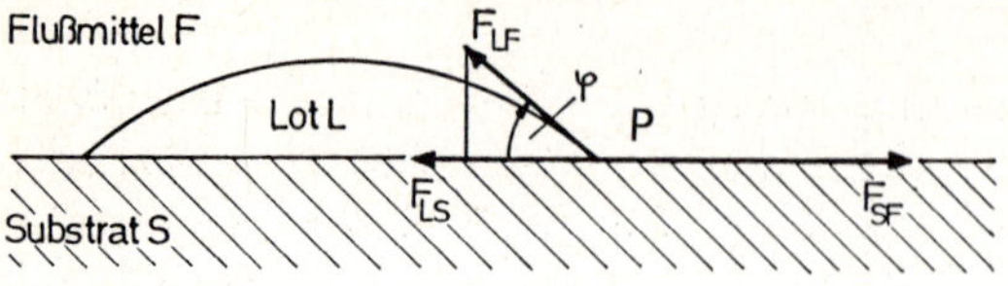

Bild 8.2
Zur Definition des dihedrischen Winkels

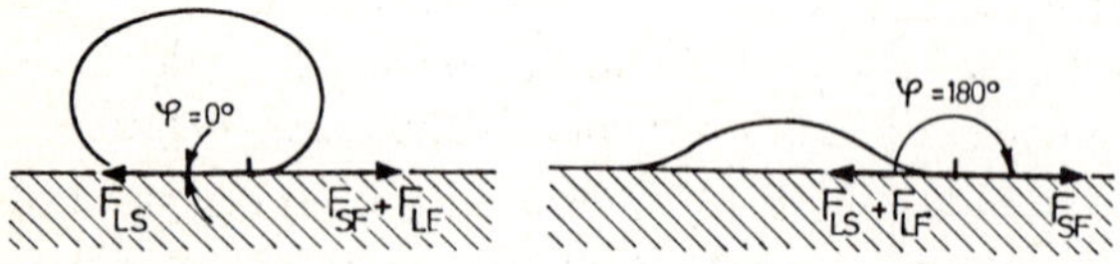

Bild 8.3
Unvollkommene (links) und vollkommene Benetzbarkeit (rechts)

Regel hart und spröde, was zu einer Verschlechterung der Lötverbindung führen kann. Möglich ist auch eine Beeinträchtigung der Ausbreitungsfähigkeit und des Fließverhaltens des Lots.

Der Benetzungsgrad wird durch den sogenannten dihedrischen Winkel φ beschrieben, Bild 8.2. Ausgangspunkt der Betrachtungen ist die idealisierte Annahme, daß Grundwerkstoff, Lot und Flußmittel ein im Gleichgewicht stehendes System darstellen. Im Punkt P grenzen die drei Komponenten unter dem Winkel φ, dem oben erwähnten dihedrischen Winkel, aneinander, der durch das Kräftegleichgewicht der Oberflächenspannungen zwischen den Komponenten des Systems gegeben ist. So rührt F_{LS} von der Oberflächenspannung zwischen Lot und Grundwerkstoff (Substrat) her, entsprechend Kraft F_{LF} bzw. F_{FS} von der zwischen Lot und Flußmittel bzw. Grundwerkstoff und Flußmittel wirkenden Oberflächenspannung her. Alle Kräfte wirken tangential zur betreffenden Grenzfläche. Gleichgewicht herrscht dann, wenn gilt

$$F_{LS} + F_{LF} \cdot \cos \varphi - F_{SF} = 0.$$

Die Komponente senkrecht zum Grundwerkstoff ist dabei wegen dessen Eigenschaften ohne Bedeutung. Völlige Benetzbarkeit ist gegeben, wenn der Winkel $\varphi = 0$ wird, Bild 8.3; der Tropfen ist hier bestrebt, sich auf dem Grundwerkstoff auszubreiten und einen Film zu bilden. Demgegenüber wäre bei $\varphi = 180°$ der Grundwerkstoff nicht benetzbar. In der Praxis des Lötens soll φ zwischen 0° und 30° liegen.

Lötverfahren

Nach der Arbeitstemperatur bzw. der Liquidustemperatur des verwendeten Lots werden die Lötverfahren in drei Gruppen eingeteilt:

Weichlöten	Löten mit Loten, deren Liquidustemperatur unterhalb 450 °C liegt.
Hartlöten	Löten mit Loten, deren Liquidustemperatur oberhalb 450 °C liegt.
Hochtemperaturlöten	Flußmittelfreies Löten unter Luftabschluß mit Loten, deren Liquidustemperatur oberhalb 900 °C liegt.

Weichlöten

Die zum Weichlöten verwendeten Lote sind nach chemischer Zusammensetzung, Schmelzbereich, Dichte in DIN 1707 (Lote für Schwermetalle) bzw. DIN 8516 (Lote mit Flußmittelseele auf Harzbasis) genormt. Es handelt sich dabei in der Hauptsache um Legierungen mit den Komponenten Blei, Zinn, Antimon, Cadmium und Zink, die entsprechend den Legierungskomponenten in drei Gruppen eingeteilt werden.

Für Sonderfälle kommen in der Elektrotechnik auch Legierungen von Gold, Silber, Silizium, Germanium und Indium in Betracht, Hinweise für die Verwendung der Lote und die anwendbaren Lötverfahren sind der oben angegebenen Norm zu entnehmen.

Die Flußmittel sind in DIN 851 genormt. Es handelt sich dabei einmal um Zink- und andere Metallchloride, auch Ammoniumchlorid in wässriger bzw. organischer Zubereitung. Zum anderen werden auch Amine, organische Halogenverbindungen und natürliche Harze als Flußmittel verwendet. Bei den Chloriden ist in jedem Fall die Gefahr der Korrosion gegeben. Nur bei den natürlichen Harzen ohne Zusätze kann davon ausgegangen werden, daß sie keine Korrosion hervorrufen.

Weichgelötet werden Stahl, Kupfer und Kupferlegierungen sowie Zink und Zinklegierungen.

Hartlöten

In DIN 8513 bzw. DIN 1733 sind die gebräuchlichen Hartlote genormt. Verwendet werden vorzugsweise Legierungen von Silber mit Cadmium und Phosphor bzw. Kupfer mit Zinn, Zink und Phosphor. DIN 8511 enthält auch die beim Hartlöten verwendeten Flußmittel. Es handelt sich dabei um Borverbindungen und Fluoride, auch Chloride und Anteile von Phosphaten und Silikaten sind zu finden.

Hochtemperaturlöten

Das Hochtemperaturlöten dient zum stoffschlüssigen Verbinden von Werkstoffen für Bauteile, die bei Temperaturen im Bereich von 1000 °C, teilweise unter dynamischer Beanspruchung und/oder Korrosionsangriff, eingesetzt werden.

Die auf den Oberflächen der zu verbindenden Teile haftenden Oxide werden bei diesem Lötverfahren nicht durch Flußmittel, sondern durch desoxidierende Gase oder durch Erwärmen im Vakuum beseitigt. Als desoxidierendes Gas eignet sich z. B. Wasserstoff, der unter Bildung von Wasser dem Metalloxid den Sauerstoff entzieht, das gebildete Wasser verflüchtigt sich im Ofenraum. Im Vakuum werden die Oxide nicht verdampft, vielmehr wird der in den Oxiden enthaltene Sauerstoff vom Werkstoff absorbiert. Die Zusammensetzung der Ofenatmosphäre ist auf die Legierungselemente der zu verbindenden Werkstoffe, die Eigenschaften der Oxide und die Lötspaltgeometrie abzustimmen.

Verwendet werden Lote auf Nickelbasis, Edelmetalle oder Legierungen von Silber, Gold, Palladium oder Platin.

Arbeitsverfahren

Die Arbeitsverfahren werden nach DIN 8505 entsprechend der Art der Erwärmung in fünf Gruppen eingeteilt:

Löten durch festen Körper,
Löten durch Flüssigkeit,
Löten durch Gas,
Löten durch Strahl,
Löten durch elektrischen Strom.

Im folgenden werden einige kennzeichnende Verfahren aus diesen Gruppen in ihren Grundzügen vorgestellt.

Kolbenlöten

Das Verfahren eignet sich nur zum Weichlöten. Dabei erfolgt die Erwärmung durch einen in der Regel von Hand geführten Lötkolben. Das Lot wird angesetzt, wobei es günstig ist, die zu verbindenden Teile vorher zu verzinnen.

Lötbad

Bei diesem in erster Linie zum Weichlöten eingesetzten Verfahren erfolgt das Erwärmen der zu verbindenden Teile und die Lotzuführung durch Eintauchen in ein Bad aus geschmolzenem Lot. Dabei ist es günstig, das Flußmittel vorher auf die Teile aufzubringen und diese anzuwärmen.

Wellenlöten

Es handelt sich hier um ein Verfahren zum Weichlöten von Serienteilen vor allem in der Elektronik. Die zu verbindenden Teile (z.B. mit Bauelementen bestückte Platinen) werden über die Oberfläche eines Lötbads geführt, wobei flüssiges Lot örtlich aus dem Bad an die Fügestelle in Form einer Welle angeschwemmt wird.

Flammlöten

Die Lötstelle wird durch einen von Hand geführten Gasbrenner bzw. in gasbeheizten Vorrichtungen erwärmt. Je nach Art der Fertigung wird das Lot angesetzt oder in Form von Ringen bzw. Folien eingelegt.

Widerstandslöten

Die Fügestelle wird durch den ohmschen Widerstand beim Durchgang eines elektrischen Stroms erwärmt. Das Verfahren eignet sich zum Weichlöten wie auch zum Hartlöten kleiner Werkstücke mit kurzen Nähten bei eingelegtem Lot, wobei zumeist besondere Vorrichtungen verwendet werden.

Induktionslöten

Die Erwärmung erfolgt hier durch mittel- bis hochfrequente Ströme infolge der auftretenden Induktion. Das Verfahren ist nur wirtschaftlich in der Serienfertigung unter Verwendung entsprechender Vorrichtungen. Das Lot wird eingelegt.

Ofenlöten

Die zu verbindenden Teile werden im Ofen, meist Durchlauföfen, erwärmt. Unterschieden wird nach Ofenlöten mit Flußmittel, mit reduzierendem Schutzgas, mit inertem Schutzgas bzw. Ofenlöten im Vakuum. Das Lot muß vorher eingelegt werden. Das Verfahren wird bevorzugt zum Hartlöten verwendet.

Daneben gibt es für besondere Anwendungsfälle Sonderverfahren, wie z.B. das Löten mit dem Licht-, Laser- oder Elektronenstrahl, das Blocklöten, das Ultraschallöten oder das Salzbadlöten.

Konstruktive Ausbildung von Lötverbindungen

Von besonderer Bedeutung bei der Konstruktion von Lötverbindungen ist die richtige Dimensionierung des Lötspalts. Das Lot muß beim Lötvorgang mit einem bestimmten Fülldruck in den Spalt gelangen. Dieser Fülldruck ist der Spaltbreite umgekehrt proportional, d.h. er wird mit abnehmender Spaltbreite größer. Für eine rasche und vollständige Füllung des Spalts ist es also günstig, wenn sich der Spalt in Fließrichtung des Lots verengt.

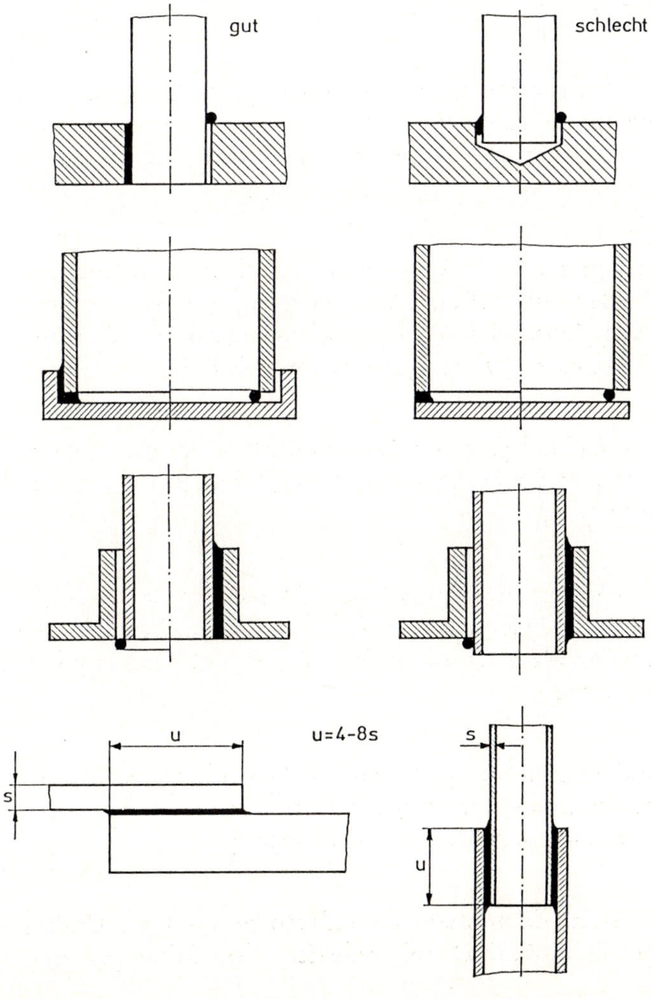

Bild 8.4
Konstruktive Ausbildung von Lötverbindungen und Richtwert für die Überlappungslänge

Die Größe des Lötspalts liegt beim Weichlöten bei 0,08 bis 0,1 mm, beim Hartlöten – abhängig vom Lot- und Grundwerkstoff – zwischen 0,02 und 0,04 mm.

Da die zulässigen Spannungen im Lot wesentlich kleiner sind als in den Fügeteilen (τ_B zul $\approx$ 50 N/mm^2 für Blei- und Zinnlote, 180 N/mm^2 für Messinglote und 280 N/mm^2 für Silberlote) muß die Oberfläche der Fuge groß sein im Verhältnis zum Querschnitt der zu verbindenden Teile. Zu vermeiden sind daher Stumpfnähte, zu bevorzugen Überlappungs- und Laschenstöße. Die Festigkeit der Lötverbindung steigt bei gleichem Lot und gleicher Überdeckung mit zunehmender Festigkeit und Steifigkeit der Teile.

Beim Herstellen großflächiger Lötverbindungen ist es richtig, das Lot nicht außen anzusetzen, sondern als Folie von innen nach außen fließen zu lassen.

Auch ist in jedem Fall darauf zu achten, daß das Flußmittel entweichen kann. Dies ist bei angesetztem Lot nicht gesichert. Beispiele für die günstige Ausbildung von Lötverbindungen zeigt Bild 8.4.

9 Metallkleben

Das Metallkleben kann definiert werden als Verfahren zur Herstellung einer festen Verbindung von gleichen oder unterschiedlichen Metallen durch eine artfremde Substanz, die infolge einer chemischen Härtungsreaktion verfestigt wird und die Teile durch Oberflächenhaftung (Adhäsion) sowie zwischen- und innermolekulare Kräfte (Kohäsion) im Kleber miteinander verbindet.

Wie in der Definition zum Ausdruck kommt, kann das Kleben zum Verbinden gleicher oder verschiedenartiger Metalle untereinander, aber auch zur Verbindung von Metallen mit anderen Werkstoffen, wie z.B. Kunststoffen verwendet werden. Es muß als Ergänzung der anderen Fügeverfahren angesehen werden und kann auch in Kombination mit diesen angewandt werden. Gegenüber den anderen Fügeverfahren bietet das Kleben verschiedene Vorteile wie

- keine Schwächung des Materials,
- gleichmäßige Spannungsverteilung,
- großzügigere Toleranzanforderungen,
- glatte, saubere Oberflächen,
- geringes Gewicht,
- Verbindungsmöglichkeiten für größere Flächen und unterschiedliche Werkstoffe,
- keine thermische Beeinflussung der Fügeteilwerkstoffe,
- Herstellung gas- und flüssigkeitsdichter Verbindungen,
- hohe Schwingungsdämpfung,
- korrosionsbeständig.

An Nachteilen stehen diesen Vorteilen gegenüber

- aufwendigere Werkstückvorbereitung,
- hohe Fertigungszeit,
- schwierige Prüfung der Verbindung,
- Festigkeitseinbußen durch Alterung,
- geringe Warmfestigkeit,
- klebgerechte Gestaltung des Bauteils erforderlich.

Hauptanwendungsgebiet des Klebens ist derzeit noch der Flugzeugbau, wo im zivilen Bereich etwa 70% der Verbindungen geklebt sind. Weitere wichtige Bereiche sind die Elektroindustrie sowie die Feinwerk- und Hausgerätetechnik. Zunehmend wird das Kleben auch im Automobilbau (Karosseriemontage) und im Maschinenbau (z.B. Kleb-Schrumpf-Verbindungen von Naben) verwendet.

Grundlagen des Klebens

Die Haftung zwischen den Fügeteilen und dem Klebstoff beruht auf der in den Grenzflächen wirksamen Adhäsion. Mit Adhäsion sollen intermolekulare Kräfte bezeichnet werden, die zwischen sich berührenden Oberflächen benachbarter Körper aus verschiedenen Materialien wirken. Dieser Kontakt ist dann am engsten, wenn ein Stoff im flüssigen Zustand vorliegt, so daß er sich der Form des anderen vollständig anpassen kann.

Zur Adhäsion sind verschiedene Theorien entwickelt worden. Der einfachste Fall ist die mechanische Adhäsion, die wirksam wird, wenn der Festkörper durch den flüssigen Klebstoff angelöst wird oder beim Kontakt aufquillt, wodurch eine gegenseitige Diffusion in der Grenzfläche ermöglicht wird. Die Folge davon ist eine mehr mechanische Verklammerung bei der Verfestigung. Beim Kleben von Metallen ist dieser Mechanismus ohne Bedeutung.

Die neueren Theorien gehen von der Adsorption aus. Diese beruht darauf, daß Atome und Moleküle in der Randschicht nicht abgesättigte Valenzen aufweisen, wodurch die Bindung von Fremdatomen oder Molekülen an der Oberfläche möglich wird. Die Bindung kann dann auf physikalischen Kräften beruhen, sie kann aber auch chemischer Natur sein, wobei letztere die stärkere Bindung ergibt und einen irreversiblen Vorgang darstellt.

Für eine gute Haftung des Klebstoffs auf dem Fügeteil ist eine Chemosorption anzustreben. Dazu ist es erforderlich, daß sowohl der Klebstoff als auch der Fügeteilwerkstoff in seiner Randschicht chemische Reaktivität besitzt. Beim Klebstoff kann dies vorausgesetzt werden; beim Fügeteil muß der aktive Zustand durch entsprechende Oberflächenbehandlung erst erzeugt werden. Die so entstandene Deckschicht auf dem Metall muß einer weiteren Bedingung genügen, sie muß auf dem Grundmetall fest haften.

Der Vorbehandlung der Klebeflächen kommt damit große Bedeutung zu. Die hierzu erforderlichen Maßnahmen sind z.B. in DIN 53281 und der VDI-Richtlinie 2229 aufgeführt. Sie umfassen sowohl die Reinigung und mechanische Vorbehandlung der Oberfläche als auch die nachfolgende chemische Behandlung durch Beizen zur Steigerung des Adsorptionsvermögens.

Klebstoffe

Die für das Metallkleben verwendeten Klebstoffe lassen sich in zwei Gruppen einteilen:

- die physikalisch abbindenden Klebstoffe und
- die chemisch reagierenden Klebstoffe.

Zu den physikalisch abbindenden Klebstoffen gehören die sogenannten Kleblacke. Die Klebstoffe befinden sich dabei bereits im chemischen Endzustand, entweder kolloidal aufgeschwemmt oder in organischen Lösungsmitteln gelöst. Es sind dies

a) Haftkleber auf der Basis von Polyisobutyl oder Polyvinylether, die einseitig aufgetragen unter Druck verkleben;

b) die Kontaktkleber, die in der Regel gelöste synthetische Elastomere enthalten, zweiseitig aufgetragen werden müssen und unter hohem Druck verkleben sowie
c) die Klebelösungen, thermoplastische Kunststoffe in organischen Lösungsmitteln, verwendet weniger für das Metallkleben als vielmehr in erster Linie zum Verkleben artverwandter Kunststoffe.

In diese Gruppe gehören auch die Schmelzkleber. Es handelt sich dabei um feste thermoplastische Kunststoffe (z.B. Polyvinylbutyral) oder Teerarten, die zum Verkleben aufgeschmolzen werden und durch Erkalten abbinden.

Die höchste Festigkeit ist mit Klebstoffen zu erzielen, bei denen während des Aushärtens chemische Bindungen aufgebaut werden, also chemisch reagierenden Klebstoffen. Sie werden in niedrigmolekularem Zustand auf das Fügeteil aufgetragen, adsorbiert und chemisch an das Metall gebunden. Erst im Anschluß daran werden sie in den hochmolekularen Zustand überführt.

Diese Reaktionen können nach den drei grundlegenden Reaktionsprozessen der Kunststoffgewinnung verlaufen. Danach kann es sich einmal um eine Polykondensation mit einer Abspaltung von Kondensationsprodukten, wie z.B. Wasser, handeln. Beispielhaft wäre hier zu nennen die Polykondensation von Phenolharzen. Klebstoffe dieser Art, die in fast allen Zustandsformen verwendet werden können, benötigen zum Aushärten einen größeren apparativen Aufwand für Heiz- und Preßvorrichtungen. Zum anderen kann es sich um Klebstoffe handeln, die in Form der Polymerisation oder der Polyaddition reagieren. Innerhalb dieser Gruppe ist weiter zu unterscheiden zwischen Einkomponenten- und Zwei-/Mehrkomponentenklebstoffen.

Die Einkomponentenkleber enthalten alle für die chemische Härtungsreaktion erforderlichen Voraussetzungen in ihrem molekularen Aufbau. Sie werden in gebrauchsfertigem Zustand gelagert und sind – im Rahmen ihrer Lagerfähigkeit – jederzeit verwendungsbereit. Diese Kleber sind in der Regel kaltaushärtend; die zur Aushärtung erforderlichen Reduktionen werden durch äußere Einflüsse in Gang gesetzt.

In diese Gruppe gehören die kaltaushärtenden Klebstoffe auf der Basis von Polycyanoacrylat. Diese Klebstoffe benötigen zur Aushärtung einen gleichmäßigen Anpreßdruck und eine bestimmte Feuchtigkeit. Sie sind allerdings nur für Klebfugen geringer Dicke geeignet. Auch ist ihre Wärmebeständigkeit gering.

Zum anderen zählen zu dieser Gruppe die quasianaerob, d.h. unter Luftabschluß aushärtenden Methylacrylate. Diese vernetzen teilweise räumlich, so daß sie in der Festigkeit den üblichen Klebstoffen gleichwertig sind.

Zweikomponenten-Klebstoffe bestehen aus dem monomeren Klebgrundstoff und einem Härter. Vor Gebrauch müssen beide in einem genau vorgeschriebenen Verhältnis gemischt werden. Einzeln können beide Komponenten praktisch unbegrenzte Zeit gelagert werde. Im gemischten Zustand kann der Klebstoff allerdings nur während einer gewissen Zeit, der Topfzeit, verarbeitet werden. Für kleine Mengen und gelegentliche Anwendung erfolgt das Anmischen in einem geeigneten Gefäß von Hand. Für die industrielle Anwendung hat sich der Einsatz von Mischpistolen zum Mischen, Dosieren und Auftragen des Klebstoffs durchgesetzt.

In die Gruppe der Zwei- bzw. Mehrkomponenten-Klebstoffe gehören die Polyester und Epoxidharze. Die Vernetzung erfolgt über eine Polymerisation oder Polyaddition, entweder bei Raumtemperatur oder bei entsprechender Modifizierung auch bei erhöhten Temperaturen. Kalthärtende Epoxidharze werden mit Aminen über eine Polyaddition vernetzt. Bei warmhärtenden Epoxidharzen verläuft die Polyaddition unter Zugabe von Säureanhydrid als Härter. Die kalthärtenden Polyester benötigen Peroxide als Katalysatoren (Härter).

Festigkeit der Klebverbindung

Klebverbindungen können auf Zug, Schub und Schälung beansprucht werden. Bei Zugbeanspruchung wird die Festigkeit der Verbindung durch die Zugfestigkeit des Klebstoffs bestimmt, die wesentlich geringer ist als die der Metalle. Ungünstig ist eine Schälbeanspruchung, bei der die Klebfuge „aufgerollt“ wird. Dabei wird der Klebstoff linienförmig mit sehr hoher Spannungskonzentration (Abreißlinie) auf Zug beansprucht, daß ein Versagen durch Einreißen des Klebstoffs bereits bei geringen äußeren Kräften erfolgt. Es ist daher ratsam, die Klebverbindung biegesteif auszubilden und gegen Schälen zu sichern. Klebverbindungen dürfen nicht schlagartig beansprucht werden, Bild 9.1.

Am günstigsten ist eine Scher- oder Zugscherbeanspruchung. Bei dieser werden die Adhäsionskräfte nicht so schnell abgebaut; die Unebenheiten der verklebten Oberflächen wirken als Verzahnung und die Fügeflächen können durch Überlappen beliebig groß ausgebildet werden, so daß die Festigkeit der Fügeteile optimal genutzt werden kann. Beispiele für geeignete Verbindungsformen zeigt Bild 9.2.

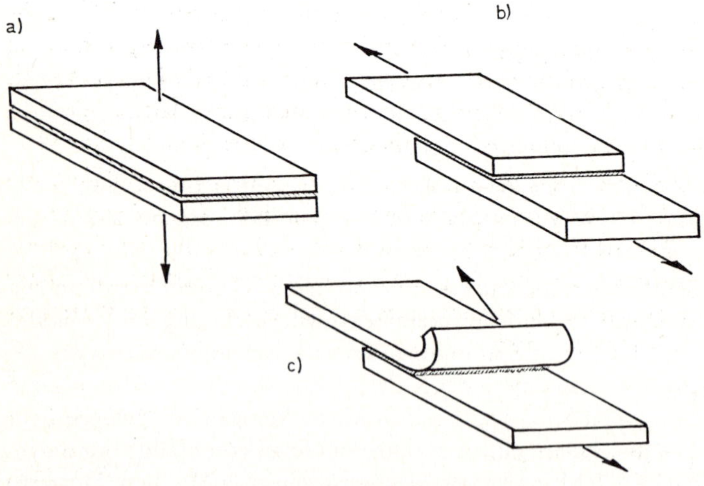

Bild 9.1 Beanspruchungsarten von Klebverbindungen
a) Zug b) Scherung c) Schälen

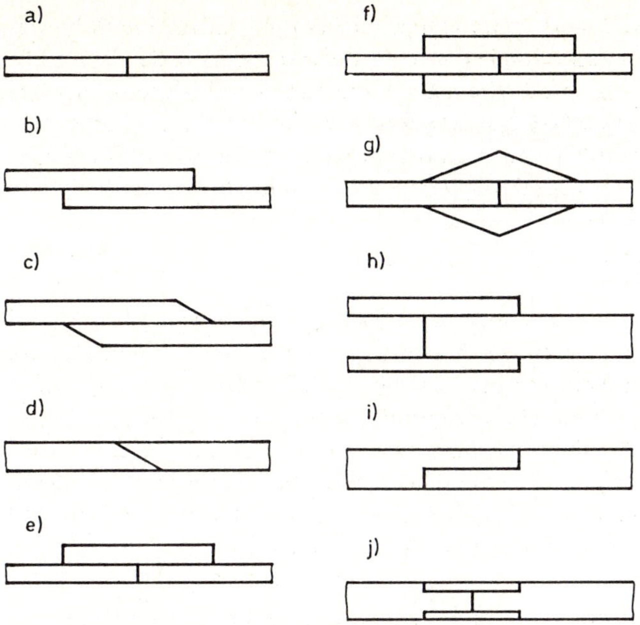

Bild 9.2 Verbindungsformen beim Kleben
Die Ausführungen a), i) und j) sind zu vermeiden

Prinzipiell ist eine Klebverbindung als Verbundwerkstoff zu betrachten. Es ist daher darauf zu achten, daß die Dehnung der Fügeteile bei Belastung mit der des Klebstoffs größenordnungsmäßig übereinstimmt. In der Regel wird angenommen, daß bei geklebten Verbindungen eine gleichmäßige Spannungsverteilung auftritt. In Wirklichkeit tritt an den Enden der Überlappung im Klebstoff aber eine Spannungserhöhung auf, die auf die unterschiedliche Dehnung zurückzuführen ist, Bild 9.3. Das Verhältnis von maximaler zu mittlerer Schubspannung, auch Spannungsspitzenfaktor genannt, ist ein Maß für die Verformbarkeit eines Klebstoffs und für diesen kennzeichnend.

Neben der Verformungsfähigkeit des Klebstoffs üben die Überlappungslänge, die Dicke der Klebschicht und die Verformung der Fügeteile Einfluß auf den Spannungsverlauf aus. Dabei ist weiter zu berücksichtigen, daß die Verformung der Fügeteile wiederum beeinflußt wird vom Elastizitätsmodul des verwendeten Werkstoffs und der Dicke der Fügeteile. Es ergeben sich damit folgende Einflußgrößen auf die Festigkeit einer einfach überlappten Klebverbindung:

Überlappungslänge,
Fügeteildicke,
Steifigkeit des Fügeteilwerkstoffs,
Dicke der Klebschicht,
Festigkeit des Klebstoffs,
Verformungseigenschaften des Klebstoffs.

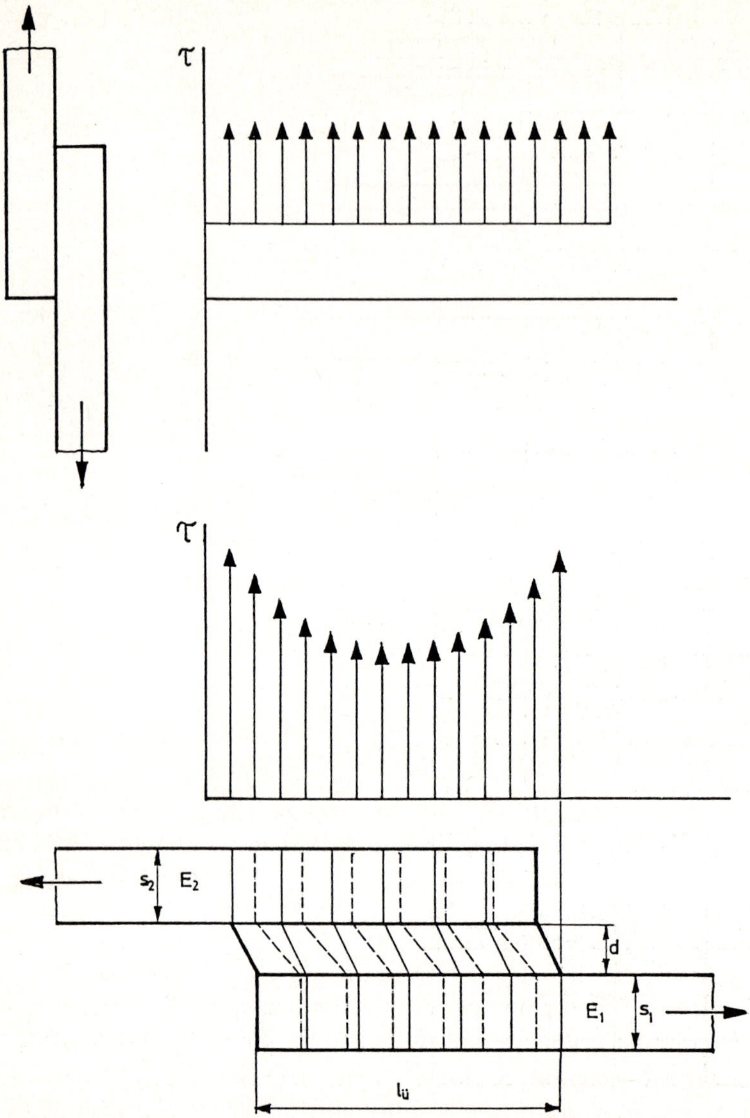

Bild 9.3 Idealisierte (oben) und wirkliche Spannungsverteilung (unten) in einer Klebverbindung

Die Bilder 9.4 a–e zeigen beispielhaft die Abhängigkeit der Zugscherfestigkeit von diesen Größen.

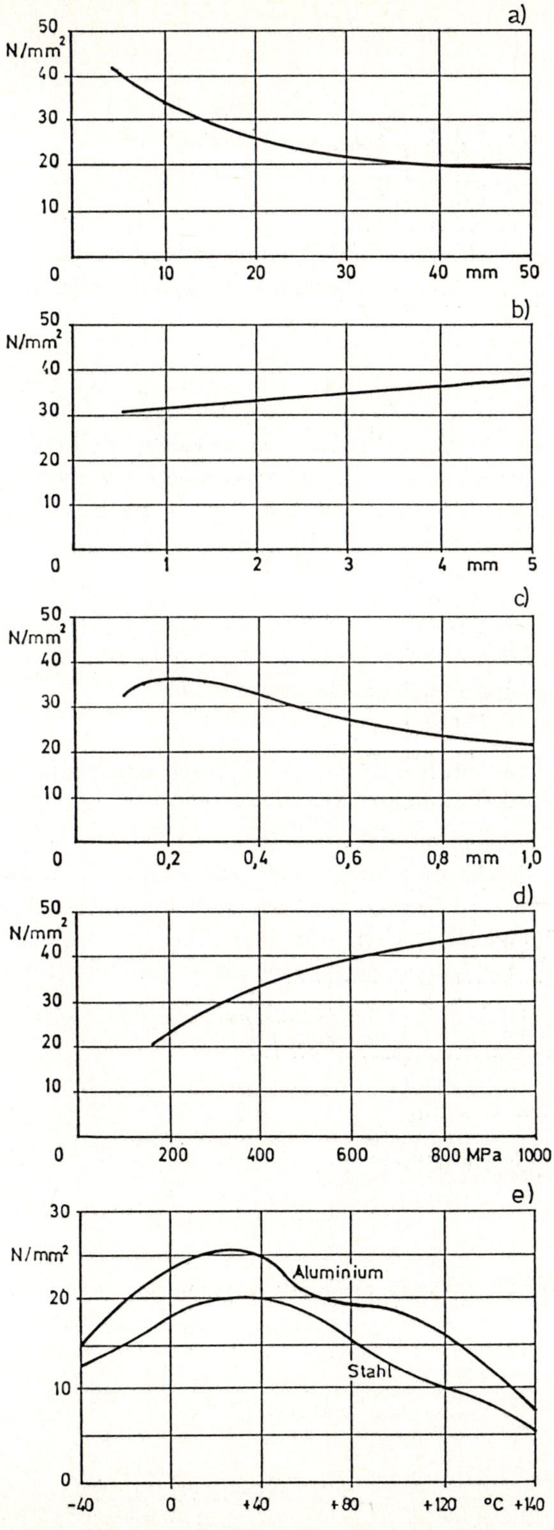

Bild 9.4
Einflußgrößen auf die Scherfestigkeit von Klebverbindungen
a) Überlappungslänge $l_{ü}$ b) Blechdicke s c) Schichtdicke d) Zugfestigkeit R_m der Fügeteile
e) Temperatur T

10 Kunststoffschweißen

Kunststoffe sind aus organischen Grundstoffen synthetisch erzeugte Werkstoffe. Gekennzeichnet sind sie durch einen Aufbau aus makromolekularen Verbindungen mit hohem Molekulargewicht.

Nach dem Aufbau werden unterschieden

Thermoplaste

Diese sind aufgebaut aus linearen bzw. verzweigten Kettenmolekülen, die in sich durch Hauptvalenzen, untereinander jedoch nur durch Sekundärbindungen zusammengehalten werden. Sie sind in der Wärme schmelzbar und in organischen Lösungsmitteln löslich. Bei Raumtemperatur sind sie weich bis zähhart.

Elastomere

Charakteristisch ist ihr Aufbau aus schwach vernetzten Kettenmolekülen. Dies hat zur Folge, daß sie nicht mehr schmelzbar sind; in Lösungsmitteln quellen sie, sind aber nicht mehr löslich. Bei Raumtemperatur sind sie elastisch weich.

Duroplaste

Duroplaste sind aus stark vernetzten Molekülen aufgebaut. Dadurch sind sie nicht mehr schmelzbar, nicht quellbar, unlöslich und hart.

Von diesen Kunststoffen sind nur die Thermoplaste schweißbar. Die fadenförmigen Makromoleküle liegen bei diesen Kunststoffen amorph oder teilkristallin vor. Der amorphe wie auch der teilkristalline Zustand können wiederum in eine unorientierte und eine orientierte Struktur unterschieden werden, Bild 10.1. Die mechanischen Eigenschaften und das Formänderungsverhalten der Thermoplaste sind von ihrer Struktur abhängig, Bild 10.2.

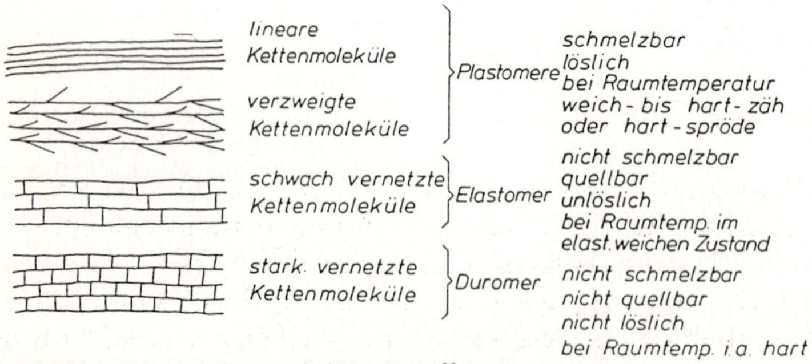

Bild 10.1 Zustandsformen bei Kunststoffen

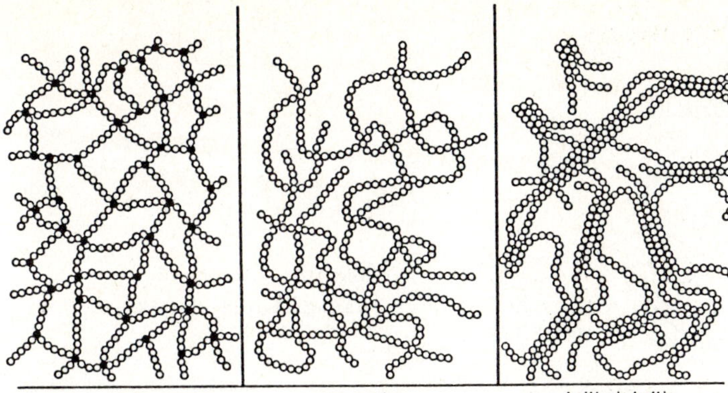

Bild 10.2 Orientierung der Makromoleküle in Kunststoffen

Erwärmt man einen Thermoplast, so verstärkt sich die vorhandene Eigenbewegung der Moleküle, gleichzeitig wird die Wirkung der Sekundärbindungen zwischen den Molekülen abgebaut. Dies ermöglicht die Umformung des plastifizierten Kunststoffs durch entsprechende Verfahren. Wird der Kunststoff in der neuen Form abgekühlt, so behält er diese bei.

Besonders zu beachten ist der Einfluß der Hilfsstoffe. Schon geringe Zusätze von Additiven oder Zuschlagstoffen beeinflussen u. U. die Schweißeignung erheblich.

Das Schweißen von Thermoplasten erfolgt im hochviskosen Zustand unter Anwendung von Druck. Die Kettenmoleküle an den Grenzflächen sollen sich dabei durchdringen und verknäueln. Eine wichtige Einschränkung besteht darin, daß nur gleichartige Kunststoffe miteinander verbunden werden können.

Für das Schweißen von Kunststoffen kommen nach DIN 1910 folgende Verfahren in Betracht:

1. Warmgasschweißen (W) und Extrusionsschweißen (WE)
2. Direktes und indirektes Heizelementschweißen
3. Hochfrequenzschweißen (HF)
4. Ultraschallschweißen (US)
5. Reibschweißen (FR)

Warmgasschweißen

Bei diesem, zuerst als Warmgas-Fächelschweißen ausgeführten Verfahren wird an der Schweißstelle Grund- und Zusatzwerkstoff mit einem Warmluftstrom erwärmt. Üblich ist es, gereinigte Luft, u. U. auch ein Inertgas, mit einem elektrischen Heizelement zu erwärmen, Bild 10.3. Die Verwendung von temperaturgeregelten Hand- und Maschinengeräten ist dabei vorteilhaft. Die Gastemperatur ist auf den zu verschweißenden Kunststoff abzustimmen; in erster Linie sind dies PVC hart und weich sowie PE.

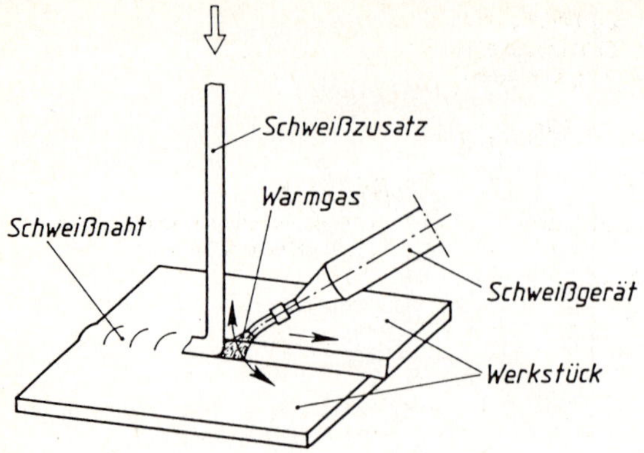

Bild 10.3
Warmgas-Fächelschweißen (nach DIN 1910)

Beim Schweißen wird der Warmgasstrom in einer leicht fächelnden Auf- und Abwärtsbewegung gegen den Grundwerkstoff und den harten Schweißstab gerichtet, so daß beide gleichmäßig erwärmt werden. Ist der plastische Zustand erreicht, so wird der Zusatzwerkstoff senkrecht in den erweichten Grundwerkstoff gedrückt und damit verschweißt. Abweichungen von der lotrechten Zuführung des Zusatzwerkstoffs setzen die Belastbarkeit der Verbindung herab, führen zu Rißbildung bzw. zu Stauchwölbungen. Beim Schweißen weicher, flexibler Kunststoffe wird als Hilfsmittel eine Anpreßrolle zum Andrücken des Zusatzwerkstoffs verwendet. Die Nahtart richtet sich nach der Dicke des zu verschweißenden Teils und den Anforderungen an die Festigkeit der Naht. Üblich sind V-, DV-, U- und Kehlnähte. auch der Stumpfstoß mit Lasche und der Überlappstoß werden verwendet.

Varianten dieses Verfahrens sind das Warmgas-Ziehschweißen und das Warmgas-Überlappschweißen.

Extrusionsschweißen

Dieses Verfahren zählt systematisch zu den Warmgas-Schweißverfahren und wird nach Norm als Warmgas-Extrusionsschweißen bezeichnet. Sein Einsatzgebiet ist z.B. im Behälterbau beim Verschweißen dickwandiger Platten aus PE und PP.

Das Schweißgerät besteht aus einem kleinen transportablen Extruder. In diesem wird Granulat erwärmt und in seiner Schnecke plastifiziert. Der plastische Kunststoff wird über einen beheizten Metallschlauch zum Schweißkopf geführt. Im Schweißkopf befindet sich ein Warmgasgebläse, das die Aufgabe hat, den Grundwerkstoff zu erwärmen. Mittels eines Schweißschuhs wird dann die plastifizierte Kunststoffmasse in die vorgewärmte Nahtfuge gepreßt, Bild 10.4. Mit diesem Verfahren erübrigt sich eine Mehrlagenschweißung; die so hergestellten Nähte können auch höher belastet werden.

Erfolgt die Erwärmung der Schweißstelle mit Hilfe einer Lichtquelle, so spricht man von Lichtstrahl-Extrusionsschweißen.

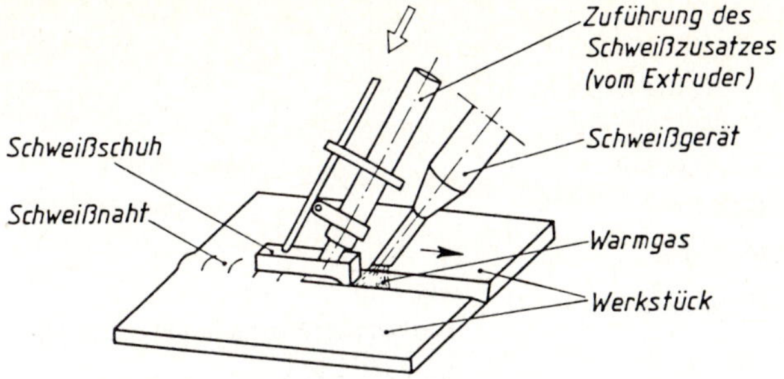

Bild 10.4
Warmgas-Extrusionsschweißen (nach DIN 1910)

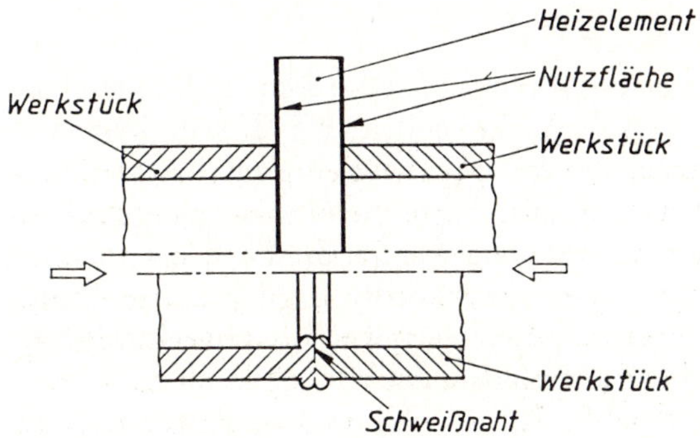

Bild 10.5
Heizelementstumpfschweißen (nach DIN 1910)

Direktes Heizelementschweißen

Das Verfahren eignet sich in Form des Heizelement-Stumpfschweißens sehr gut zum Verbinden von Profilen und Rohren aus PVC, PE, PP und PA. Die zu verschweißenden Teile werden in einer Vorrichtung gespannt und zentriert; falls erforderlich, werden die Stirnflächen der zu verbindenden Teile planparallel bearbeitet. Während dieser Arbeiten wird das Heizelement, z.B. eine teflonbeschichtete Aluminiumplatte mit eingesetzten Heizstäben, auf die erforderliche Schweißtemperatur erwärmt. Ist diese erreicht, so wird das Heizelement zwischen die zu verschweißenden Teile gebracht, die darauf gegen das Heizelement gepreßt werden. Während dieser Zeit, auch als Anwärmzeit bezeichnet, wird der Kunststoff plastifiziert, so daß nach Entfernen des Heizelements die Verbindungsflächen unter Druck verschweißt werden können, Bild 10.5.

Neben dieser Ausführung kennt man als Verfahrensvarianten das Heizelement-Nutschweißen, das Heizelement-Schwenkbiegeschweißen, das Heizelement-Muffenschweißen und das Heizwendelschweißen.

In Form des Heizkeilschweißens eignet sich das Direkte Heizelementschweißen auch zum Verbinden von dickeren Folien mit einer Überlappnaht.

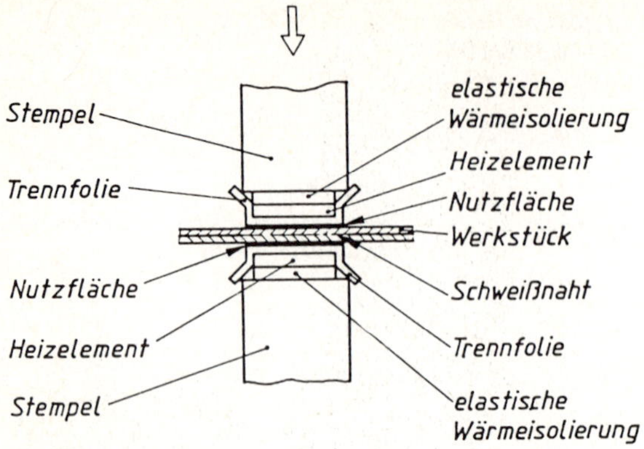

Bild 10.6
Heizelement-Wärmeimpulsschweißen (nach DIN 1910)

Indirektes Heizelementschweißen

Zum Verschweißen dünner Folien mit einer Überlappnaht wird das Indirekte Heizelementschweißen in verschiedenen Varianten verwendet. Bei diesem Verfahren werden die meist linienförmigen Heizelemente ein- oder beidseitig auf die übereinandergelegten Folien gepreßt, Bild 10.6. Als Isolierung zwischen Heizelement und Fügeteilen dient meist eine PTFE-Schicht. Gleichzeitig werden die Fügeteile während einer vorwählbaren Zeit auf die Schweißtemperatur erwärmt und dabei unter Druck verschweißt. Die Erwärmung erfolgt dabei impulsartig, indem das Heizelement nur während des Erwärmens beheizt wird (Wärmeimpulsschweißen) oder mit einem dauerbeheizten Heizelement, wobei dann die Kraft nur während des Erwärmens der Fügeteile wirkt (Wärmekontakt- und Rollbandschweißen). Die Abkühlung erfolgt noch unter Druckeinwirkung, wobei im Falle der dauerbeheizten Heizelemente Stütz- oder Transportbänder zur Aufrechterhaltung des Druckes erforderlich sind.

Kennzeichnend für dieses Verfahren ist eine ungleichmäßige Temperaturverteilung, was zu einer Verringerung der Dicke in der Schweißnaht führt.

Ultraschallschweißen

Beim Ultraschallschweißen erwärmen und plastifizieren sich die Fügeflächen infolge der Einwirkung der mechanischen Energie eines hochfrequenten Schalls. Das Verschweißen erfolgt dabei unter Druck ohne Zusatzwerkstoff als Überlapp- oder Stumpfnaht. Bild 10.7 zeigt die prinzipielle Anordnung des Verfahrens beim Schweißen von Kunststoffen, Bild 10.8 ein handelsübliches Ultraschallschweißgerät.

Die in einem Generator erzeugte Hochfrequenz von 20 oder 35 bzw. 40 kHz wird in einem Schallwandler in mechanische Schwingungen umgesetzt. Diese werden von einer Sonotrode auf das Werkstück übertragen, das zwischen dem Amboß und der Sonotrode unter mechanischem Druck steht. Generator, Schallwandler und Sonotrode arbeiten in Resonanz. Die verwendete Frequenz ist dabei auch von der Dicke der zu verschweißenden Teile abhängig. Die Schweißzeiten liegen bei Leistungen bis 700 W im Bereich von 1 Sekunde und darunter.

Sehr gut schweißgeeignet sind Polyacrylate und Polystyrol. Ungünstiger verhalten sich PE und PP.

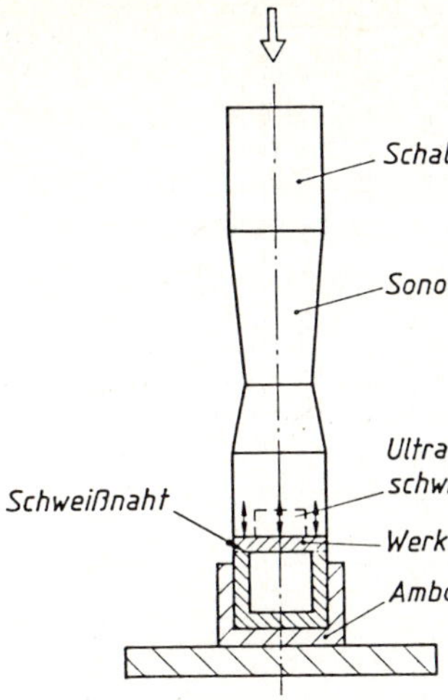

Bild 10.7 Ultraschallschweißen (nach DIN 1910)

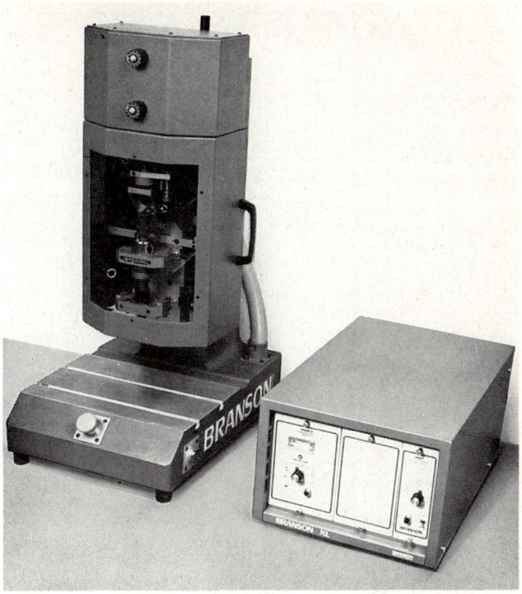

Bild 10.8 Ultraschallschweißgerät für Kunststoffe Werkfoto Branson

Reibschweißen

Beim Reibschweißen erfolgt die Erwärmung der Fügeteile auf die Schweißtemperatur durch eine Relativbewegung der Teile zueinander unter gleichzeitiger Druckeinwirkung.

Für ratationssymmetrische Teile kleiner Abmessungen wird das Rotationsschweißen angewandt, das in seinem prinzipiellen Ablauf dem bei Metallen angewandten Verfahren entspricht (siehe Seite 94ff).

Nichtrunde, z.B. plattenförmige Teile, können mit dem Vibrationsschweißen verschweißt werden. Die Erwärmung erfolgt dabei unter geradliniger Bewegung der Teile zueinander mit Frequenzen von etwa 100 Hz bei Amplituden von 2 bis 5 mm.

Hochfrequenzschweißen

Dieses Verfahren ist das meistbenutzte Verfahren zum Verschweißen von Kunststoff-Folien. Die an der Folienoberfläche liegenden Molekülgruppen werden dabei durch eine dielektrische Erwärmung auf Schmelztemperatur gebracht und unter Druck miteinander verbunden.

Elektrisch schlecht oder nichtleitende Werkstoffe erwärmen sich in einem hochfrequenten Wechselfeld. In der Praxis werden die zu erwärmenden Teile zwischen zwei Elektroden gebracht, wodurch elektrisch gesehen ein Kondensator entsteht. Polare Moleküle (Dipole) beginnen unter dem Einfluß der hochfrequenten Wechselspannung

Tabelle 26 Dielektrizitätskonstante, Verlustfaktor und Verlustwert für verschiedene Kunststoffe (nach Stuwe)

Kunststoff	Meßfrequenz (MHz)	ϵ_r (./.)	tan δ (./.)	$\epsilon_r \cdot \tan\delta$ (./.)	Meßobjekt
Polyvinylchlorid	1	3,8 ... 3,0	0,03 ... 0,02	0,114 ... 0,06	Weichmacherfreie Formmasse
Polyamid	1	3,5	0,02	0,07	Gespritzte Normalprüfkörper
Celluloseacetat	1	4,6	0,06	0,276	Formmasse
Acetylcelloid	1	5	0,08	0,40	Tafelmaterial
Celluloid	1	5	0,05	0,25	Tafelmaterial
Polystyrol					
Typ 501	1	2,5	0,0002	0,0005	Gespritzte Normprüfkörper
schlagfest	1	2,6 ... 2,8	0,001 ... 0,003	0,0026 ... 0,0084	
hochschlagfest	1	2,6 ... 2,9	0,002 ... 0,01	0,0052 ... 0,029	
Polyäthylen					
niedrige Dichte	1	2,29	< 0,0003	< 0,00069	Gespritzte Normprüfkörper
hohe Dichte	1	2,34	< 0,0005	< 0,00117	
Polypropylen	1	2,26	< 0,0005	< 0,00113	Gespritzte Normprüfkörper
Polytetrafluoräthylen	1	2,0 ... 2,1	< 0,0005	< 0,001	Gepreßte Probekörper

um ihre Ruhelage zu schwingen. Da diese Schwingungsbewegung gegen die inneren Bindungskräfte erfolgt, ist ein Energieverbrauch die Folge, der für die Wärmeentwicklung im Werkstoff ursächlich ist. Die erzeugte Wärme ist der Frequenz, dem Verlustwert des dielektrischen Werkstoffs, dessen Volumen zwischen den Elektroden und der elektrischen Feldstärke proportional.

Für HF-Schweißgeräte wird eine Arbeitsfrequenz von 27,12 MHz (Industriefrequenz) bevorzugt verwendet. Zur Erzeugung einer für die Schweißung ausreichend hohen Temperatur ist ein möglichst hoher Verlustwert erforderlich. Dieser ist das Produkt aus der relativen Dielektrizitätskonstanten des Werkstoffs und dem Verlustfaktor des „Kondensators". Beides sind keine Materialkonstanten, vielmehr sind die Werte von der Frequenz und der Temperatur abhängig, Tabelle 26. Für die Frequenz von 27,12 MHz ist für eine ausreichende Erwärmung ein Verlustwert von mindestens 0,01 erforderlich.

Wird mit dieser Frequenz gearbeitet, liegt die HF-Spannung je nach Dicke der zu verschweißenden Folien zwischen 500 und 800 Volt. Die Feldstärke verändert sich umgekehrt proportional zum Abstand der Elektroden. Bei konstanter Spannung nimmt sie daher mit abnehmendem Abstand, d.h. kleinerer Foliendicke ab. Dies kann dazu führen, daß die Durchbruchsfeldstärke erreicht wird und somit Funkenüberschläge oder Lichtbögen auftreten.

Bild 10.9 zeigt die prinzipielle Anordnung des Verfahrens. Eine der beiden stegförmig ausgebildeten Elektroden ist beweglich, so daß die zu verschweißenden Folien zwischen den Elektroden unter Druck gesetzt werden können. Im Schweißnahtbereich wird die Kunststoffmasse bis auf Schmelztemperatur erwärmt; die Erwärmung wird zeitlich so begrenzt, daß die Zersetzungstemperatur nicht erreicht wird. Gleichzeitig wird im Schweißnahtbereich ein solcher Druck ausgeübt, daß eine Vermengung der aufgeschmolzenen Moleküle eintritt.

Mit dem Verschweißen ist eine Schwächung des Folienmaterials in der Naht verbunden, die abhängig von der Breite der Elektrode zwischen 30 und 70% liegt. Die Qualität einer solchen Naht ist wesentlich abhängig von der Elektrodenform, der Schweißenergie, dem Preßdruck, der Foliendicke und dem Weichmachergehalt der Folie.

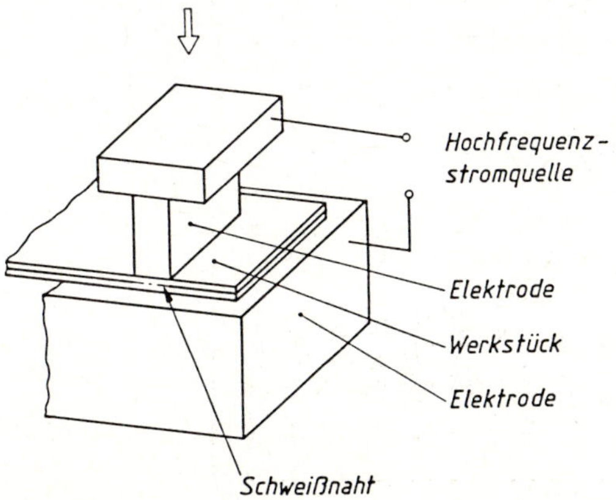

Bild 10.9
Hochfrequenzschweißen (nach DIN 1910)

11 Thermisches Trennen

Brennschneiden

Brennschneiden ist nach DIN 2310 ein thermisches Trennverfahren, das mit einer Brenngas-Sauerstoff-Flamme und Schneidsauerstoff ausgeführt wird. Der zum Brennschneiden geeignete Werkstoff wird örtlich auf Zündtemperatur erwärmt und dort im Sauerstoffstrahl verbrannt.

Die Anschnittstelle wird zu Beginn des Schneidvorgangs mit der Heizflamme eines besonderen Schneidbrenners auf die Entzündungstemperatur des Werkstoffs erwärmt. Ist diese erreicht, so wird der zum Schneiden erforderliche Sauerstoff auf die erwärmte Anschnittstelle geleitet. Dabei verbrennt der Werkstoff im Bereich des Sauerstoffstrahls. Das entstehende dünnflüssige Oxid wird durch den Druck des Strahls aus der Schnittfuge herausgeblasen bzw. lagert sich als dünner Film auf der Schnittfläche ab, Bild 11.1. Bei richtiger Brennereinstellung entsteht eine gleichmäßig breite Schnittfuge mit nahezu glatter Schnittfläche. Dazu ist einmal die Größe der Düse und der Druck des Brennsauerstoffs der Dicke des zu schneidenden Blechs anzupassen. Zum anderen muß die Düse in einem bestimmten Abstand von der Blechoberkante geführt werden. Ist der Abstand zu klein, so bereitet das Vorwärmen Schwierigkeiten, ist er zu groß, so kann das Oxid nicht einwandfrei ausgeblasen werden. Schließlich muß die Schnittgeschwindigkeit so gewählt werden, daß sie mit der Geschwindigkeit der Vorwärmung übereinstimmt. Die Vorwärmung muß während des gesamten Schneidvorgangs wirksam seien. Zwar würde die bei der Verbrennung des Metalls frei werdende Wärme ausreichen, um die Entzündungstemperatur aufrechtzuerhalten, doch kühlt der Sauerstoffstrahl den Werkstoff am Auftreffpunkt so stark ab, daß die Zufuhr von Wärme notwendig bleibt.

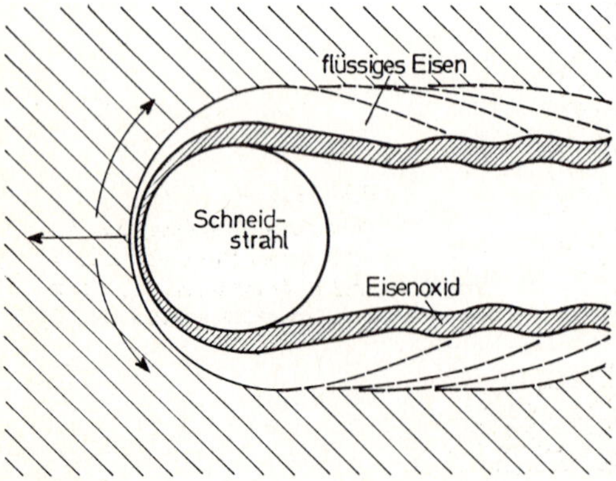

Bild 11.1
Vorgänge in der Metallschmelze beim Schneiden

Die Güte der Schnittfläche wird anhand der in DIN 2310 Teil 2 gegebenen Richtwerte beurteilt.

Die zum Brennschneiden verwendeten Brenner sind in der Regel als Saugbrenner ausgebildet. Zum Schneiden von Hand wird auf das Griffstück eines zum Schweißen verwendeten Schweißbrenners ein besonderer Schneideinsatz geschraubt.

Üblich sind heute Ring- und Blockdüsen, Bild 11.2. Der richtige Abstand von Düse und Werkstückoberfläche beim Schneiden wird durch einen „Brennerwagen“ gewährleistet, der am Schneideinsatz befestigt wird.

Das maschinelle Brennschneiden liefert Schnittflächen, die hinsichtlich der Oberflächenqualität, der Kantenschärfe und der Maßhaltigkeit hohen Ansprüchen gerecht werden. Hierzu werden besondere Maschinenschneidbrenner verwendet. Wichtiges

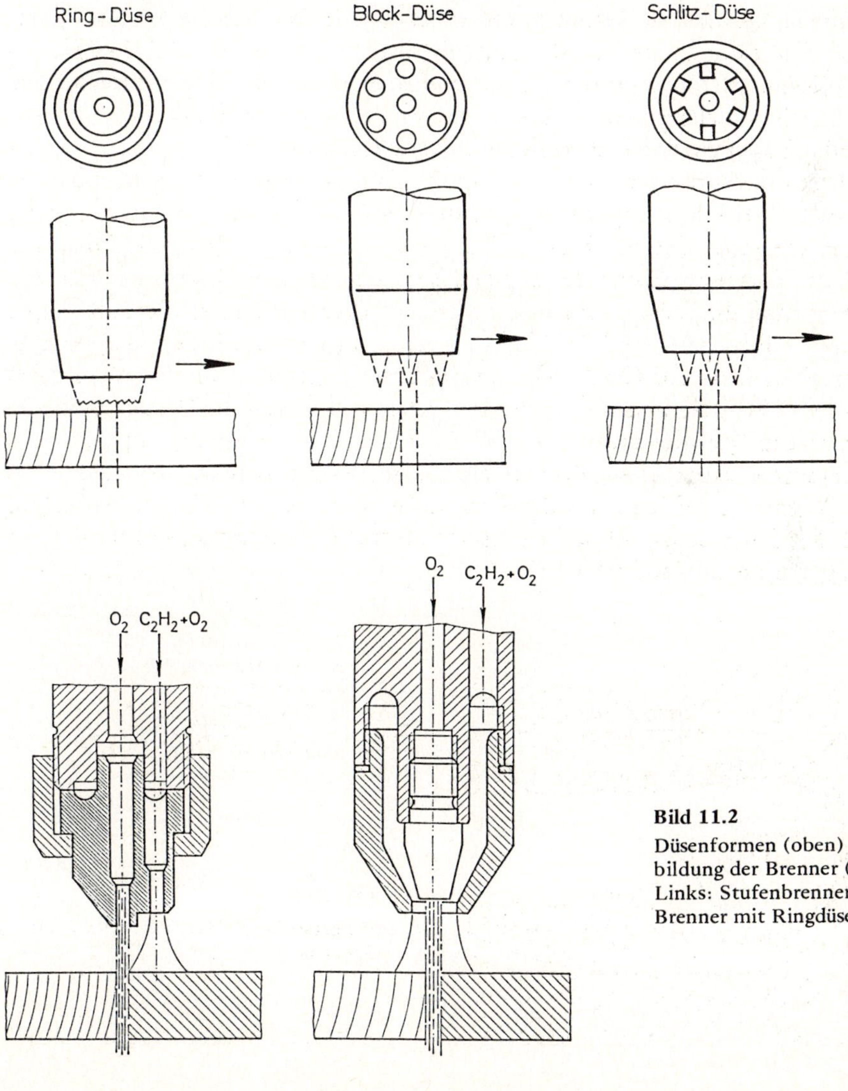

Bild 11.2
Düsenformen (oben) und Ausbildung der Brenner (unten)
Links: Stufenbrenner, rechts: Brenner mit Ringdüse

Element moderner Brennschneidemaschinen ist die Steuerung des Brenners. Sie erfolgt bei einfachen Maschinen von Hand durch Verfolgen der Schnittlinie auf einer Zeichnung mit einem Lichtkreuz. Bei automatisch arbeitenden Maschinen findet man neben Schablonenabtastung optisch-elektronische Nachlaufsteuerungen und CNC-Steuerungen. Besonders wirtschaftlich ist das gleichzeitige Schneiden mit mehreren Brennern.

Als Brenngas kommt in erster Linie Acetylen in Betracht. Möglich ist auch das Arbeiten mit Erdgas, Propan und Wasserstoff. Besondere Anforderungen werden an die Reinheit des zum Schneiden benutzten Sauerstoffs gestellt, da Schneidgeschwindigkeit und Schnittgüte davon abhängen.

Zum Brennschneiden geeignet sind Metalle, die folgende Anforderungen erfüllen:

- Das Metall muß bei Entzündungstemperatur im Sauerstoff oxidierbar sein;
- der Schmelzpunkt des Metalloxids muß unterhalb des Schmelzpunkts des Metalls liegen;
- die Entzündungstemperatur des Metalls muß kleiner sein als seine Schmelztemperatur;
- die Wärmeleitfähigkeit des Metalls muß möglichst gering sein;
- die Verbrennungswärme muß möglichst groß sein, damit die angrenzenden Bezirke des Werkstoffs auf Entzündungstemperatur erwärmt werden.

Bei den Stählen hängt die Eignung zum Brennschneiden im wesentlichen vom Kohlenstoffgehalt ab. Daneben sind die Anteile an Legierungselementen zu berücksichtigen. So wirken sich Chrom, Nickel und Molybdän negativ aus, während Mangan einen günstigen Einfluß ausübt. Den Einfluß der Legierungselemente verdeutlicht Tabelle 27.

Tabelle 27 Einfluß der Legierungselemente auf das Verhalten der Stähle beim Brennschneiden (nach Rellensmann)

Legierungselement		obere Grenze des Anteils %	brennschneidgeeignet
Kohlenstoff	C	0,25	ohne Vorwärmung
		1,6	mit Vorwärmung
Silizium	Si	2,5	bei max. 0,2 % C
Mangan	Mn	13,0	und 1,3 % C
		1,3	bei reinen Manganstählen
Chrom	Cr	1,5	ohne Nickel-Gehalte
Wolfram	W	10,0	bei max. 0,5 Cr, 0,2 Ni und 0,8 % C
Nickel	Ni	7,0	
		35,0	wenn C < 0,3 %
Molybdän	Mo	0,8	
Kupfer	Cu	0,7	

Grauguß ist zum autogenen Brennschneiden nicht geeignet, da seine Entzündungstemperatur über der Schmelztemperatur liegt. Chrom-Nickel-Stähle bereiten Schwierigkeiten, weil einerseits bei der Verbrennung von Nickel zu wenig Wärme freigesetzt wird, andererseits Chrom schwer schmelzbare Chromoxide bildet. Neigen Stähle infolge ihrer Zusammensetzung zum Aufhärten oder zur Rißbildung, so ist ein Vor- bzw. Nachwärmen angezeigt.

Brennfugen

Eine Variante des Brennschneidens ist das Brennfugen oder Fugenhobeln. Der Unterschied der Verfahren liegt darin, daß der mit einer besonderen Düse versehene Schneidbrenner beim Fugenhobeln unter einem Winkel von etwa 30° zur Oberfläche des Werkstücks angestellt wird. Damit wird nur ein Teil des auf Entzündungstemperatur erwärmten Werkstoffs verbrannt, der größere Teil wird in Arbeitsrichtung ausgeblasen, Bild 11.3.

Angewendet wird das Verfahren zum Ausarbeiten von Wurzeln und Fehlstellen in Schweißnähten oder zum Vorbereiten von Nähten mit besonderen Nahtformen.

Brennbohren

Dieses Verfahren ist auch unter der Bezeichnung „Sauerstoffkernlanze“ bekannt. Es handelt sich dabei um ein thermisches Verfahren zum Durchbohren von vorzugsweise nichtmetallischen Werkstoffen wie Beton oder Mauerwerk. Dabei wird an der Bohrstelle durch das Verbrennen von Eisen im Sauerstoffstrom eine Temperatur erzeugt, die auch mineralische Stoffe zum Schmelzen bringt. Im Prinzip handelt es sich bei der Sauerstofflanze um ein Stahlrohr, das zwei Aufgaben zu erfüllen hat:

- Zuleitung des Sauerstoffs und
- Führungsrohr für den zum Schneiden zugesetzten Stahldraht (Kernlanze).

Der Schneidvorgang beginnt mit dem Erwärmen des Stahlrohrs und des Eisenkerns auf die Entzündungstemperatur des Eisens mittel eines Schweißbrenners. Mit Zugabe des Sauerstoffs beginnen Rohr und Eisenkern nach rückwärts abzubrennen. Unter dem Einfluß der entstehenden Wärme entsteht bei mineralischen Werkstoffen eine dünnflüssige Silikatschmelze, die bei richtiger Lanzenstellung durch die Energie des Sauerstoffstrahls aus dem Bohrloch ausgetrieben wird. Bild 11.4.

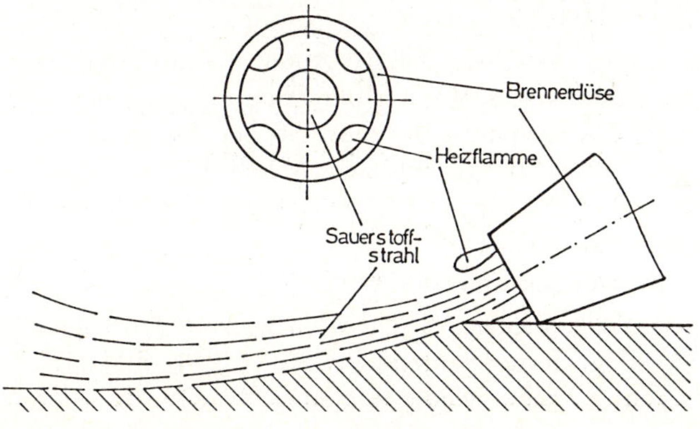

Bild 11.3
Brennfugen

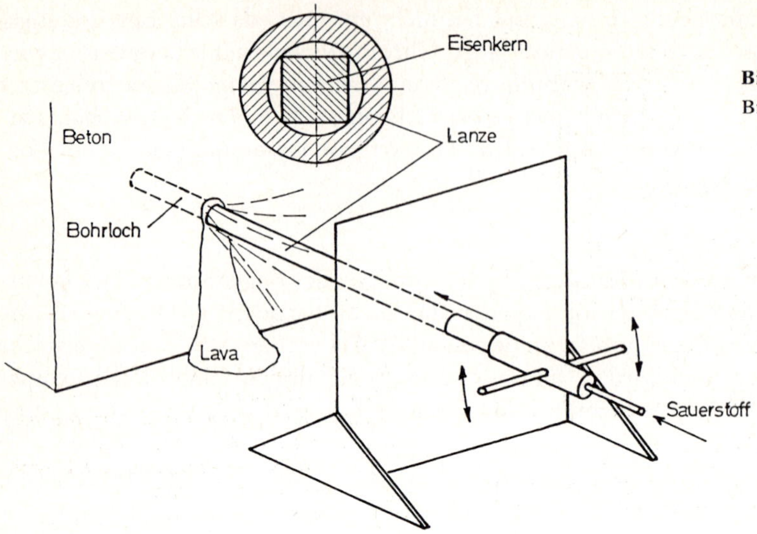

Bild 11.4
Brennbohren

Plasmaschneiden

Dieses Verfahren verwendet den im Abschnitt „Plasma-Schweißen" beschriebenen Plasmastrahl zum Schneiden von metallischen Werkstoffen. Entwickelt wurde es zum Trennen von Metallen mit schlechter Eignung zum Brennschneiden, wie Aluminium, Kupfer und deren Legierungen bzw. hochlegierte Stähle.

Vom Brennschneiden unterscheidet sich das Plasmaschneiden grundsätzlich dadurch, daß das erstere einen chemischen Prozeß darstellt, bei dem Eisen zu Eisenoxid umgewandelt wird, während beim Plasmaschneiden das Metall nur aufgeschmolzen wird. Damit ist es für alle schmelzenden Werkstoffe geeignet.

Die verwendeten Schneidgeräte arbeiten für elektrisch leitende Werkstoffe bevorzugt mit einem übertragenen Lichtbogen. Demgegenüber lassen sich mit dem nichtübertragenen Lichtbogen auch elektrisch nichtleitende Werkstoffe schneiden. Die Zündung des Lichtbogens erfolgt mit einem Hochfrequenzzündgerät zuerst in Form eines Pilotlichtbogens zwischen einer Wolframelektroden und der Düse, die als Anode geschaltet ist. Dadurch wird das Plasmagas ionisiert, so daß eine ionisierte Brücke zum Werkstück entsteht, der der Lichtbogen folgen kann.

Für den optimalen Schneidvorgang ist es wichtig, daß der Anteil an ionisierten Gasen möglichst groß ist. Verwendet werden Argon, Wasserstoff, Stickstoff und auch Luft, wobei sich ein Argon-Wasserstoff-Gemisch besonders bewährt hat. Daneben ist eine gewisse Energiedichte erforderlich, damit das geschmolzene Metall vollständig aus der Schneidfuge ausgeblasen wird.

Beim Plasmaschneiden können keine parallelen Schnittkanten erzeugt werden; die Fuge hat immer die Form eines V mit Neigungswinkeln um 2°.

Für das Plasmaschneiden wurden verschiedene Verfahren entwickelt. Durchgesetzt hat sich das Wasser-Plasmaschneiden, dessen prinzipieller Aufbau aus Bild 11.5 zu ersehen ist. Die Wolfram-Elektrode ist dabei wieder von einer Düse für den hier als

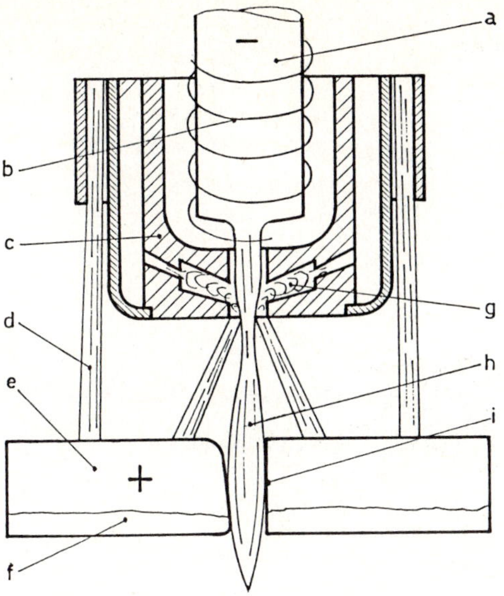

Bild 11.5
Wasser-Plasmaschneiden nach Union Carbide
a Elektrode b Gaswirbel c Düse d Wassermantel e Werkstück f Wasserbad g Schneidwasser-Wirbelkammer h Plasmalichtbogen i Schnittkante

Plasmagas verwendeten Stickstoff umgeben. Konzentrisch dazu sind weitere Düsen im Brenner angeordnet, über die Wasser zugeführt wird. Die innere Wasserdüse spritzt Wasser radial in den Plasmastrahl, wobei dieses verdampft und in Wasserstoff und Sauerstoff dissoziiert. Zusammen mit dem Stickstoff bilden diese beiden Gase dann das Plasmagas. Über die äußere Düse wird zur Abschirmung ein Wassermantel erzeugt.

Gegenüber dem „trockenen“ Verfahren weist dieses „nasse“ Verfahren einige Vorteile auf:

– die beim Schneiden verwendeten bzw. entstehenden Gase werden im Wasser gelöst;
– das aus der Schneidfuge ausgetragene Material sammelt sich in Kugelform auf dem Boden des Wasserbeckens;
– das beim Schneiden entstehende Geräusch wird gedämpft und die emittierte UV-Strahlung geschwächt;
– die zu bearbeitenden Werkstücke erwärmen sich nicht, damit tritt kein Verziehen auf;
– bei den zur Oxidation neigenden Cr-Ni-Stählen wird diese unterbunden.

Noch günstiger ist es, wenn wie bei den Unterwasser-Plasma-Anlagen die zu schneidenden Bleche und der Schneidkopf vollständig unterhalb des Wasserspiegels liegen.

In jüngster Zeit wurde verstärkt an der Weiterentwicklung der trockenen Verfahren gearbeitet. Bild 11.6 zeigt eine einfach zu bedienende Plasmaschneidanlage zum Schneiden von Stahlblechen bis 12 mm Dicke ohne Wasser.

Das Plasmaschneiden arbeitet mit Spannungen bis 200 V und Stromstärken, die je nach Blechdicke bis zu 450 A betragen können. Die erreichbare Schneidgeschwindigkeit ist neben der Blechdicke auch vom Werkstoff und der Leistungsfähigkeit der Anlage abhängig.

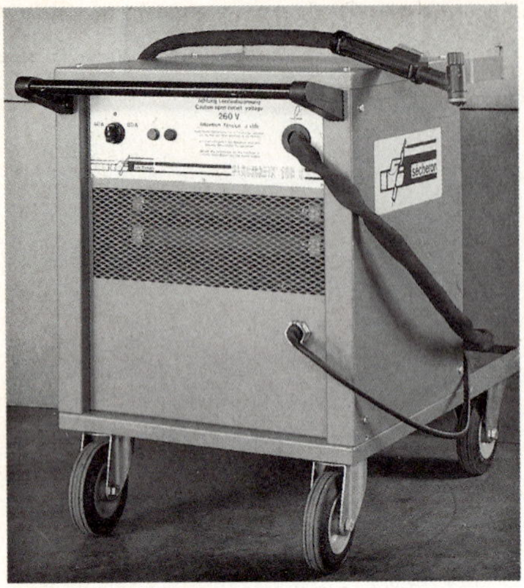

Bild 11.6
„Trockene" Plasmaschneidanlage „Plasmafix 100C"
Werkfoto Oerlikon/sécheron

Laserstrahlschneiden

Die Erzeugung wie auch die Eigenschaften des beim Laserstrahlschneiden verwendeten Strahls wurden bereits beim Laserstrahlschweißen beschrieben. Ergänzend ist hier anzumerken, daß der Laserstrahl kein Schneidwerkzeug ist; er ist der Lieferant der zur Werkstofftrennung erforderlichen Energie. Beim Auftreffen des Laserstrahls auf das Bauteil wird dieser vom Werkstoff absorbiert. Das Schneiden erfolgt dabei umso leichter, je höher die Absorptionsfähigkeit des Werkstoffs ist. Diese ist wiederum von der Wellenlänge des Strahls abhängig.

Der Strahl des zumeist verwendeten CO_2-Lasers hat eine feste Wellenlänge von 10,6 µm (Infrarotbereich). Er wird daher nicht von allen Werkstoffen gleich gut absorbiert, was zu einer unterschiedlichen Trennfähigkeit führt.

Zum Laserstrahlschneiden kommen zwei Verfahren in Betracht:

- das Laserbrennschneiden und
- das Schmelz- und Sublimierschneiden.

Das Laserbrennschneiden eignet sich nur zum Schneiden von oxidierbaren metallischen Werkstoffen. Zusätzlich zum Laserstrahl, der hier als Heizflamme dient, wird dabei über eine zum Strahl konzentrische Schneiddüse Sauerstoff zugeführt. Wie beim autogenen Brennschneiden verbrennt der Werkstoff im Sauerstoffstrom, wobei eine dünnflüssige Schlacke entsteht, die vom Druck des Gasstroms aus der Fuge geblasen wird. Mit diesem Verfahren wird etwa die doppelte Schneidgeschwindigkeit im Vergleich zum autogenen Brennschneiden erreicht.

Beim Schmelz- und Sublimierschneiden wird der Werkstoff in der Schnittfuge aufgeschmolzen oder direkt verdampft. Die entstehende Schmelze bzw. der Metalldampf werden durch ein inertes Spülgas entfernt. Dieses Verfahren erfordert hohe Vorschubgeschwindigkeiten, die verhindern, daß die Metalldämpfe wieder kondensieren.

Grundsätzlich lassen sich mit dem Verfahren alle Werkstoffe trennen, Tabelle 28. Mit dem Laser sind Bleche aus unlegierten Stählen bis zu einer Dicke von etwa 10 mm gut zu schneiden. Man erzielt bei kleinen Schneidspalten und scharfen Kanten nahezu parallele Schnittflächen geringer Rauhtiefe. Die Wärmeeinflußzone ist ohne Bedeutung. Bei legierten Stählen beeinflussen die Legierungskomponenten und der Wärmebehandlungszustand die Schnittqualität erheblich. Mit einem Laser von 0,6 kW Leistung lassen sich bei Baustählen Bleche mit einer Dicke von 2 mm mit einer Schnittgeschwindigkeit von 3 m/min trennen; bei einem rostfreien Stahl sind unter gleichen Bedingungen noch 2,5 m/min erreichbar.

Wegen ihres hohen Reflexionsvermögens und der guten Wärmeleitfähigkeit bereiten Aluminiumlegierungen, vor allem aber Kupfer und die Edelmetalle Schwierigkeiten bei der Bearbeitung mit dem CO_2-Laser. Günstig verhält sich dagegen Titan.

Organische Werkstoffe absorbieren die eingebrachte Energie in der Regel sehr gut. Kritisch ist hier aber die Beeinflussung des Werkstoffs durch die entstehende Wärme. So lassen sich Thermoplaste mit niedrigen Schmelztemperaturen mit hohen Schnittgeschwindigkeiten auch bei größeren Wanddicken einwandfrei schneiden. Duroplaste und organische Naturstoffe verkohlen in der Schnittzone. Zu beachten ist auch die Entwicklung von Dämpfen beim Aufschmelzen des Werkstoffs und die damit verbundene Geruchsbelästigung.

Quarz, Keramik und Glas lassen sich bei kleinen Wanddicken gut schneiden.

Die Qualität des Schnitts hängt von der Genauigkeit der Relativbewegung zwischen Werkstück und Strahl ab. An die Präzision der maschinellen Einrichtungen sind daher besondere Anforderungen zu stellen. Die größtmögliche Genauigkeit wird erreicht mit einem festen Lasersystem, relativ zu dem sich das Werkstück mit Hilfe eines Koordinatentisches bewegt.

Bild 11.7 zeigt eine moderne Laser-Schneidanlage; Beispiele für mit dieser Anlage geschnittenen Blechteile zeigt Bild 11.8.

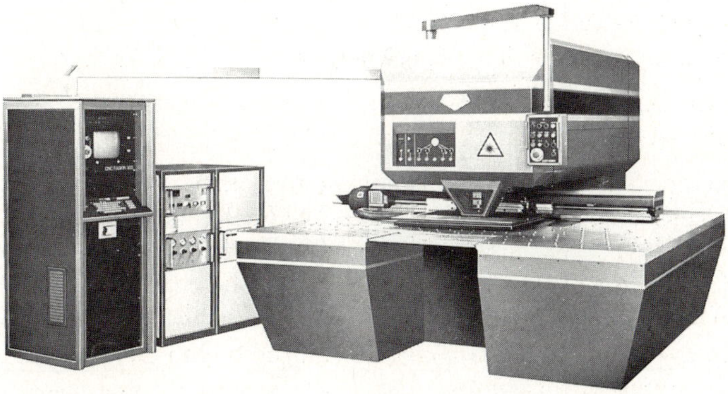

Bild 11.7
Laserschneidanlage
Werkfoto Raskin, Lausanne

Bild 11.8
Mit Laser geschnittenes Blechteil
Werkfoto Raskin, Lausanne

Tabelle 28 Schneidparameter für verschiedene metallische und nichtmetallische Werkstoffe (nach Nicolai)

Werkstoff	Dicke [mm]	Laserleistung [W]	Schneidgas Art	Schneidgas Druck [bar]	Schneidgeschwindigkeit v [mm/min]
Stahlblech					
Baustahl St 14	1	530	O_2	3,5	5 000
Baustahl St 14	1,5	530	O_2	3,5	3 500
Baustahl St 14	2	530	O_2	3,5	2 500
Baustahl St 14	2,5	530	O_2	3,0	1 800
Baustahl St 14	3	530	O_2	2,0	1 600
Baustahl St 14	4	530	O_2	1,5	1 000
Baustahl RSt 32-2	5	530	O_2	1	600
Baustahl RSt 32-2	6	530	O_2	1	600
Stahl, verzinkt	1	530	O_2	3	2 500
Stahl, verzinkt	2	530	O_2	3	1 600
Stahl, verzinkt	3	530	O_2	2	1 200
Werkzeugstahl	2,7	530	O_2	3,5	2 500
Werkzeugstahl	3,5	530	O_2	3	1 800
Werkzeugstahl	5,5	530	O_2	2,5	800
Cr-Ni-Stahl	1	530	O_2	3,5	4 000
CrNi-Stahl	2	530	O_2	3,5	2 000
CrNi-Stahl	3	530	O_2	3,5	1 200
CrNi-Stahl	4	530	O_2	3,5	600
Co-22 Cr-22 Ni-14,5 W-0,07 La	1,2	530	O_2	3	2 500
CrNiMn-Stahl	1,5	530	O_2	3	4 200
Titan					
Ti 8 Al-IMo-IV	0,45	200	N_2	3	1 000
Ti 8 Al-IMo-IV	0,7	200	N_2	3	1 000
Ti 6 Al-4V	1,6	300	N_2	3	1 500
Nichteisenmetalle					
Zink	1,0	530	O_2	2	3 000
Bronze CuSn	0,14	530	O_2	2,5	3 000
Bronze CuSn	1,2	530	O_2	2,5	400
Kupferfolie	0,04	530	O_2	2,0	4 500
Messing CuZn 30	0,14	530	O_2	2,5	3 000
Messing CuZn 30	0,5	530	O_2	2,5	500
Aluminium AlMg 3	0,5	530	O_2	2	2 200
Aluminium AlMg 3	1,5	530	O_2	2	600
Kunststoff					
PE Lupolen 6031 Hy	4,1	530	N_2	1	1 500
PP Novolen mit Glasfaser	2,2	530	N_2	1	2 200
PS Polystyrol 2710	4	530	N_2	3	2 750
PS Polystyrol 2710	10	530	N_2	3	900
SB Hostyten XS 6600 T	4	500	N_2	1	2 000
SAN Luran S 776 SE	8	530	N_2	1	1 200
PVC	5	530	N_2	1	2 750
PMMA-Acrylglas	3	530	N_2	1	5 000
PMMA Acrylglas	5	530	N_2	1	4 000

Tabelle 28 (Fortsetzung)

Werkstoff	Dicke [mm]	Laserleistung [W]	Schneidgas Art	Druck [bar]	Schneidgeschwindigkeit v [mm/min]
PMMA Acrylglas	10	530	N_2	1	1 600
PMMA Acrylglas	20	530	N_2	1	700
PMMA Acrylglas	25	530	N_2	1	500
PA Ultramid B4	4	530	N_2	3	2 500
POM Hostaform C	4	500	N_2	1	4 000
POM Hostaform C	6	500	N_2	1	2 000
POM Hostaform C	8	500	N_2	1,5	1 300
POM Hostaform C	10	500	N_2	1,5	800
POM Hostaform C	20	500	N_2	1,5	250
POM Hostaform C	30	500	N_2	1,5	100
Terluran 900 KR 2888	6	530	N_2	1	2 000
Polyester	1,6	530	N_2	1,5	6 000
Polyester mit Glasfaser	0,2	530	N_2	1	40 000
Kapton-Folie	0,025	100	N_2	1	6 000
Holz					
Schichtholz	16	530	N_2	2	700
Schichtholz	19	530	N_2	2	500
Sperrholz	3	160	N_2	1	2 000
Sperrholz	3	530	N_2	1	6 000
Glas					
Spiegelglas	2	530	N_2	2	2 200
Spiegelglas	3	530	N_2	3,5	1 300
Spiegelglas mit Cr-Aufdämpfung	2	530	N_2	2	2 200
Quarzglas	1	530	N_2	0,2	600
Quarzglas	1	530	N_2	1	1 200
Quarzglas	3	530	N_2	0,2	200
Quarzglas	3	530	N_2	1	600
Dichtungsmaterial					
Natur-Kautschuk	1,2	530	N_2	1	6 000
Kautschuk mit Gewebe	3,5	530	N_2	1	5 000
Gummi	3,2	530	N_2	1	2 000
Klingerit/Reinzit	2	530	N_2	2	1 800
Klingerit/Reinzit	3	530	N_2	2,5	800
Klingerit/Reinzit	4	530	N_2	2,5	600
Isoliermaterial					
Eternit	8,5	530	N_2	1	200
Steinwolle	15	530	N_2	1,5	6 000
Steinwolle	18	530	N_2	1,5	3 000
Steinwolle	45	530	N_2	1,5	3 000
Steinwolle	60	530	N_2	1,5	2 000
Steinwolle	75	530	N_2	1,5	2 000
Steinwolle	100	530	N_2	1,5	1 000
Steinwolle	125	530	N_2	1,5	750
Papier	[g/m²]				[m/s]
APZ 36069	45	530	N_2	1	10
OP 50-27820	80	530	N_2	1	4,5
OP 45-26348	100	530	N_2	1	3,6
Luftpost-Papier	25	530	N_2	1	18

Flammstrahlen

Der Oberflächenbehandlung von Stahl dient das Flammstrahlen oder Flämmen. Mit diesem Verfahren kann die Oberfläche entzundert bzw. entrostet oder vom Farbanstrich befreit werden. Es kann problemlos allerdings nur bei größeren Blechdicken (ab 5 mm) und un- bzw. niedriglegierten Stählen angewandt werden.

Der zum Flämmen verwendete Brenner ist in der Regel ein Reihenbrenner, der von Hand oder maschinell unter einem Winkel von etwa 30° über die zu bearbeitende Fläche geführt wird. Bei neutral eingestellter Acetylen-Sauerstoff-Flamme wirkt diese in der 1. Verbrennungsstufe reduzierend, so daß Rost und Zunder (Eisenoxide) zu Eisen reduziert werden, was zum Abblättern dieser Schichten führt. Farb-, Schmutz-, Öl- und Fettrückstände werden durch die hohe Temperatur in der Flammenhülle verbrannt, die Reaktionsprodukte weggeblasen.

12 Thermisches Spritzen

Es handelt sich dabei um Verfahren zum Aufbringen von Spritzschichten aus draht- oder pulverförmigen Werkstoffen, zumeist Metallen, auf metallische Werkstücke. Die Oberfläche der Werkstücke wird dabei in der Regel nicht aufgeschmolzen, so daß der Grundwerkstoff thermisch nur gering beansprucht wird. Nachteilig ist jedoch die z.T. nur geringe Haftfestigkeit, eine hohe Porosität und Inhomogenität des Schichtwerkstoffs.

Die Haftung der aufgespritzten Schicht auf dem Grundwerkstoff beruht auf einer Verklammerung der Partikel auf der rauhen Oberfläche des Werkstücks. Sie ist umso besser, je höher die Partikelgeschwindigkeit beim Spritzen und je rauher die Oberfläche ist. Die Spritzschichten sollen die Korrosionsbeständigkeit oder den Verschleißwiderstand der Werkstückoberfläche erhöhen. Eine andere Anwendung ist das Aufbringen von Gleitschichten. Auch das Instandsetzen verschlissener Werkstücke durch Auftragen entsprechenden Materials ist üblich.

Ursprünglich wurden die Spritzwerkstoffe nur in Drahtform eingesetzt. Wichtiger sind heute die pulverförmigen Spritzwerkstoffe in Form von Verbundpulvern. Diese enthalten mehrere Komponenten, die während des Spritzvorgangs miteinander chemisch reagieren. Eine Ausnahme bildet Molybdän; der drahtförmige Werkstoff erzeugt hier eine gegenüber dem Pulver wesentlich verschleißfestere Schicht.

Neben den Zusätzen für das thermische Spritzen aus Stahl und Nichteisenmetallen, wie sie in DIN 8566 genormt sind, gibt es eine große Zahl nichtgenormter Spritzwerkstoffe. Allgemein lassen sich diese in verschiedene Gruppen einteilen:

- Rostbeständige Stähle,
- Eisen-, Nickel- und Kobaltwerkstoffe,
- Kohlenstoffstähle,
- Exotherm reagierende Nickel-Aluminium-Legierungen,
- Selbstfließende Legierungen auf der Basis CrNi oder WC-Co
- Nichteisenmetalle (Metallkarbide und -oxide),
- Hartmetalle,
- Oxidkeramische Pulver.

Für Schutzschichten gegen Kavitation und Erosion bei niedrigen Temperaturen eignen sich die Werkstoffe aus den beiden erstgenannten Gruppen. Bei höheren Temperaturen werden für diese Anwendungsfälle Spritzwerkstoffe auf Kobaltbasis eingesetzt.

Als Werkstoffe für Verschleißschutzschichten haben sich Kohlenstoffstähle bewährt.

Sehr vielseitig einsetzbar sind Schichten aus exotherm reagierenden Nickel-Aluminium-Legierungen. Sie sind beständig gegen Wärmeschock, Korrosion und Verschleiß. In die Poren der Schicht können Schmierstoffe eingelagert werden, so daß auch die Notlaufeigenschaften verbessert werden. Schichten aus diesen Werkstoffen verschweißen teilweise mit dem Grundwerkstoff, was die Haftfestigkeit verbessert und auch dickere Schichten zuläßt.

Die sogenannten selbstfließenden Legierungen, die Bor- und Siliziumzusätze enthalten, werden thermisch nachbehandelt, Schmelzverbinden genannt. Dabei tritt eine Diffusion zwischen Grundwerkstoff und aufgespritzter Schicht ein, was zu einer verbesserten Haftung führt. Die Schicht selbst zeichnet sich durch eine hohe Härte und Verschleißfestigkeit aus.

Schichten aus Metallkarbiden oder -oxiden weisen einen besonders hohen Verschleißwiderstand auf. Diese Pulver müssen stabilisiert werden, d.h. die Anteile an Karbiden bzw. Oxiden müssen gebunden werde. Diesem Zweck dienen Zusätze von Kobalt und Nickel bzw. Titan- oder Siliziumoxid.

Werden dickere Schichten hoher Härte, guter Haftfestigkeit und guter Gleitfähigkeit sowie hoher Korrosionsbeständigkeit verlangt, so bevorzugt man Schichten aus Hartmetall, d.h. Wolfram- oder Chromkarbid. Dünne Schichten bis 0,4 mm lassen sich direkt auf das Grundmaterial aufspritzen. Bei dickeren Schichten empfiehlt sich das Aufbringen einer Zwischenschicht auf Ni-Al-Mo-Basis, die vor dem Aufspritzen der eigentlichen Schicht noch wie ein Grundmetall vorzubereiten ist.

Keramische Spritzschichten bestehen in erster Linie aus Aluminium- oder Chromoxid. Aluminiumoxid wird in vielen Fällen zusammen mit geringen Mengen Titanoxid und Siliziumdioxid verspritzt, wodurch eine höhere Härte und bessere thermische Beständigkeit erzielt wird. Wie die Hartmetallschichten werden keramische Schichten vor allem dann eingesetzt, wenn Verschleißfestigkeit und Korrosionsbeständigkeit verlangt werden.

Unabhängig vom Verfahren muß die Oberfläche des Bauteils vor dem Spritzen gut gereinigt und durch Strahlen aufgerauht werden. Ein Vorwärmen des Bauteils auf etwa 100°C ist notwendig. Die geforderte Schichtdicke bestimmt die Spritzdauer. Um eine zu starke Erwärmung des Bauteils während des Spritzvorganges zu vermeiden, muß dies gegebenenfalls gekühlt werde. Falls erforderlich, kann die Schicht mechanisch nachbehandelt werden.

Zum Spritzen von draht- und pulverförmigen Werkstoffen stehen verschiedene Verfahren zur Verfügung:

Flammspritzen

Unter Flammspritzen versteht man das Auftragen von Metallen, wobei das Spritzgut in Pulver-, Draht- oder Stabform in eine Brenngasflamme eingebracht und mit Hilfe eines Zerstäubergases (Druckluft oder Schutzgas) auf die Oberfläche geschleudert wird.

Beim Flammspritzen mit drahtförmigem Spritzwerkstoff wird der Metalldraht mit konstanter Vorschubgeschwindigkeit konzentrisch in den Flammenkegel einer Acetylen-Sauerstoff-Flamme eingeführt. Die Drahtspitze wird dort abgeschmolzen. Die Zerstäubung des abgeschmolzenen Materials erfolgt durch Druckluft, die über eine zu Draht und Brenndüse konzentrische Ringdüse zugeführt wird. Alle genannten Elemente sind in einer Spritzpistole zusammengefaßt, Bild 12.1.

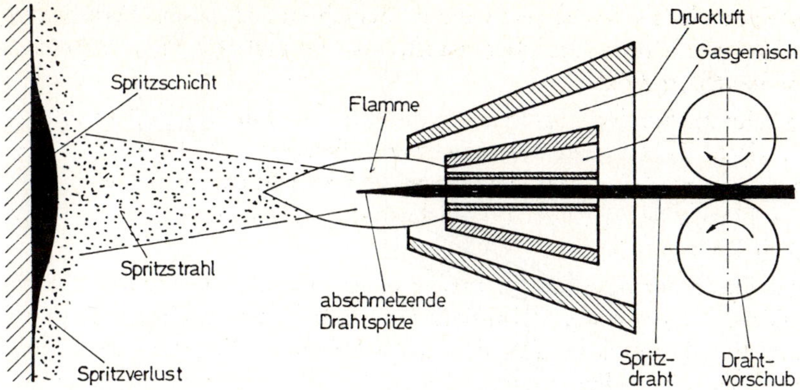

Bild 12.1 Flammspritzen (Prinzip)

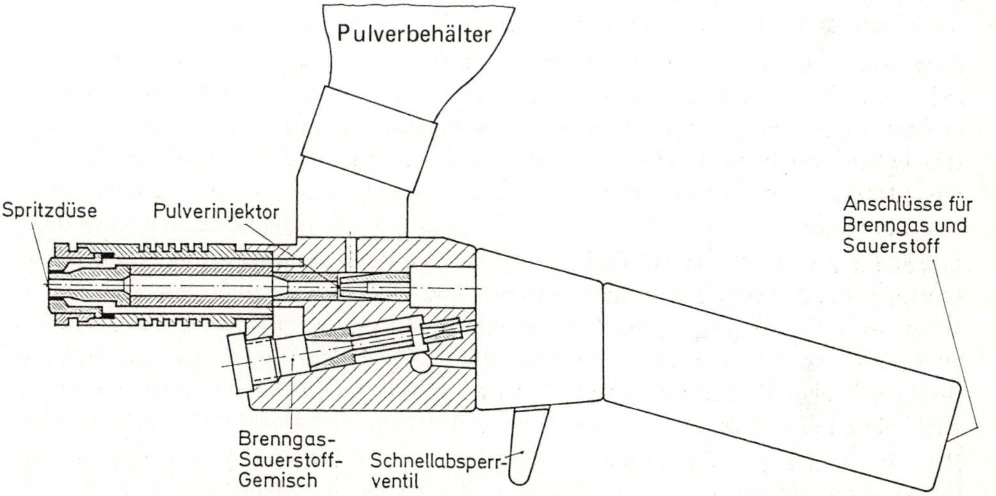

Bild 12.2 Pistole für das Pulver-Flammspritzen

Wird das Spritzgut in Pulverform verwendet, so wird dieses mit Hilfe eines Trägergases pneumatisch aus einem Vorratsbehälter der Spritzpistole anstatt des Drahtes zugeführt, Bild 12.2.

Lichtbogenspritzen

Beim Lichtbogenspritzen wird der drahtförmige Spritzzusatz in einem elektrischen Lichtbogen geschmolzen und durch ein Zerstäubergas auf die Werkstückoberfläche geschleudert.

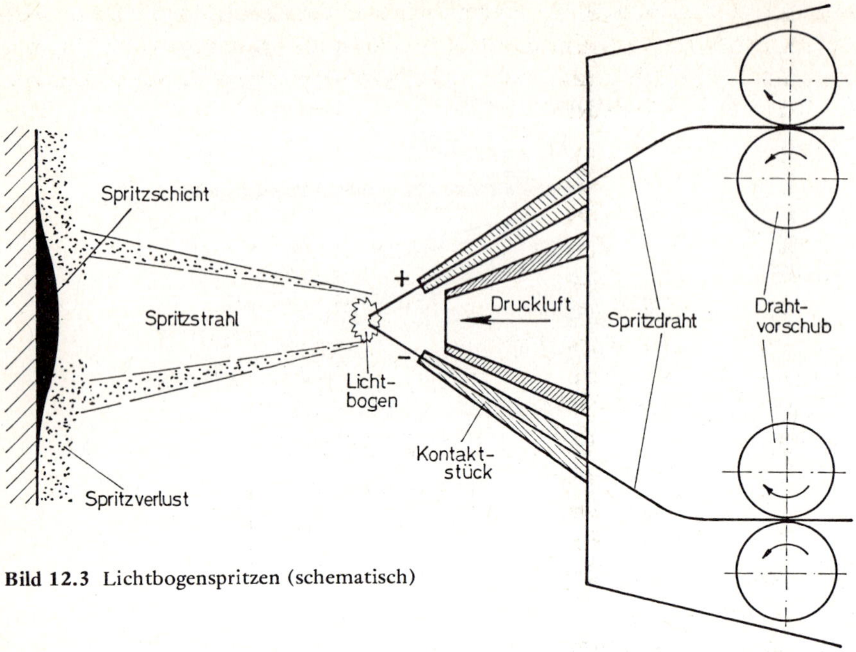

Bild 12.3 Lichtbogenspritzen (schematisch)

Am häufigsten werden zum Lichtbogenspritzen Zweidrahtlichtbogen-Spritzanlagen verwendet. Zwei abschmelzende Drahtelektroden werden dabei der Spritzpistole zugeführt. Dort werden sie in Kontaktdüsen so geführt, daß sie sich mit ihren Spitzen unter einem gewissen Winkel berühren. Infolge des entstehenden Kurzschlusses schmilzt Material ab und es kommt zur Bildung eines Lichtbogens, der zwischen den beiden Elektroden brennt. In den Lichtbogen wird Druckluft eingeblasen, die das abgeschmolzene Material zerstäubt und im Spritzstrahl auf den Grundwerkstoff schleudert, Bild 12.3.

Eine Verfahrensvariante ist das in der UdSSR entwickelte Hochfrequenzspritzen. Bei diesem Verfahren wird ein zentral zugeführter Draht durch einen hochfrequenten Induktionsstrom aufgeschmolzen. Die Zerstäubung des abgeschmolzenen Werkstoffs erfolgt wiederum mit Druckluft.

Plasmaspritzen

Wärmequelle ist hier ein Lichtbogenplasma. Dies führt zu hohen Spritztemperaturen und hohen Strömungsgeschwindigkeiten. Die hohen Temperaturen erlauben auch die Verarbeitung von Werkstoffen mit hoher Schmelztemperatur, wie z.B. keramische Pulver. Üblich ist die Verwendung von pulverförmigem Spritzwerkstoff.

Der Lichtbogen brennt in der Regel zwischen einer Wolframelektrode und einer Kupferanode, beide gekühlt und in einer sogenannten Lichtbogenkammer angeordnet.

Das Plasmagas wird in diese Kammer eingeführt, es erwärmt sich dort, wird dissoziiert und ionisiert und drückt infolge des dabei entstehenden Überdrucks die Plasmaflamme durch die Düsenöffnung. In diese Düse wird seitlich das Pulver eingetragen und vom Plasmastrom mitgerissen, Bild 12.4.

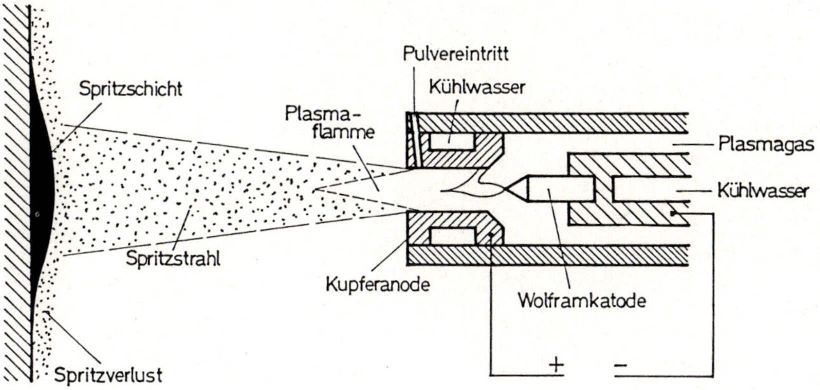

Bild 12.4 Plasmaspritzen (schematisch)

DVS-Merkblätter (Stand Januar 1988)

1 Zusatzwerkstoffe und Hilfsstoffe

Technische Gase und Calciumcarbid

M 0201	12/1986 Technische Gase für Schweißen, Schneiden und verwandte Arbeitsverfahren – Sauerstoff
M 0202	2/1986 Technische Gase für Schweißen, Schneiden und verwandte Arbeitsverfahren – Acetylen
M 0204	Neuauflage in Vorbereitung Technische Gase für Schweißen, Schneiden und verwandte Arbeitsverfahren – Wasserstoff
M 0205	12/1986 Technische Gase für Schweißen, Schneiden und verwandte Arbeitsverfahren – Argon
M 0206	12/1986 Technische Gase für Schweißen, Schneiden und verwandte Arbeitsverfahren – Kohlendioxid (CO_2-Kohlensäure)
M 0207	10/1972 Technische Gase für Schweißen, Schneiden und verwandte Arbeitsverfahren – Stickstoff
M 0211	3/1986 Druckgasflaschen in geschlossenen Kraftfahrzeugen
M 0212	6/1986 Umgang mit Druckgasflaschen
M 0213	10/1981 Technische Gase für Schweißen, Schneiden und verwandte Arbeitsverfahren – Helium
M 0214	9/1987 Inspektion und Wartung von zentralen Gasversorgungsanlagen
M 0801	11/1973 Mengenmessung von technischen Gasen für Schweißen, Schneiden und verwandte Arbeitsverfahren

Zusatz- und Hilfsstoffe des Stahlschweißens

R 0501	3/1976 Prüfen der Porenneigung beim Überschweißen von Fertigungsbeschichtungen auf Stahl
M 0503	6/1976 Auswahl und Anwendung von Stabelektroden nach DIN 1913 Teil 1 für das Verbindungsschweißen von Stahl, unlegiert und niedriglegiert

NE-Metall- und Gußeisenschweißen

M 0601	12/1969 Schmelzschweißen von Nickel und Nickelbasislegierungen
M 0602	7/1985 Schweißen von Gußeisenwerkstoffen – Technologie
M 0603	3/1986 Schweißen von Gußeisenwerkstoffen – Gütesicherung

Schweißen und Kleben von Kunststoffen

R 2201 Tl. 2	7/1985 Prüfen von Halbzeug aus Thermoplasten; Schweißeignung – Prüfverfahren – Anforderungen
M 2202	4/1975 Richtlinien für das Wirbelsintern von Kunststoffen
R 2203 Tl. 1	3/1986 Prüfen von Schweißverbindungen aus thermoplastischen Kunststoffen; Prüfverfahren – Anforderungen
R 2203 Tl. 2	7/1985 Prüfen von Schweißverbindungen aus thermoplastischen Kunststoffen – Zugversuch
R 2203 Tl. 3	7/1985 Prüfen von Schweißverbindungen aus thermoplastischen Kunststoffen – Schlagzugversuch
R 2203 Tl. 4	3/1986 Prüfen von Schweißverbindungen aus thermoplastischen Kunststoffen; Zeitstand – Zugversuch
R 2203 Tl. 5	7/1985 Prüfen von Schweißverbindungen aus thermoplastischen Kunststoffen – Technologischer Biegeversuch
M 2204 Tl. 1	9/1972 Kleben von thermoplastischen Kunststoffen, PVC-weichmacherfrei
M 2204 Tl. 2	2/1977 Kleben von thermoplastischen Kunststoffen, Polyolefine
R 2204 Tl. 3	2/1977 Kleben von thermoplastischen Kunststoffen, Polystyrol und artverwandte Kunststoffe
R 2204 Tl. 4	3/1981 Kleben von thermoplastischen Kunststoffen, Polyamide
R 2205 Tl. 1	4/1987 Berechnung von Behältern und Apparaten aus Thermoplasten, Kennwerte

R 2205 Tl. 2	In Vorbereitung Berechnung von Behältern und Apparaten aus Thermoplasten, Stehende runde drucklose Behälter
R 2205 Tl. 3	4/1975 Berechnung von Behältern und Apparaten aus Thermoplasten, Schweißverbindungen
M 2205 Tl. 4	3/1977 Berechnung von Behältern und Apparaten aus Thermoplasten, Flanschverbindungen
M 2205 Tl. 5	3/1986 Berechnung von Behältern und Apparaten aus Thermoplasten, Rechteckbehälter
M 2205 Bbl. zu 2205 Tl. 5	10/1984 Berechnung von Behältern und Apparaten aus Thermoplasten, Rechteckbehälter, konstruktive Details
M 2206	11/1975 Prüfung von Bauteilen und Konstruktionen aus thermoplastischen Kunststoffen
M 2207 Tl. 1	5/1984 Schweißen von thermoplastischen Kunststoffen, PE hart (Polyäthylen hart) Rohre und Rohrleitungen für Gas- und Wasserleitungen
M 2207 Tl. 1	5/1984 Kurzfassung des DVS-Merkblattes 2207 Teil 1
R 2207 Tl. 2	3/1986 Schweißen von thermoplastischen Kunststoffen, PE-HD (Polyäthylen hoher Dichte) – Heizelementstumpfschweißen – Rohre und Rohrleitungsteile für Abwässerkanäle und -leitungen
M 2207 Tl. 3	4/1986 Warmgasschweißen von thermoplastischen Kunststoffen – Tafeln und Rohre
M 2207 Tl. 3	4/1986 Warmgasschweißen von thermoplastischen Kunststoffen – Tafeln und Rohre, Schweißparameter
M 2207 Tl. 11	4/1985 Heizelementschweißen von thermoplastischen Kunststoffen; Rohrleitungen aus Polypropylen (PP)
R 2208 Tl. 1	7/1983 Maschinen und Geräte zum Schweißen von thermoplastischen Kunststoffen – Heizelementschweißen
M 2208 Tl. 2	9/1978 Schweißen von thermoplastischen Kunststoffen – Maschinen und Geräte für das Warmgasschweißen (ausgenommen Extrusionsschweißen)
R 2209 Tl. 1	12/1981 Schweißen von thermoplatischen Kunststoffen, Extrusionsschweißen, Verfahren – Merkmale
R 2210 Tl. 1	8/1985 Industrierohrleitungen aus thermoplastischen Kunststoffen – Planung und Konstruktion – Oberirdische Rohrleitungen
M 2211	11/1979 Schweißzusätze für thermoplatische Kunststoffe; Geltungsbereich, Kennzeichnung, Anforderung, Prüfung
R 2212 Tl. 1	8/1982 Prüfung von Kunststoffschweißen, Prüfgruppe I

2 Verfahren und Geräte

Autogentechnik

R 0301	5/1981 Flammstrahlen von Stahl und Flammphosphatieren
R 0302	7/1985 Flammstrahlen von Beton

Lichtbogenschweißen

M 0401	11/1965 Richtlinien für die elektrische Ausführung maschineller Lichtbogenschweißanlagen
M 0402	11/1969 Hochfrequenzgeneratoren und Impulsgeneratoren zum Lichtbogenschweißen und -schneiden
M 0403	1/1971 Abschmelzleistung, Abschmelzzahl, Ausbringen und Volumenleistung von umhüllten Stabelektroden
M 0404	12/1971 Schweißen mit zwei Lichtbögen an einem Werkstück
M 0901	12/1972 Bolzenschweißverfahren für Metalle
M 0902	12/1972 Lichtbogenbolzenschweißen mit Hubzündung
M 0903	3/1973 Lichtbogenbolzenschweißen mit Spitzenzündung
M 0904	6/1974 Lichtbogenbolzenschweißen mit Ringzündung
R 0905 Tl. 1	8/1977 Sicherung der Güte von Bolzenschweißverbindungen – Bolzenschweißen mit Hub- und Ringzündung

R	0905 Tl. 2	4/1979 Sicherung der Güte von Bolzenschweißverbindungen – Bolzenschweißen mit Spitzenzündung
M	0906	10/1973 Metall-Schutzgasschweißen mit un- und niedriglegierten Massivdrahtelektroden für das Verbindungsschweißen – Ermittlung der chemischen Zusammensetzung und der mechanischen Gütewerte des reinen Schweißgutes
M	0907	6/1978 Ermitteln des Zu- und Abbrandes von UP-Schweißpulvern beim Schweißen von unlegierten und niedriglegierten Stählen mit Massivdrahtelektroden – Mangan, Silicium, Kohlenstoff
M	0907 Tl. 2	8/1981 Ermitteln des Zu- und Abbrandes von UP-Schweißpulvern beim Schweißen von unlegierten und niedriglegierten Stählen mit Massivdrahtelektroden – Ermitteln der Zu- und Abbrandgrenzen
M	0907 Tl. 3	10/1984 Ermitteln des Zu- und Abbrandes von UP-Schweißpulvern – Das Schweißpulverdiagramm
M	0907 Tl. 4	10/1984 Ermitteln des Zu- und Abbrandes von UP-Schweißpulvern – Anwendung des Schweißpulverdiagramms
M	0908 Tl. 1	In Vorbereitung Metall-Schutzgasschweißen von Stahl – Einflußfaktoren auf die Nahtform – Prüfen, Auswerten
M	0908 Tl. 2	In Vorbereitung Metall-Schutzgasschweißen von Stahl – Einflußfaktoren auf die Nahtform – Einfluß der Schutzgaszusammensetzung
M	0909	6/1974 Metall-Schutzgasschweißen – Ermittlung von Einbringleistung und Ausbringen bei Massiv-Drahtelektroden
M	0911 Tl. 1	6/1977 Endenformen von Wolfram-Elektroden für das Wolfram-Schutzgasschweißen mit Gleich- und Wechselstrom, Plasmaschweißen und Plasmaschmelzschweißen
R	0912 Tl. 1	3/1981 Metall-Schutzgasschweißen von Stahl – Richtlinien zur Verfahrensdurchführung, Vermeiden von Bindefehlern
R	0912 Tl. 2	3/1986 Metall-Schutzgasschweißen von Stahl – Richtlinie zur Verfahrensdurchführung, Vermeiden von Poren
M	0913	6/1986 Metall-Inertgasschweißen von Aluminium
R	0914	10/1985 Verarbeitung und Lagerung von Schweißpulvern für das Unterpulver- und das Elektroschlackeschweißen
R	0915	10/1985 Unterpulver-Mehrdrahtschweißen
M	0916	11/1984 Metall-Schutzgasschweißen von Feinkornbaustählen
M	0917	4/1986 Unterpulverschweißen austenitischer Stähle
M	0920	4/1986 Wolfram-Inertgasschweißen – Allgemeine Übersicht
R	0921	8/1986 Belastungsdiagramme für Dreh- und Drehkipptische
M	0922 Tl. 1	5/1986 Industrierobotersysteme zum Schutzgasschweißen; Begriffsbestimmung und Definition der Kenngröße
M	0923 Tl. 1	2/1986 Prüfung der schweißtechnischen Eigenschaften von Schweißpulvern für das Unterpulverschweißen – Prüfen der Strombelastbarkeit
M	0923 Tl. 2	2/1986 Prüfung der schweißtechnischen Eigenschaften von Schweißpulvern für das Unterpulverschweißen – Prüfung der Schnellschweißeigenschaften
M	0923 Tl. 3	5/1986 Prüfung der schweißtechnischen Eigenschaften von Schweißpulver für das Unterpulverschweißen – Prüfung der Eignung zum Kehlnahtschweißen
M	0924	6/1986 Gütesicherung beim vollmechanischen bzw. automatischen MIG-/MAG-Schweißen – Anforderungen an MIG-/MAG-Schweißgeräte
M	0925	2/1986 MAG-Schweißen dicker Bleche

Widerstandsschweißen und verwandte Verfahren

M	2901	In Vorbereitung Abbrennstumpfschweißen von Stahl
M	2901 Tl. 2	8/1976 Abbrennstumpfschweißen von Leichtmetall
M	2901 Tl. 3	5/1986 Abbrennstumpf- und Preßstumpfschweißen, Anwendungsbeispiele

M 2902 Tl. 1	1/1977	Widerstandspunktschweißen von Stählen bis 3 mm Einzeldicke, Verfahren und Grundlagen
M 2902 Tl. 2	2/1977	Widerstandspunktschweißen von Stählen bis 3 mm Einzeldicke; Punktschweißeignung von unlegierten und legierten Stählen, (Legierungsgehalt ⩽ 5 %)
M 2902 Tl. 3	12/1977	Widerstandspunktschweißen von Stählen bis 3 mm Einzeldicke; Vorbereitung und Durchführung
M 2903	10/1974	Elektroden für das Widerstandsschweißen
M 2904	10/1974	Steuerungen für Punkt-, Buckel- und Rollennahtschweißmaschinen
M 2905	2/1980	Buckelschweißen von unlegiertem Stahl
M 2906	11/1975	Widerstands-Rollennahtschweißen überlappter Teile
M 2907	8/1975	Empfehlungen für die Auswahl und das Vergleichen von Punkt-, Buckel- und Nahtschweißmaschinen (Einphasenwechselstrom)
M 2908	9/1975	Messen beim Punkt-, Buckel- und Nahtschweißen
M 2909 Tl. 1	3/1980	Reibschweißen von metallischen Werkstoffen; Verfahren und Grundlagen
M 2909 Tl. 2	3/1980	Reibschweißen von metallischen Werkstoffen; Reibschweißeignung und Werkstoffauswahl
M 2909 Tl. 3	2/1981	Reibschweißen von metallischen Werkstoffen; Konstruktion und Fertigung
M 2909 Tl. 4	3/1983	Reibschweißen von metallischen Werkstoffen; Sammlung von Merkmalen aus der Praxis des Reibschweißens
M 2909 Tl. 5	10/1984	Reibschweißen von metallischen Werkstoffen; Qualitätssicherung und Begriffsverzeichnis mit Erläuterungen
M 2910	11/1974	Widerstandspunktschweißen von feuerverzinkten Feinblechen
M 2910 Tl. 2	6/1978	Rollennahtschweißen von feuerverzinkten Stahlblechen und Bändern
M 2911	10/1974	Rohrlängsnahtschweißen mit Rolltransformator
M 2912	10/1974	Widerstands-Rollennahtschweißen mittels Folienbänder und Drahtelektroden
M 2913	7/1978	Richtlinien für Messungen an einphasigen Punkt-, Buckel- und Nahtschweißmaschinen
M 2914	4/1975	Quetschnahtschweißen von Feinblechen aus Stahl
M 2915 Tl. 1	3/1979	Gütesicherung beim Punkt-, Buckel- und Rollennahtschweißen – Grundlagen
M 2915 Tl. 2	2/1979	Gütesicherung beim Punkt-, Buckel- und Rollennahtschweißen – Einsatz von Prozeßkontrolleinrichtungen
M 2915 Tl. 3	3/1984	Qualitätssicherung beim Punkt-, Buckel- und Rollennahtschweißen; Qualitätsregelkarte
M 2916	6/1978	Prüfen von Punktschweißungen
M 2917	3/1978	Aufstellen, Betrieb und Warten von Widerstandsschweißmaschinen
M 2918	3/1979	Widerstandspreßschweißmaschinen; Netzanschluß und Energieumsetzung
M 2919	7/1978	Widerstandspunkt-, Buckel- und Rollennahtschweißen von Stahlblechen und -bändern mit Aluminiumüberzügen
M 2920	10/1978	Widerstandspunkt-, Buckel- und Rollennahtschweißen von Stahlblechen mit metallischen Überzügen
M 2921	11/1979	Widerstandsschweißen isolierter Drähte
M 2922	9/1979	Prüfen von Abbrennstumpf- und Reibschweißverbindungen
M 2923	7/1986	Widerstandspunktschweißen von Stählen und Aluminiumwerkstoffen im Schienenfahrzeugbau
M 2924	6/1984	Vorrichtungen und Werkzeugen zum Widerstandspunkt-, Buckel- und Rollennahtschweißen
M 2926	4/1984	Widerstandspunkt-, Buckel- und Rollennahtschweißen von elektrolytisch verzinktem Stahlblech

M 2929	8/1985	Widerstandsschweißen – Messen des Übergangswiderstandes an Aluminiumwerkstoffen
M 2930	6/1983	Gestaltung von Buckelschweißwerkzeugen
M 2932 Tl. 1	7/1985	Widerstandspunkt- und -rollennahtschweißen von Aluminium und Aluminiumlegierungen von 0,35 bis 3,5 mm Einzeldicke – Schweißeignung
M 2932 Tl. 3	11/1985	Widerstandspunkt- und -rollennahtschweißen von Aluminium und Aluminiumlegierungen von 0,35 bis 3,5 mm Einzeldicke – Vorbereitung und Durchführung des Schweißens

Unterwasserschweißen und -schneiden

M 1812	1/1987	Arbeitsschutz beim Unterwasserschweißen und -schneiden

Löten

M 2601	11/1965	Allgemeine Merkmale des Lötens
M 2602	11/1965	Hartlöten mit der Flamme
M 2603 Tl. 1	2/1977	Prüfung der Weichlötbarkeit – Benetzungsprüfungen für das Weichlöten
M 2604	4/1978	Öfen für das Hochtemperaturlöten unter Vakuum
M 2605	4/1978	Bindemittel für pulverförmige Lote zum Löten unter Vakuum oder Schutzgas
M 2607	5/1980	Prozeßkontrolle beim Hochtemperaturlöten

Thermisches Spritzen

M 2301	7/1971	Richtlinien für das thermische Spritzen von metallischen und nichtmetallischen Werkstoffen
M 2302	5/1978	Korrosionsschutz von Stählen und Gußeisenwerkstoffen durch thermisch gespritzte Schichten aus Zink und Aluminium
M 2303	4/1972	Zerstörungsfreies Messen der Dicke von nicht ferromagnetischen Schichten auf ferromagnetischem Grundmetall
M 2304	6/1973	Prüfung der Haftfähigkeit von thermisch aufgebrachten Spritzschichten mit Hilfe zerstörender Verfahren
M 2305	11/1975	Richtlinien für die spanende Bearbeitung von thermisch gespritzten Schichten
R 2306 Bl. 1	5/1975	Grundlehrgang für Flamm- und Lichtbogenspritzer
R 2306 Bl. 2	5/1975	Aufbaulehrgang für Flammspritzer
R 2306 Bl. 3	5/1975	Aufbaulehrgang für Lichtbogenspritzer
R 2306 Bl. 4	5/1975	Lehrgang für Pulverspritzer
R 2306 Bl. 5	5/1975	Lehrgang für Aufsichtspersonen für das thermische Spritzen
R 2306 Bbl. 1	5/1975	Prüfung von Flamm- und Lichtbogenspritzern
R 2306 Bbl. 2	5/1975	Prüfung von Pulverspritzern
R 2307 Tl. 1	5/1979	Arbeitsschutz beim Entfetten und Strahlen von Oberflächen zum thermischen Spritzen
M 2307 Bl. 2	11/1975	Arbeitsschutz beim Flammspritzen
M 2307 Tl. 3	3/1977	Arbeitsschutz beim Lichtbogenspritzen
M 2307 Tl. 4	10/1978	Arbeitsschutz beim Plasmaspritzen
M 2308	11/1978	Regeln zum spritzgerechten Gestalten von Bauteilen und Werkstücken
M 2310 Tl. 1	10/1984	Anleitung zur metallografischen Schliffherstellung und Beurteilung von thermisch gespritzten Schichten unter dem Lichtmikroskop

Strahlschweißen und Sonderverfahren

M 3201	11/1986	Grundsätze für das Konstruieren elektronenstrahlgeschweißter Bauteile

3 Gütesicherung, Fertigung, Arbeitsschutz

Gütesicherung von Schweißarbeiten

M 0701	3/1979	Das deutsche Regelwerk zur Gütesicherung von Schweißarbeiten

M 0702 Tl. 1	9/1986	Gegenüberstellung der Anforderungen an Betrieb und Personal in den verschiedenen Anwendungsbereichen der Schweißtechnik in der Bundesrepublik Deutschland
M 0703	10/1984	Bewertung von Kehlnähten nach DIN 8563 Teil 3
M 0704	10/1985	Empfehlungen zur Bewertung von Ultraschallbefunden an Schmelzschweißverbindungen nach DIN 8563 Teil 3
M 0705	10/1987	Empfehlungen zur Auswahl von Merkmalen und Bewertungsgruppen nach DIN 8563 – Stumpfnähte und Kehlnähte

Prüfen von Schweißungen

R 1001	12/1983	Prüfungen der Kaltrissigkeit geschweißter Stähle – Implant-Test
M 1002 Tl. 1	12/1983	Schweißeigenspannungen – Einteilung, Benennung, Erklärungen
M 1002 Tl. 2	11/1986	Verfahren zur Verringerung von Schweißeigenspannungen
M 1003 Tl. 1	1/1985	Empfehlungen zum prüfgerechten Gestalten von Schweißkonstruktionen – Beispiele aus verschiedenen Anwendungsbereichen
M 1004 Tl. 2	8/1987	Heißrißprüfverfahren mit fremdbeanspruchten Proben

Schulung und Prüfung von Personal

R 1100	1/1987	Schweißtechnische Lehrgänge, Übersicht
R 1101	1/1987	DVS-Lehrgänge – Lehrgangsinhalte
R 1102	1/1987	Planung und Einrichtung von DVS-Kursstätten
R 1103	5/1980	Rahmenwerkstattordnung für DVS-Ausbildungsstätten
R 1105	3/1983	Richtlinie für die Ausgabe des Schweißerpasses
R 1113	1/1987	DVS-Lehrgang Gasschweißen
R 1114	1/1987	DVS-Lehrgang Gasschweißen für den Bereich DVGW-TRI 1986
R 1123	1/1987	DVS-Lehrgang Lichtbogenhandschweißen
R 1132	1/1987	DVS-Lehrgänge Wolfram-Schutzgasschweißen
R 1133	1/1987	DVS-Lehrgänge Metall-Schutzgasschweißen
R 1134	1/1987	DVS-Lehrgang Dünnblechschweißen
R 1141	12/1984	Prüfung von Stahlschweißern nach DIN 8560, mit 5 Beiblättern
R 1142	1/1987	Prüfung der Schweißer im deutschen Regelwerk
R 1143	1/1986	Richtlinie für die Umschulung, Aus- oder Fortbildung zum Schweißer
R 1146	3/1983	DVS-Lehrgang Lichtbogenhandschweißen von Betonstahl nach DIN 4099
R 1147	10/1984	DVS-Lehrgang Flammstrahlen
R 1148	7/1982	Prüfung von Schweißern – Lichtbogenhandschweißen an Rohren aus duktilem Gußeisen für Rohrleitungen der öffentlichen Gas- und Wasserversorgung
R 1151	12/1984	DVS-Lehrgang Gaslehrschweißer
R 1152	12/1984	DVS-Lehrgang Lichtbogenlehrschweißer
R 1154	1/1983	DVS-Lehrschweißer-Erfahrungsaustausch
R 1155	12/1984	DVS-Lehrgang Wolfram-Schutzgaslehrschweißer
R 1156	12/1984	DVS-Lehrgang Metall-Schutzgaslehrschweißer
R 1162	1/1987	Prüfungsordnung für Schweißerprüfungen an DVS-Ausbildungsstätten
R 1162 Bbl. 1	12/1984	Hinweise für Beauftragte des Landesprüfungsausschusses
R 1163	12/1984	Prüfungsordnung für DVS-Lehrschweißerprüfungen
R 1164	1/1987	Siegelordnung für DVS-Lehrgangsbescheinigungen, -Bewertungsbögen und -Zeugnisse

R 1171	12/1984 DVS-Lehrgang Schweißfachmann
R 1171 Bbl. 1	1/1987 DVS-Lehrgang Schweißfachmann Themenplan Teil 1 und 2
R 1171 Bbl. 2	12/1984 DVS-Lehrgang Schweißtechnische Grundlagen
R 1171 Bbl. 3	3/1983 DVS-Lehrgang Schweißfachmann Ergänzungslehrgang SFM-Rohrleitungsbau
R 1172	12/1984 DVS-Lehrgang Schweißtechniker
R 1172 Bbl.	12/1984 DVS-Lehrgang Schweißtechniker Themenplan Teil 2
R 1173	1/1987 DVS-Lehrgang Schweißfachingenieur
R 1173 Bbl. 1	1/1987 DVS-Lehrgang Schweißfachingenieur Themenplan 1, 2 und 3
R 1174	12/1984 Prüfungsordnung für die Schweißfachingenieur-, Schweißtechniker- und Schweißfachmannprüfung
R 1175	12/1984 DVS-Lehrgang Schweißaufsicht für Betonstahl nach DIN 4099
R 1181	2/1977 DVS-Lehrgang Schweißkonstrukteur
R 1182	10/1984 DVS-Lehrgang Flammstrahlfachmann
R 1182 Bbl. 1	10/1984 DVS-Lehrgang Flammstrahlfachmann, Themenplan
R 1183 Tl. 1	3/1983 DVS-Lehrgang Hartlöten von Kupferwerkstoffen
R 1184 Tl. 1	4/1984 DVS-Lehrgang Bedienungspersonal für vollmechanisierte Schweißanlagen – Lichtbogenschweißverfahren
R 1184 Tl. 2	In Vorbereitung DVS-Lehrgang Bedienungspersonal für vollautomatische Schweißanlagen – Ausbildung von Einrichtern für Lichtbogenschweißrobotersysteme zum MAG-Schweißen
R 1185 Tl. 1	In Vorbereitung DVS-Lehrgang Brennschneiden von Hand
R 1186	In Vorbereitung DVS-Lehrgang Unterwasserschweißen
R 1191	4/1986 Ausbildung und Prüfung schweißtechnischer Fachkräfte – Verzeichnis der DVS-Ausbildungsstätten
R 1192	1/1987 DVS-Ausbildungsstätten – Zulassung – Schulung – Überwachung
R 1195	6/1986 Verzeichnis der Vordrucke
R 1194	12/1984 DVS-Teilnahmebedingungen für Ausbildung und Prüfung in DVS-Ausbildungsstätten

Arbeits- und Umweltschutz

M 1201	11/1984 Absaugung an Schweißerarbeitsplätzen

Dokumentation und Terminologie

R 1302	9/1979 Grundsätze für das einheitliche Aufstellen von DVS-Richtlinien und DVS-Merkblättern
R 1303 Tl. 1	1/1983 Richtlinien für Vortragsveranstaltungen des Deutschen Verbandes für Schweißtechnik – Abfassen von Reinschriftmanuskripten
R 1303 Tl. 2	1/1983 Richtlinien für Vortragsveranstaltungen des Deutschen Verbandes für Schweißtechnik – Abfassen des Vortragsmanuskriptes und Ablauf des Vortrages

4 Berechnung, Gestaltung, Anwendung

Berechnung und Gestaltung

M 2401 Tl. 1	10/1982 Bruchmechanische Bewertung von Fehlern in Schweißverbindungen, Teil 1 Grundlagen und Vorgehensweise
M 2402	In Vorbereitung Das Festigkeitsverhalten von Schweißverbindungen

Schweißen im Maschinen- und Elektroanlagenbau

M 1401	12/1974 Metall-Schutzgasschweißen unlegierter Baustähle mit Massivdrähten

Schweißen in Elektronik und Feinwerktechnik

M 2801	4/1968 Widerstandsschweißen in der Mikrotechnik (Übersicht)
M 2803	12/1974 Elektronenstrahlschweißen in der Mikrotechnik (Übersicht)

M 2804	2/1975	Heizelementschweißen (Thermokompressionsschweißen) in der Mikrotechnik (Übersicht)
M 2808	6/1983	Mikrofügen
M 2809	In Vorbereitung	Laserstrahlschweißen in Elektronik und Feinwerktechnik

Schweißen im Kessel-, Behälter- und Rohrleitungsbau

M 1501	5/1973	Empfehlungen für das Schweißen der kaltzähen Nickelstähle 10 Ni 14, 12 Ni 19 und X 8 Ni 9
R 1502 Tl. 1	7/1982	Lichtbogenhandschweißen an Rohren aus duktilem Gußeisen für Rohrleitungen der öffentlichen Gas- und Wasserversorgung – Schweißtechnische Grundsätze
R 1502 Tl. 2	7/1982	Lichtbogenhandschweißen an Rohren aus duktilem Gußeisen für Rohrleitungen der öffentlichen Gas- und Waserversorgung – Anschweißen von Teilen aus duktilem Gußeisen oder aus Stahl

Schweißen in der Kerntechnik

M 3004	4/1977	Darstellung qualitätssichernder Maßnahmen zur Durchführung von Schweißarbeiten

Schweißen im Stahlbau

R 1702	5/1981	Verfahrensprüfungen im Stahlbau für Schweißverbindungen an hochfesten schweißgeeigneten Feinkornbaustählen StE 460 und StE 690
R 1703	10/1984	Empfehlungen zur Wahl der Werkstücktemperatur beim Lichtbogenschweißen von Stahlbauten aus St 52
R 1704	11/1984	Richtlinie für den Eignungsnachweis zum Schweißen nach DIN 18 800 Teil 7
	1982	Rahmenbedingungen für die Zulassung von Schweißzusätzen und Schweißhilfsstoffen für den bauaufsichtlichen Bereich

Schweißen im Schienenfahrzeugbau

M 1602 Tl. 1	9/1968	Flammrichten der Beblechung von Schienenfahrzeugen (Stahl)
M 1602 Tl. 2	4/1970	Flammrichten der Beblechung von Schienenfahrzeugen (Chrom-Nickel-Stahl)
M 1602 Tl. 3	12/1969	Flammrichten der Beblechung von Schienenfahrzeugen (Aluminium)
M 1603	11/1964	Widerstandspunktschweißen von unlegiertem Stahl im Schienenfahrzeugbau
M 1604	10/1966	Widerstandspunktschweißen von Aluminium und dessen Legierungen im Schienenfahrzeugbau
M 1606	5/1983	Schmelzschweißen von Aluminium im Schienenfahrzeugbau
M 1609	2/1975	Widerstandspunktschweißen von hochlegierten Stählen im Schienenfahrzeugbau
M 1610	7/1980	Allgemeine Richtlinien für die Planung der schweißtechnischen Fertigung
M 1610 Bbl. 1	4/1973	Begriffe der Schweißplanung und deren Definitionen
M 1610 Bbl. 2	12/1976	Beispiele für den Schweißfolgeplan im Schienenfahrzeugbau
M 1611	4/1979	Beurteilung von Durchstrahlungsaufnahmen im Schienenfahrzeugbau – Schmelzschweißverbindungen an Aluminium und Aluminiumlegierungen
M 1612	1/1984	Gestaltung und Bewertung von Stumpf- und Kehlnähten im Schienenfahrzeugbau – Bauformen – Katalog

Schweißen im Straßenfahrzeugbau

M 2501	9/1980	Instandsetzungsschweißen von Personenkraftwagen – Gesetzliche Grundlagen und Regeln der Technik
M 2502	9/1985	Instandsetzungsschweißen von Personenkraftwagen – Anforderungen an den Betrieb – Schweißbarkeit von Pkw-Bauteilen – Regeln für die Instandsetzung

M 2503	9/1980 Instandsetzungsschweißen von Personenkraftwagen – Fügeverfahren im Karosseriebau
M 2504	9/1980 Instandsetzungsschweißen von Personenkraftwagen – Wiederherstellen des Korrosionsschutzes von Unterböden und Hohlräumen
M 2505	8/1981 Instandsetzungsschweißen von Personenkraftwagen – Instandsetzungsaufgaben an der Fahrzeugkarosserie
M 2506	5/1985 Richt- und Schweißarbeiten am Kraftradrahmen – Gesetzliche Grundlagen und Regeln der Technik
M 2507	5/1985 Richt- und Schweißarbeiten an Kraftradrahmen – Anforderungen an den Betrieb– Schweißeignung der Grundwerkstoffe – Regeln für die Instandsetzung
M 2508	5/1985 Richt- und Schweißarbeiten an Kraftradrahmen – Schweißverfahren an Kraftradrahmen
M 2509	5/1985 Richt- und Schweißarbeiten an Kraftradrahmen – Instandsetzungsaufgaben an Kraftradrahmen

Schweißen im Luft- und Raumfahrzeugbau

M 2701	4/1973 Messen von Vorschubgeschwindigkeiten an Elektronenstrahlschweißmaschinen
M 2702	12/1974 Messen von Strahlströmen an Elektronenstrahlschweißmaschinen
M 2703	8/1975 Elektronenstrahlschweißen in der Luft- und Raumfahrt – Verfahrensübersicht und Maschinen
M 2704	10/1976 Richtlinien für das Konstruieren elektronenstrahlgeschweißter metallischer Bauteile
M 2706	4/1979 Betriebliche Ausbildung von Bedienungspersonal für Elektronenstrahl-Schweißmaschinen
M 2707	1/1979 Plasmaschweißen – Verfahrensübersicht, Gasauswahl und Kennwerte zum Schweißen
M 2708	8/1979 Instandsetzung durch Schmelzschweißen im Luft- und Raumfahrzeugbau
M 2709	7/1983 Widerstandspunktgeschweißte Proben zur Ermittlung der Schwingfestigkeit
M 2710	8/1981 Zusatzausrüstung zum mechanischen WIG- und Plasmaschweißen – Eigenschaften und Anforderungen

Schweißen in der Handwerkswirtschaft

M 1901	5/1984 Güteanforderung an Klein- und Mittelbetriebe – Schweißen von Hochbauten, Geräten und Druckbehältern

DIN-Normen (Stand Januar 1988)

1 Begriffe

	1910 Tl. 1	7/1983 Schweißen; Begriffe, Einteilung der Schweißverfahren
	1910 Tl. 2	8/1977 Schweißen; Schweißen von Metallen; Verfahren
	1910 Tl. 3	9/1977 Schweißen; Schweißen von Kunststoffen; Verfahren
	1910 Tl. 4	8/1979 Schweißen; Schutzgasschweißen; Verfahren
	1910 Tl. 5	12/1986 Schweißen; Schweißen von Metallen; Widerstandsschweißen; Verfahren
	1910 Tl. 10	7/1981 Schweißen; Mechanisierte Lichtbogenschmelzschweißverbindungen
	1910 Tl. 11	2/1979 Schweißen; Werkstoffbedingte Begriffe für Metallschweißverbindungen
E	1910 Tl. 12	11/1986 Schweißen; Fertigungsbedingte Begriffe für Schmelzschweißen von Metallen
	1912 Tl. 1	6/1976 Zeichnerische Darstellung; Schweißen; Löten; Begriffe und Benennungen für Schweißstöße, -fugen, -nähte
	1912 Tl. 2	9/1977 Zeichnerische Darstellung; Schweißen; Löten; Arbeitspositionen, Nahtneigungswinkel, Nahtdrehwinkel
	1912 Tl. 3	8/1982 Zeichnerische Darstellung; Schweißen, Löten; Auftragschweißungen
	1912 Tl. 4	5/1981 Zeichnerische Darstellung; Schweißen, Löten; Begriffe und Benennungen für Lötstöße und Lötnähte
	1912 Tl. 5	12/1987 Zeichnerische Darstellung; Schweißen; Löten; Symbolhafte Darstellung in Zeichnungen; ISO 2553; Aus. 1984 modifiziert Beiblatt 1 Anwendungsbeispiele für Symbole für Nahtarten nach ISO 2553
	1912 Tl. 6	2/1979 Zeichnerische Darstellung; Schweißen, Löten; Grundsätze für Schweiß- und Lötverbindungen; Grundsätze für Bemaßungen
	2310 Tl. 1	11/1987 Thermisches Schneiden; Allgemeine Begriffe und Benennungen
	8505 Tl. 1	5/1979 Löten; Allgemeines, Begriffe
	8505 Tl. 2	5/1979 Löten; Einteilung der Verfahren, Begriffe
	8505 Tl. 3	1/1983 Löten; Einteilung der Verfahren nach Energieträgern, Verfahrensbeschreibungen
	8514 Tl. 1	7/1978 Lötbarkeit; Begriffe
	8515 Tl. 1	6/1979 Fehler an Lötverbindungen aus metallischen Werkstoffen; Hart- und Hochtemperatur-Lötverbindungen; Einteilung, Benennungen, Erklärungen
	8518	11/1974 Fehler an Brennschnitten und Plasmaschnitten; Einteilung, Benennungen, Erklärungen
	8521	12/1981 Sicherheitseinrichtungen gegen Flammendurchschlag und Gasrücktritt beim Schweißen und Schneiden
	8522	9/1980 Verfahren der Autogentechnik; Übersicht
	8524 Tl. 1	7/1986 Fehler an Schweißverbindungen aus metallischen Werkstoffen; Schmelzschweißverbindungen; Einteilung, Benennungen, Erklärungen
	8524 Tl. 2	3/1979 Fehler an Schweißverbindungen aus metallischen Werkstoffen; Preßschweißverbindungen; Einteilung, Benennungen, Erklärungen
	8524 Tl. 3	8/1975 Fehler an Schweißverbindungen aus metallischen Werkstoffen; Risse; Einteilung, Benennungen, Erklärungen
	8528 Tl. 1	6/1973 Schweißbarkeit; Metallische Werkstoffe; Begriffe
	8571	7/1981 Schweißzusätze und Schweißhilfsstoffe zum Metallschweißen; Begriffe, Einteilung
E	8580	7/1985 Fertigungsverfahren; Begriffe, Einteilung

	8590	6/1978 Fertigungsverfahren Abtragen; Einordnung, Unterteilung, Begriffe
	8593 Tl. 0	9/1985 Fertigungsverfahren Fügen; Einordnung, Unterteilung, Begriffe
	8593 Tl. 6	9/1985 Fertigungsverfahren Fügen; Fügen durch Schweißen; Einordnung, Unterteilung
	8593 Tl. 7	9/1985 Fertigungsverfahren Fügen; Fügen durch Löten; Einordnung, Unterteilung
	8593 Tl. 8	9/1985 Fertigungsverfahren Fügen; Fügen durch Kleben; Einordnung, Unterteilung
	16 920	6/1981 Klebstoffe; Klebstoffverarbeitung; Begriffe
	32 510 Tl. 1	5/1979 Thermisches Trennen; Brennbohren mit Sauerstofflanzen in mineralische Werkstoffe; Verfahrensgrundlage, Temperaturen, Mindestausrüstung
	32 510 Tl. 2	5/1979 Thermisches Trennen; Metallpulver-Schmelzschneiden in mineralische Werkstoffe; Verfahrensgrundlagen, Temperaturen, Mindestausrüstung
	32 511	8/1987 Elektronenstrahl- und Laserstrahlschweißen; Begriffe für Verfahren und Geräte
	32 520 Tl. 1	1/1987 Graphische Symbole für die Schweißtechnik; Allgemeine Bildzeichen, Grundlagen
E	32 520 Tl. 2	12/1987 Graphische Symbole für die Schweißtechnik; Bildzeichen für Widerstandsschweißen
E	32 520 Tl. 3	12/1987 Graphische Symbole für die Schweißtechnik; Bildzeichen für Lichtbogenschmelzschweißen
	32 520 Tl. 4	8/1986 Graphische Symbole für die Schweißtechnik; Bildzeichen für thermisches Schneiden
	32 524	3/1985 Messung der Vorwärm-, Zwischenlagen- und Haltetemperatur beim Schweißen
	32 527	1/1984 Wärmen beim Schweißen, Löten, Schneiden und bei verwandten Verfahren; Begriffe, Verfahren
E	32 530	10/1987 Thermisches Spritzen; Begriffe, Einteilung
	44 752	6/1967 Elektrische Stumpfschweißmaschinen; Begriffe und Bewertungsmerkmale
	44 753	12/1966 Elektrische Punkt-, Buckel- und Nahtschweißmaschinen sowie Punkt- und Nahtschweißgeräte; Begriffe und Bewertungsmerkmale

2 Gestaltung, Fertigung, Sicherung der Güte

	2310 Tl. 2	11/1987 Thermisches Schneiden; Ermitteln der Güte von Schnittflächen
	2310 Tl. 3	11/1987 Thermisches Schneiden; Autogenes Brennschneiden; Verfahrensgrundlagen, Güte, Maßtoleranzen
	2310 Tl. 4	9/1987 Thermisches Schneiden; Plasmaschneiden; Verfahrensgrundlagen, Begriffe, Güte, Maßtoleranzen
	2470 Tl. 1	5/1984 Gasleitungen bis 16 bar Betriebsüberdruck aus Stahlrohren; Anforderungen an die Rohrleitungsteile
	2470 Tl. 2	5/1983 Gasleitungen aus Stahlrohren mit zulässigen Betriebsdrücken von mehr als 16 bar; Anforderungen an die Rohrleitungsteile
	2559 Tl. 1	5/1973 Schweißnahtvorbereitung; Richtlinien für Fugenformen; Schmelzschweißen von Stumpfstößen an Stahlrohren
	2559 Tl. 2	2/1984 Schweißnahtvorbereitung; Anpassen der Innendurchmesser für Rundnähte an nahtlosen Rohren
E	2559 Tl. 3	7/1987 Schweißnahtvorbereitung; Anpassen der Innendurchmesser für Rundnähte an geschweißten Rohren
	3397	12/1969 Niederdruck-Gasbehälter; Berechnungsgrundlagen
	4099	11/1985 Schweißen von Betonstahl; Ausführung und Prüfung
	4101	7/1974 Geschweißte stählerne Stahlbrücken; Berechnung und bauliche Durchbildung
	4113 Tl. 1	5/1980 Aluminiumkonstruktionen unter vorwiegend ruhender Belastung; Berechnung und bauliche Durchbildung

E	4113 Tl. 2	5/1980 Aluminiumkonstruktionen unter vorwiegend ruhender Belastung; geschweißte Konstruktionen; Berechnung und bauliche Durchbildung
	4119 Tl. 1	6/1979 Oberirdische zylindrische Flachboden-Tankbauwerke aus metallischen Werkstoffen; Ausführung, Prüfungen
	4119 Tl. 2	2/1980 Oberirdische zylindrische Flachboden-Tankbauwerke aus metallischen Werkstoffen; Berechnung
	4132	2/1981 Kranbahnen, Stahltragwerke; Grundsätze für Berechnung, bauliche Durchbildung und Ausführung
	8519	7/1978 Buckel für das Buckelschweißen von Stahlblechen; Rundbuckel, Langbuckel und Ringbuckel
	8528 Tl. 2	3/1975 Schweißbarkeit; Schweißeignung der allgemeinen Baustähle zum Schmelzschweißen
	8551 Tl. 1	6/1976 Schweißnahtvorbereitung; Fugenformen an Stahl; Gasschweißen, Lichtbogenhandschweißen und Schutzgasschweißen
	8551 Tl. 4	11/1976 Schweißnahtvorbereitung; Fugenformen an Stahl; Unter-Pulver-Schweißen
	8552 Tl. 1	5/1981 Schweißnahtvorbereitung; Fugenformen an Aluminium und Aluminiumlegierungen; Gas- und Schutzgasschweißen
	8552 Tl. 3	7/1982 Schweißnahtvorbereitung; Fugenformen an Kupfer- und Kupferlegierungen; Gasschmelzschweißen und Schutzgasschweißen
E	8553	8/1986 Verbindungsschweißen plattierter Stähle; Gestaltung und Ausführung
E	8558 Tl. 1	12/1987 Gestaltung und Ausführung von Schweißverbindungen; Dampfkessel, Behälter und Rohrleitungen
	8558 Tl. 2	9/1983 Gestaltung und Ausführung von Schweißverbindungen; Behälter und Apparate aus Stahl für den Chemie-Anlagenbau
	8562	1/1975 Schweißen im Behälterbau; Behälter aus metallischen Werkstoffen; Schweißtechnische Grundsätze
E	8563 Tl. 1	12/1986 Sicherung der Güte von Schweißarbeiten; Allgemeine Grundsätze
	8563 Tl. 2	10/1978 Sicherung der Güte von Schweißarbeiten; Anforderungen an den Betrieb
	8563 Tl. 3	10/1985 Sicherung der Güte von Schweißarbeiten; Schmelzschweißverbindungen an Stahl (ausgenommen Strahlschweißen); Anforderungen, Bewertungsgruppen
	8563 Tl. 10	12/1984 Sicherung der Güte von Schweißarbeiten; Bolzenschweißverbindungen an Baustählen; Bolzenschweißen mit Hub- und Ringzündung
	8563 Tl. 11	10/1987 Sicherung der Güte von Schweißarbeiten; Elektronenstrahl-Schweißverbindungen an Stahl; Bewertungsgruppen, Merkmale
	8563 Tl. 30	10/1985 Sicherung der Güte von Schweißarbeiten; Schmelzschweißverbindungen an Aluminium und Aluminiumlegierungen (ausgenommen Strahlschweißen); Anforderungen, Bewertungsgruppen
	8564 Tl. 1	4/1972 Schweißen im Rohrleitungsbau; Rohrleitungen aus Stahl; Herstellung, Schweißnahtprüfung
	8565	3/1977 Korrosionsschutz von Stahlbauwerken durch thermisches Spritzen von Zink und Aluminium; Allgemeine Grundsätze
	8567	8/1984 Vorbereitung von Oberflächen metallischer Werkstücke und Bauteile für das thermische Spritzen
	8570 Tl. 1	10/1987 Allgemeintoleranzen für Schweißkonstruktionen; Längen- und Winkelmaße
	8570 Tl. 3	10/1987 Allgemeintoleranzen für Schweißkonstruktionen; Form und Lage
	8570 Tl. 4	2/1976 Freimaßtoleranzen für Schweißkonstruktionen; Stumpf- und Kehlnähte an Aluminiumbauteilen
	15 018 Tl. 1	11/1984 Krane; Grundsätze für Stahltragwerke; Berechnung
	15 018 Tl. 2	11/1984 Krane; Stahltragwerke; Grundsätze für die bauliche Durchbildung und Ausführung

15 018 Tl. 3	11/1984 Krane; Grundsätze für Stahltragwerke; Berechnung von Fahrzeugkranen
15 428	8/1978 Hebezeuge; Lastaufnahmeeinrichtungen; Technische Lieferbedingungen
15 429	7/1978 Hebezeuge; Lastaufnahmeeinrichtungen; Überwachung im Gebrauch
16 960 Tl. 1	2/1974 Schweißen von thermoplastischen Kunststoffen; Grundsätze
18 800 Tl. 1	3/1987 Stahlbauten; Bemessung und Konstruktion
18 800 Tl. 7	5/1983 Stahlbauten; Herstellen, Eignungsnachweise zum Schweißen
18 801	9/1983 Stahlhochbau; Bemessung, Konstruktion, Herstellung
31 000	3/1979 Allgemeine Leitsätze für das sicherheitsgerechte Gestalten technischer Erzeugnisse
31 001 Tl. 1	4/1983 Sicherheitsgerechtes Gestalten technischer Erzeugnisse; Schutzeinrichtungen; Sicherheitsabstände für Erwachsene und Kinder
32 500 Bl. 1	2/1975 Bolzen für Bolzenschweißung mit Hubzündung; Gewindebolzen
32 500 Bl. 2	2/1975 Bolzen für Bolzenschweißung mit Hubzündung; Zylinderstifte
32 500 Bl. 3	2/1975 Bolzen für Bolzenschweißung mit Hubzündung; Betonanker und Kopfbolzen
32 500 Tl. 4	2/1975 Bolzen für Bolzenschweißung mit Hubzündung; T-Stift
32 501 Tl. 1	4/1975 Bolzen für Bolzenschweißung mit Spitzenzündung; Gewindebolzen
32 501 Tl. 2	4/1975 Bolzen für Bolzenschweißung mit Spitzenzündung; Stifte
32 501 Tl. 3	8/1983 Bolzen für Bolzenschweißung mit Spitzenzündung; Gewindebolzen für automatische Zuführung
32 501 Tl. 4	8/1983 Bolzen für Bolzenschweißung mit Spitzenzündung; Stifte für automatische Zuführung
32 501 Tl. 5	8/1986 Bolzen für Bolzenschweißung mit Spitzenzündung; Stifte mit Innengewinde für automatische Zuführung
32 502	7/1985 Fehler an Schweißverbindungen aus Kunststoffen; Einteilung, Benennungen, Erklärungen

3 Zusätze und Hilfsstoffe

1707	1/1976 Weichlote für Schwermetalle; Zusammensetzung, Verwendung, Technische Lieferbedingungen
E 1732 Tl. 1	3/1987 Schweißzusatzwerkstoffe für Aluminium und Aluminiumlegierungen; Zusammensetzung, Verwendung und Technische Lieferbedingungen
E 1732 Tl. 2	3/1987 Schweißzusatzwerkstoffe für Aluminium und Aluminiumlegierungen; Prüfstücke, Proben; Mechanisch-technologische Gütewerte
E 1733 Tl. 1	3/1987 Schweißzusatzwerkstoffe für Kupfer und Kupferlegierungen; Zusammensetzung, Verwendung und Technische Lieferbedingungen
1736 Tl. 1	8/1985 Schweißzusätze für Nickel und Nickellegierungen; Zusammensetzung, Verwendung und Technische Lieferbedingungen
1736 Tl. 2	8/1985 Schweißzusätze für Nickel und Nickellegierungen; Prüfstück, Proben; Mechanische Gütewerte
1737 Tl. 1	6/1984 Schweißzusätze für Titan und Titan-Palladium-Legierungen; Chemische Zusammensetzung, Technische Lieferbedingungen
E 1737 Tl. 2	3/1987 Schweißzusätze für Titan und Titan-Palladium-Legierungen; Prüfstücke, Proben; Mechanisch-technologische Gütewerte
1913 Tl. 1	6/1984 Stabelektroden für das Verbindungsschweißen von Stahl, unlegiert und niedriglegiert; Einteilung, Bezeichnung, Technische Lieferbedingungen
8511 Tl. 1	7/1985 Flußmittel zum Löten metallischer Werkstoffe; Flußmittel zum Hartlöten

8511 Tl. 2	3/1987 Flußmittel zum Löten metallischer Werkstoffe; Flußmittel zum Weichlöten von Schwermetallen
8511 Tl. 3	4/1986 Flußmittel zum Löten metallischer Werkstoffe; Flußmittel zum Löten von Leichtmetallen
8513 Tl. 1	10/1979 Hartlote; Kupferbasislote; Zusammensetzung, Verwendung, Technische Lieferbedingungen
8513 Tl. 2	10/1979 Hartlote; Silberhaltige Hartlote mit weniger als 20 Gew. Prozent Silber; Zusammensetzung, Verwendung, Technische Lieferbedingungen
8513 Tl. 3	7/1986 Hartlote; Silberhaltige Lote mit mindestens 20 % Silber; Zusammensetzung, Verwendung, Technische Lieferbedingungen
8513 Tl. 4	2/1981 Hartlote; Aluminiumbasislote; Zusammensetzung, Verwendung, Technische Lieferbedingungen
8513 Tl. 5	2/1983 Hartlote; Nickelbasislote zum Hochtemperaturlöten; Zusammensetzung, Verwendung, Technische Lieferbedingungen
8516	8/1967 Weichlote mit Flußmittelseelen auf Harzbasis; Zusammensetzung, Technische Lieferbedingungen, Prüfung
8529 Tl. 1	4/1981 Stabelektroden für das Verbindungsschweißen von hochfesten Feinkornbaustählen; basisch umhüllte Stabelektroden; Einteilung; Bezeichnung, Technische Lieferbedingungen
8554 Tl. 1	5/1986 Schweißstäbe für das Gasschweißen, unlegiert und niedriglegiert; Bezeichnung, Technische Lieferbedingungen
8554 Tl. 3	8/1986 Schweißstäbe für das Gasschweißen, unlegiert und niedriglegiert; Prüfung auf Eignung unter Fertigungsbedingungen
8555 Tl. 1	11/1983 Schweißzusatzwerkstoffe zum Auftragschweißen; Bezeichnung, Technische Lieferbedingungen
8556 Tl. 1	5/1986 Schweißzusatzwerkstoffe für das Schweißen nichtrostender und hitzebeständiger Stähle; Bezeichnung, Technische Lieferbedingungen
8556 Tl. 2	4/1965 Schweißzusatzwerkstoffe für das Schweißen nichtrostender und hitzebeständiger Stähle; Prüfung der umhüllten Stabelektroden; Schweißgutprobe
8557 Tl. 1	4/1981 Schweißzusätze für das Unter-Pulver-Schweißen; Verbindungsschweißen von unlegierten und niedriglegierten Stählen
8559 Tl. 1	7/1984 Schweißzusätze für das Schutzgasschweißen; Drahtelektroden und Schweißdrähte für das Metall-Schutzgasschweißen von unlegierten und niedriglegierten Stählen
8566 Tl. 1	3/1979 Zusätze für das thermische Spritzen; Massivdrähte zum Flammspritzen
8566 Tl. 2	12/1984 Zusätze für das thermische Spritzen; Massivdrähte zum Lichtbogenspritzen; Technische Lieferbedingungen
8566 Tl. 3	2/1981 Zusätze für das thermische Spritzen; Fülldrähte und Stäbe zum Flammspritzen
8571	7/1981 Schweißzusätze und Schweißhilfsstoffe zum Metallschweißen
8572 Tl. 1	3/1981 Bestimmung des diffusiblen Wasserstoffs im Schweißgut; Lichtbogenhandschweißen
8572 Tl. 2	3/1981 Bestimmung des diffusiblen Wasserstoffs im Schweißgut; Unter-Pulver-Schweißen
8573 Tl. 1	1/1983 Schweißzusätze zum Schweißen unlegierter und niedriglegierte Gußeisenwerkstoffe; Bezeichnung, Technische Lieferbedingungen
8575 Tl. 1	4/1984 Schweißzusätze zum Lichtbogenschweißen warmfester Stähle; Einteilung, Bezeichnung, Technische Lieferbedingungen
32 522	4/1981 Schweißpulver zum Unterpulverschweißen; Bezeichnung, Technische Lieferbedingungen
32 523	4/1984 Bestimmung des Ausbringens beim Schweißen mit umhüllten Stabelektroden

32 525 Tl. 1	12/1981 Prüfung von Schweißgutzusätzen mittels Schweißgutproben; Lichtbogengeschweißte Prüfstücke; Proben für mechanisch-technologische Prüfungen
32 525 Tl. 2	8/1979 Prüfung von Schweißgutzusätzen mittels Schweißgutproben; Lichtbogengeschweißte Prüfstücke; Prüfstücke für die Ermittlung der chemischen Zusammensetzung bei geringem Wärmeeinbringen
32 525 Tl. 4	3/1985 Prüfung von Schweißgutzusätzen mittels Schweißgutproben; Lichtbogengeschweißte Prüfstücke; Prüfstücke für die Ermittlung der Härte der Auftragschweißungen
32 526	8/1978 Schutzgase zum Schweißen
32 529 Tl. 1	10/1983 Pulver zum thermischen Spritzen; Pulver zum Plasmaspritzen; Zusammensetzung, Technische Lieferbedingungen

4 Geräte, Maschinen, Zubehör

4.1 Geräte und Zubehör für Autogenverfahren

477 Tl. 1	9/1979 Gasflaschenventile für Prüfdrücke bis max. 300 bar; Bauformen, Baumaße, Anschlüsse, Gewinde
477 Tl. 3	11/1963 Gasflaschenventil; Begriffe und technische Daten für in Gasflaschen beförderte Gase
477 Tl. 5	9/1979 Gasflaschenventile für Prüfdrücke bis max. 450 bar; Bauformen, Baumaße, Anschlüsse, Gewinde
1340	12/1984 Gasförmige Brennstoffe und sonstige Gase; Arten, Bestandteile, Verwendung
E 3383 Tl. 1	10/1986 Gasschlauchleitungen und Gasanschlußarmaturen; Sicherheits-Gasanschlußleitungen und Gasanschlußarmaturen
E 3383 Tl. 2	10/1986 Gasschlauchleitungen und Gasanschlußarmaturen; Gasschlauchleitungen für festen Anschluß
4661 Tl. 1	9/1968 Druckgasflaschen; Geschweißte Stahlflaschen, Prüfdruck 30 atü
4661 Tl. 2	9/1968 Druckgasflaschen; Geschweißte Stahlflaschen; zugelassene Gase
4661 Tl. 3	9/1968 Druckgasflaschen; Geschweißte Stahlflaschen; Bodenformen
4661 Tl. 4	9/1968 Druckgasflaschen; Geschweißte Stahlflaschen; Ventilmuffen
4661 Tl. 5	9/1968 Druckgasflaschen; Geschweißte Stahlflaschen; Füße
4661 Tl. 6	9/1968 Druckgasflaschen; Geschweißte Stahlflaschen; Ventilschutz
4661 Tl. 7	3/1978 Druckgasflaschen; Geschweißte Stahlflaschen; Eingestempelte Kennzeichen, Schilder, Schildrahmen, Plombenniet
4664 Tl. 1	6/1969 Druckgasflaschen; Nahtlose Stahlflaschen; Übersicht, zugelassene Gase
4664 Tl. 2	6/1969 Druckgasflaschen; Nahtlose Stahlflaschen; für unter Druck gelöstes Acetylen, Prüfdruck 60 atü
4664 Tl. 3	6/1969 Druckgasflaschen; Nahtlose Stahlflaschen; ab 5 Liter Rauminhalt; Prüfdruck 100 atü
4664 Tl. 4	6/1969 Druckgasflaschen; Nahtlose Stahlflaschen; bis 5 Liter Rauminhalt; Prüfdruck 225 atü
4664 Tl. 5	6/1969 Druckgasflaschen; Nahtlose Stahlflaschen; ab 5 Liter Rauminhalt; Prüfdruck 225 atü
4664 Tl. 6	6/1969 Druckgasflaschen; Nahtlose Stahlflaschen; bis 2,67 Liter Rauminhalt, Prüfdruck 250 atü
4664 Tl. 7	6/1969 Druckgasflaschen; Nahtlose Stahlflaschen; ab 4 Liter Rauminhalt, Prüfdruck 250 atü
4664 Tl. 8	6/1969 Druckgasflaschen; Nahtlose Stahlflaschen; bis 10 Liter Rauminhalt; Prüfdruck 300 atü
4664 Tl. 9	6/1969 Druckgasflaschen; Nahtlose Stahlflaschen; ab 5 Liter Rauminhalt, Prüfdruck 300 atü
4664 Tl. 10	6/1969 Druckgasflaschen; Nahtlose Stahlflaschen; Halsringe
4664 Tl. 11	6/1969 Druckgasflaschen; Nahtlose Stahlflaschen; Schutzkappen

	4664 Tl. 12	6/1969 Druckgasflaschen; Nahtlose Stahlflaschen; Aufschrumpffüße
	4664 Tl. 13	3/1978 Druckgasflaschen; Nahtlose Stahlflaschen; Kennzeichnung
	4668	9/1968 Druckgasflaschen; Gewinde für Ventilmuttern, Halsringe und Schutzkappen
	4815 Tl. 1	11/1979 Schläuche für Flüssiggas; Schläuche mit und ohne Einlagen
	4815 Tl. 2	6/1969 Schläuche für Flüssiggas; Schlauchleitungen
	4816	5/1957 Druckgasanlagen; Anschluß für Propan-Lötgeräte; Übersicht, Anschlüsse
	8501	1/1972 Lötkolben
	8521	12/1981 Sicherheitseinrichtungen gegen Flammendurchschlag und Gasrücktritt beim Schweißen, Schneiden und verwandten Verfahren; Sicherheitstechnische Anforderungen, Prüfung
	8523	5/1974 Abnahmeprüfung für Brennschneidmaschinen; Nachführgenauigkeit, Funktionseigenschaften
E	8541 Tl. 1	8/1986 Schläuche für Brenngase, Sauerstoff und andere nichtbrennbare Gase für Schweißen, Schneiden und verwandte Verfahren; Schläuche ohne Ummantelung
	8541 Tl. 2	12/1987 Schläuche für Schweißen, Schneiden und verwandte Verfahren; Schläuche mit Ummantelung für Brenngase, Sauerstoff und andere nichtbrennbare Gase
	8541 Tl. 3	12/1979 Schläuche für Brenngase, Sauerstoff und andere nichtbrennbare Gase für Schweißen, Schneiden und verwandte Verfahren; Sauerstoffschläuche ohne Ummantelung
	8541 Tl. 4	3/1983 Schläuche für Brenngase, Sauerstoff und andere nichtbrennbare Gase für Schweißen, Schneiden und verwandte Verfahren; Sauerstoffschläuche mit Ummantelung für besondere Anforderungen
	8542	9/1983 Schlauchanschlüsse und Schlauchverbindungen für Geräte zum Schweißen, Schneiden und verwandte Verfahren
	8543 Tl. 1	6/1981 Brenner für Autogentechnik; Handbrenner für Brenngas/Sauerstoff und für Brenngas/Druckluft; Bauformen, Definitionen, Begriffe, Allgemeine Forderungen
	8543 Tl. 2	9/1986 Brenner für Autogentechnik; Handbrenner für Brenngas/Sauerstoff und Brenngas/Druckluft; Prüfung
	8543 Tl. 4	9/1986 Brenner für Autogentechnik; Handbrenner für Brenngas/angesaugte Luft; Bauarten, Begriffe, Anforderungen, Prüfung, Kennzeichnung
	8543 Tl. 5	9/1986 Brenner für Autogentechnik; Maschinenschneidbrenner für Brenngas/Sauerstoff; Bauarten, Begriffe, Anforderungen, Kennzeichnung, Prüfung
E	8544	11/1987 Schlauchkupplungen für Geräte und Gasschläuche für Schweißen, Schneiden und verwandte Verfahren; Anschlüsse für Schläuche von 4 bis 10 mm Innendurchmesser (→ ISO/DIS 7289)
	8545	9/1981 Hauptdruckregler (Batteriedruckminderer) für Schweißen, Schneiden und verwandte Verfahren; Begriffe, Anforderungen und Prüfung
E	8546	12/1986 Druckminderer für Gasflaschen für Schweißen, Schneiden und verwandte Verfahren
	8549	12/1986 Überdruckmeßgeräte (Manometer) mit Rohrfeder für Geräte und Anlagen für Schweißen, Schneiden und verwandte Verfahren; Gehäusedurchmesser 50 mm und 63 mm
	32 503	7/1979 Schutzkappen für Betriebs-Druckmeßgeräte (Manometer) mit Gehäusedurchmesser 63 mm für Schweißen, Schneiden und verwandte Verfahren
	32 508	9/1984 Mikro-Löt- und Schweißgeräte mit eigener Wasserstoff-/Sauerstoff-Erzeugung; Mechanische und gastechnische Anforderungen, Prüfung, Kennzeichnung
E	32 512	12/1986 Kleinlötgeräte mit Einwegbehältern; Bauarten, Sicherheitstechnische Anforderungen, Prüfung
	32 620	8/1976 Schlauchbinder; Spanner, Band

4.2 Elektrische Schweißmaschinen

8569 Tl. 1	10/1974 Stabelektrodenhalter bis 500 A für das Metall-Lichtbogenschweißen; Größen, Anforderungen
32 505	1/1980 Abnahmeprüfungen für Elektronenstrahl-Schweißmaschinen
32 505 Tl. 1	10/1987 Abnahmeprüfungen für Elektronenstrahl-Schweißmaschinen; Grundlagen, Abnahmebedingungen
32 505 Tl. 2	3/1987 Abnahmeprüfungen für Elektronenstrahl-Schweißmaschinen; Messung der Beschleunigungsspannungen
32 505 Tl. 3	10/1087 Abnahmeprüfungen für Elektronenstrahl-Schweißmaschinen; Messung des Strahlstroms
32 505 Tl. 4	10/1987 Abnahmeprüfungen für Elektronenstrahl-Schweißmaschinen; Messung der Schweißgeschwindigkeit
32 505 Tl. 5	10/1987 Abnahmeprüfungen für Elektronenstrahl-Schweißmaschinen; Messung der Führungsgenauigkeit
32 505 Tl. 6	10/1987 Abnahmeprüfungen für Elektronenstrahl-Schweißmaschinen; Messung der Flecklagekonstanz
E 32 521	11/1987 Abnahmebedingungen und Qualitätsprüfung für Anlagen zum thermischen Spritzen
E 32 528	1/1987 Wolframelektroden für das Wolfram-Schutzgasschweißen und Plasmaschmelzschweißen; Zusammensetzung, Technische Lieferbedingungen
44 750 Tl. 7	9/1976 Punktschweißelektroden; Elektrodenschäfte mit Außenkegel 1 : 10 und zylindrischem Befestigungsende
E 44 754	5/1980 Rollenelektroden für Nahtschweißmaschinen
44 755 Tl. 2	8/1972 Elektrodenhalter für Punktschweißelektroden; Verkürzter Morsekegel; Anschlußmaße
44 756	8/1972 Spannplatten für Buckelschweißmaschinen; T-Nuten
44 757 Tl. 1	8/1972 Kegellehrringe für Außenkegel an Punktschweißelektroden; Kegel 1 : 10 und 1 : 5
44 757 Tl. 2	8/1972 Kegellehrringe für Außenkegel an Punktschweißelektrodenschäften
44 757 Tl.	8/1972 Kegellehrringe für Außenkegel an Punktschweißelektroden; Verkürzter Morsekegel
44 758 Tl. 1	8/1972 Kegellehrdorne für Innenkegel in Elektrodenhaltern; Kegel 1 : 10 und 1 : 5
44 758 Tl. 2	8/1972 Kegellehrdorne für Innenkegel in Elektrodenkappen
44 758 Tl. 3	8/1972 Kegellehrdorne für Innenkegel in Elektrodenhaltern; Verkürzter Morsekegel
44760	11/1972 Sekundär-Anschlußkabel für Widerstands-Schweißeinrichtungen; luftgekühlt
44 762	1/1974 Unterkupfer; Keilelektroden und Klemmstücke für Widerstands-Schweißeinrichtungen
44 763	10/1973 Isolierbuchsen für Zylinderschrauben nach DIN 912
44 764	10/1973 Zylinderstifte aus isolierendem Werkstoff
44 765	10/1973 Isolierkappen M 8
44 766 Tl. 1	9/1975 Widerstandsschweiß-Transformatoren; Einbautransformatoren; Maße
44 766 Tl. 2	5/1981 Widerstandsschweiß-Transformatoren; Hängetransformatoren; Maße, Kenngrößen
44 766 Tl. 3	5/1981 Widerstandsschweiß-Transformatoren; Transformatoren mit Flanschanschluß; Maße, Kenngrößen
44 766 Tl. 4	5/1981 Widerstandsschweiß-Transformatoren; Anforderungen, Prüfungen
44 767	2/1976 Gerätesteckvorrichtung für den Primäranschluß von Widerstands-Schweißtransformatoren; 200 A, 550 V
44 768 Tl. 1	1/1980 Elektrodenhalter für Vielpunkt-Schweißeinrichtungen mit kegeliger Aufnahme 1 : 10
44 768 Tl. 2	1/1980 Elektrodenhalter für Vielpunkt-Schweißeinrichtungen; Aufnahmekegel, Verkürzter Morsekegel

	44 768 Tl. 3	1/1980 Elektrodenhalter für Vielpunkt-Schweißeinrichtungen; Aufnahmebohrung zylindrisch
	44 769	9/1976 Kühlrohre mit Gewinde für Elektrodenschäfte
	44 770 Tl. 1	5/1982 Pneumatik-Schweißzylinder; doppeltwirkend, ohne Dämpfung, zweifach beaufschlagt; Anschlußmaße
	44 771	1/1980 Anschlußwinkel; 45° und 90° für Widerstandsschweißeinrichtungen
	44 772 Tl. 1	1/1980 Anschlußleitungen für Schweißzangenanlagen (Zweileiter); wassergekühlt
E	44 772 Tl. 2	5/1984 Anschlußleitungen für Schweißzangenanlagen (Einleiter); wassergekühlt

5 Ausbildung von Schweißern, Prüfung von Schweißverbindungen

	8516	11/1974 Weichlote mit Flußmittelseelen auf Harzbasis; Zusammensetzung, Technische Lieferbedingungen
	8525 Tl. 1	11/1977 Prüfung von Hartlötverbindungen; Spaltlötverbindungen; Zugversuch
	8525 Tl. 2	11/1977 Prüfung von Hartlötverbindungen; Spaltlötverbindungen; Scherversuch
	8525 Tl. 3	7/1986 Prüfung von Hartlötverbindungen; Hochtemperaturgelötete Spaltlötverbindungen; Zugversuch
	8526	11/1977 Prüfung von Weichlötverbindungen; Spaltlötverbindungen; Scherversuch, Zeitstandscherversuch
	8527 Tl. 1	6/1970 Flußmittel zum Weichlöten von Schwermetallen; Prüfung
	8527 Tl. 2	4/1974 Flußmittel zum Weichlöten von Schwermetallen; Anforderungen
E	8561	11/1985 Prüfung von NE-Metall-Schweißern
	32 506 Tl. 1	7/1981 Lötbarkeitsprüfung für das Weichlöten; Benetzungsprüfungen
	32 506 Tl. 2	7/1981 Lötbarkeitsprüfung für das Weichlöten; Hubtauchprüfung für Proben aus Kupferlegierungen; Prüfung, Beurteilung
	32 506 Tl. 3	7/1981 Lötbarkeitsprüfung für das Weichlöten; Hubtauchprüfung für verzinnte Proben; Prüfung, Beurteilung
	32 506 Tl. 4	7/1981 Lötbarkeitsprüfung für das Weichlöten; Benetzungskraftmessung; Prüfung, Beurteilung
	50 115	2/1975 Prüfung metallischer Werkstoffe; Kerbschlagbiegeversuch
	50 120 Tl. 1	9/1975 Prüfung von Stahl; Zugversuch an Schweißverbindungen; Schmelzgeschweißte Stumpfnähte
	50 120 Tl. 2	8/1978 Prüfung von Stahl; Zugversuch an Schweißverbindungen; Preßgeschweißte Stumpfnähte
	50 121 Tl. 1	1/1978 Prüfung metallischer Werkstoffe; Technologischer Biegeversuch an Schweißverbindungen und Schweißplattierungen; Schmelzschweißverbindungen
	50 121 Tl. 2	1/1978 Prüfung metallischer Werkstoffe; Technologischer Biegeversuch an Schweißverbindungen und Schweißplattierungen; Preßschweißverbindungen
	50 121 Tl. 3	1/1978 Prüfung metallischer Werkstoffe; Technologischer Biegeversuch an Schweißverbindungen und Schweißplattierungen; Schmelzschweißplattierungen
	50 122	8/1984 Prüfung metallischer Werkstoffe; Kerbschlagbiegeversuch an Schweißverbindungen; Probenlage und Kerblage
	50 123	4/1977 Prüfung an Nichteisenmetallen; Zugversuch an Schweißverbindungen; Schmelzgeschweißte Stumpfnähte
	50 124	4/1977 Prüfung metallischer Werkstoffe; Scherzugversuch an Widerstandspunkt-, Widerstandsbuckel- und Schmelzpunktschweißverbindungen
	50 127	8/1976 Prüfung von Stahl; Winkelprobe, Keilprobe, Rohr-Kerbzugprobe zur Beurteilung von schmelzgeschweißten Kehl- bzw. Stumpfnähten
	50 129	10/1973 Prüfung metallischer Werkstoffe; Prüfung der Rißanfälligkeit von Schweißzusatzwerkstoffen
	50 145	5/1975 Prüfung metallischer Werkstoffe; Zugversuch

50 160	8/1981 Prüfung thermisch gespritzter, metallischer Schichten; Ermittlung der Haft-Zugfestigkeit im Stirnzugversuch
50 163 Tl. 1	3/1982 Prüfung metallischer Werkstoffe; Härteprüfung an Schweißungen; Querschliff an Verbindungsschweißungen
50 164	7/1982 Prüfung metallischer Werkstoffe; Kopfzugversuch an Widerstandspunkt-, Widerstandsbuckel- und Schmelzpunktschweißverbindungen
53 281 Tl. 1	9/1979 Prüfung von Metallklebstoffen und Metallklebungen; Proben; Klebflächenvorbehandlung
53 281 Tl. 2	9/1979 Prüfung von Metallklebstoffen und Metallklebungen; Proben, Herstellung
53 281 Tl. 3	9/1979 Prüfung von Metallklebstoffen und Metallklebungen; Proben; Kenndaten des Klebvorgangs
53 282	9/1979 Prüfung von Metallklebstoffen und Metallklebungen; Winkelschälversuch
53 283	9/1979 Prüfung von Metallklebstoffen und Metallklebungen; Bestimmung der Klebfestigkeit von einschnittig überlappten Klebungen (Zugscherversuch)
53 284	9/1979 Prüfung von Metallklebstoffen und Metallklebungen; Zeitstandversuch an einschnittig überlappten Klebungen
53 285	9/1979 Prüfung von Metallklebstoffen und Metallklebungen; Dauerschwingversuch an einschnittig überlappten Klebungen
53 286	9/1979 Prüfung von Metallklebstoffen und Metallklebungen; Bedingungen für die Prüfung bei verschiedenen Temperaturen
53 287	9/1979 Prüfung von Metallklebstoffen und Metallklebungen; Bestimmung der Beständigkeit gegenüber Flüssigkeiten
53 288	9/1979 Prüfung von Metallklebstoffen und Metallklebungen; Zugversuch
53 289	9/1979 Prüfung von Metallklebstoffen und Metallklebungen; Rollenschälversuch
54 109 Tl. 1	10/1987 Zerstörungsfreie Prüfung; Bildgüte von Durchstrahlungsaufnahmen; Begriffe, Bildgüteprüfkörper, Ermittlung der Bildgütezahl
54 109 Tl. 2	10/1964 Zerstörungsfreie Prüfung; Bildgüte von Röntgen- und Gamma-Filmaufnahmen an metallischen Werkstoffen; Richtlinien für das Aufstellen von Bildgüteklassen
54 111 Tl. 1	9/1985 Zerstörungsfreie Prüfverfahren; Prüfung metallischer Werkstoffe mit Röntgen- oder Gammastrahlen; Aufnahme von Durchstrahlungsbildern von Schmelzschweißverbindungen
54 111 Tl. 2	6/1982 Zerstörungsfreie Prüfverfahren; Prüfung metallischer Werkstoffe mit Röntgen- oder Gammastrahlen; Aufnahme von Durchstrahlungsbildern von Gußstücken aus Eisenwerkstoffen
54 112	8/1977 Zerstörungsfreie Prüfung; Filme, Aufnahmefolien, Kassetten für Aufnahmen mit Röntgen- und Gammastrahlen; Maße
54 116 Tl. 1	10/1973 Zerstörungsfreie Prüfung; Betrachtung von Durchstrahlungsaufnahmen; Betrachtungsbedingungen
54 116 Tl. 2	11/1976 Zerstörungsfreie Prüfung; Betrachtung von Durchstrahlungsaufnahmen; Betrachtungsgeräte
54 119	8/1981 Zerstörungsfreie Prüfung; Ultraschallprüfung; Begriffe
54 120	7/1973 Zerstörungsfreie Werkstoffprüfung; Kontrollkörper 1 und seine Verwendung zur Justierung und Kontrolle von Ultraschall-Impulsecho-Geräten
54 122	12/1973 Zerstörungsfreie Werkstoffprüfung; Kontrollkörper 2 und seine Verwendung zur Justierung und Kontrolle von Ultraschall-Impulsecho-Geräten
54 123	10/1980 Zerstörungsfreie Werkstoffprüfung; Ultraschallverfahren zur Prüfung von Schweiß-, Walz- und Sprengplattierungen
54 124 Tl. 1	5/1983 Zerstörungsfreie Werkstoffprüfung; Kontrolle der Eigenschaften von Ultraschall-Prüfsystemen; Einfache Kontrollen
E 54 125	8/1987 Zerstörungsfreie Werkstoffprüfung; Manuelle Prüfung von Schweißverbindungen mit Ultraschall
54 126 Tl. 1	10/1982 Zerstörungsfreie Werkstoffprüfung; Regeln zur Prüfung mit Ultraschall; Anforderungen an Prüfsysteme und Prüfgegenstände

	54 126 Tl. 2	10/1982 Zerstörungsfreie Werkstoffprüfung; Regeln zur Prüfung mit Ultraschall; Durchführung der Prüfung
E	54 127 Tl. 1	8/1987 Zerstörungsfreie Werkstoffprüfung; Justierung von Ultraschall-Prüfsystemen und Bewertung der Echohöhen
	54 130	4/1974 Zerstörungsfreie Prüfung; Magnetische Streuflußverfahren; Allgemeines
	54 131 Tl. 1	3/1984 Zerstörungsfreie Prüfung; Magnetisierungsgeräte für die Magnetpulverprüfung; Stationäre und transportable Geräte außer Handmagneten; Eigenschaften und ihre Ermittlung
	54 131 Tl. 2	3/1984 Zerstörungsfreie Prüfung; Magnetisierungsgeräte für die Magnetpulverprüfung; Handmagnete; Eigenschaften und ihre Ermittlung
	54 132	8/1980 Zerstörungsfreie Prüfung; Bestimmung der Eigenschaften von Prüfmitteln für die Magnetpulverprüfung
E	54 136 Tl. 1	9/1987 Zerstörungsfreie Prüfung; Magnetische Streuflußprüfung mit Sondenabtastung; Grundlagen
	54 140 Tl. 1	4/1976 Zerstörungsfreie Prüfung; Induktive Verfahren (Wirbelstromverfahren), Allgemeines
E	54 140 Tl. 3	9/1987 Zerstörungsfreie Prüfung; Induktive Verfahren (Wirbelstromverfahren); Darstellung und allgemeine Eigenschaften von Spulensystemen
	54 152 Tl. 1	3/1979 Zerstörungsfreie Prüfung; Eindringverfahren; Durchführung
	54 152 Tl. 2	6/1983 Zerstörungsfreie Prüfung; Eindringverfahren; Prüfung von Prüfmitteln
E	54 152 Tl. 3	3/1987 Zerstörungsfreie Prüfung; Eindringverfahren; Kontrollkörper und ihre Verwendung zur Ermittlung und Klassifizierung der Empfindlichkeit von Prüfmittelsystemen
	54 450	8/1978 Prüfung von Metallklebstoffen und Metallklebungen; Zugversuch zur Bestimmung der Knotenanrißkraft von Metall-Wabenkernen
	54 451	11/1978 Prüfung von Metallklebstoffen und Metallklebungen; Zugscher-Versuch zur Ermittlung des Schubspannungs-Gleitungs-Diagramms eines Klebstoffs in der Klebung
	54 452	11/1981 Prüfung von Metallklebstoffen und Metallklebungen; Druckscher-Versuch
	54 453	1/1982 Prüfung von Metallklebstoffen und Metallklebungen; Bestimmung der dynamischen Viskosität an anaeroben Klebstoffen mittels Rotationsviskosimetern
	54 454	6/1984 Prüfung von Metallklebstoffen und Metallklebungen; Losbrechversuch an geklebten Gewinden
	54 455	5/1984 Prüfung von Metallklebstoffen und Metallklebungen; Torsionsscher-Versuch

6 Schutzeinrichtungen

	4646 Tl. 1	3/1979 Sichtscheiben für Augenschutzgeräte; Grundlagen, Anforderungen, Maße, Kennzeichnung
	4647 Tl. 1	2/1977 Verwendung von Sichtscheiben für Augenschutzgeräte; Schweißerschutzfilter
E	4647 Tl. 7	12/1987 Sichtscheiben für Augenschutzgeräte; Schweißerschutzfilter mit zeitlich und örtlich unterschiedlicher Lichttransmission; sicherheitstechnische Anforderungen und Prüfung
	4840	5/1981 Arbeitsschutzhelme; Begriffe, Anforderungen, Prüfung
	4841 Tl. 1	11/1981 Schutzhandschuhe; Sicherheitstechnische Anforderungen, Prüfung
	4841 Tl. 4	1/1987 Schutzhandschuhe; Schweißerschutzhandschuhe aus Leder; Sicherheitstechnische Anforderungen und Prüfung
E	4843	8/1985 Sicherheitsschuhwerk; Sicherheitstechnische Anforderungen, Prüfung
	4844 Tl. 1	5/1980 Sicherheitskennzeichnung; Begriffe, Grundsätze und Sicherheitszeichen
	4844 Tl. 2	11/1982 Sicherheitskennzeichnung; Sicherheitsfarben
	4847	9/1969 Beschichtete Gewebe und Gewirke für Schutzkleidung
	12 406 Tl. 1	2/1983 Tragbare Feuerlöscher; Begriffe, Bauarten, Anforderungen

	23 320 Tl. 1	7/1980 Flammenschutzkleidung für den Bergbau; Sicherheitstechnische Anforderungen, Prüfung
	25 400	5/1966 Warnzeichen für ionisierende Strahlung
	32 504 Tl. 1	10/1983 Lichtdurchlässige Abschirmungen an Schweißerarbeitsplätzen; Lichtbogenschweißverfahren; Sicherheitstechnische Anforderungen, Prüfungen und Kennzeichnung
	32 504 Tl. 2	1/1982 Lichtdurchlässige Abschirmungen an Schweißerarbeitsplätzen; Gasschweißverfahren; Sicherheitstechnische Anforderungen, Prüfungen und Kennzeichnung
	32 507	5/1984 Probenahme zur Ermittlung der Konzentration luftverunreinigender Stoffe im Atembereich beim Schweißen und verwandten Verfahren
	54 113 Tl. 1	9/1980 Strahlenschutzregeln für die technische Anwendung von Röntgeneinrichtungen bis 500 kV; Allgemeine sicherheitstechnische Anforderungen und Prüfung
	54 113 Tl. 2	9/1980 Strahlenschutzregeln für die technische Anwendung von Röntgeneinrichtungen bis 500 kV; Anforderungen für Herstellung, Einrichtung und Betrieb
	54 113 Tl. 3	9/1980 Strahlenschutzregeln für die technische Anwendung von Röntgeneinrichtungen bis 500 kV; Formeln und Diagramme für Strahlenschutzberechnungen
	54 115 Tl. 1	10/1985 Zerstörungsfreie Prüfung; Strahlenschutzregeln für die technische Anwendung umschlossener radioaktiver Stoffe; Ortsfester und ortsveränderlicher Umgang
E	54 115 Tl. 3	4/1986 Zerstörungsfreie Prüfung; Strahlenschutzregeln für die technische Anwendung umschlossener radioaktiver Stoffe; Organisation des Strahlenschutzes bei Umgang und Beförderung
	54 115 Tl. 4	3/1984 Strahlenschutzregeln für die technische Anwendung umschlossener radioaktiver Stoffe; Herstellung und Prüfung ortsveränderlicher Strahlengeräte für die Gammaradiographie
	54 115 Tl. 5	7/1980 Strahlenschutzregeln für die technische Anwendung umschlossener radioaktiver Stoffe; Einrichtung von Anlagen für die Gammaradiographie
E	54 115 Tl. 6	5/1987 Zerstörungsfreie Prüfung; Strahlenschutzregeln für die technische Anwendung umschlossener radioaktiver Stoffe; Inspektion, Wartung und Funktionsprüfung von ortsveränderlichen Strahlengeräten
	58 210	12/1975 Schutzbrillen; Begriffe und Grundanforderungen
	58 211 Tl. 6	12/1975 Schutzbrillen; Zusatzforderungen für Schutzbrille gegen optische Strahlung außer Temperaturstrahlung, z.B. Schweißerbrille
	58 214 Tl. 1	11/1980 Augenschutzgeräte mit Gesichtsschutz; Zusatzforderungen für Schutzschilde, Schutzschirme und Schutzhauben für Lichtbogenschweißen und verwandte Verfahren
	58 215	1/1986 Laserschutzfilter und Laserschutzbrillen; Sicherheitstechnische Anforderungen und Prüfung
	61 501	6/1986 Zweiteilige Berufsanzüge für Herren

ISO-Normen (Stand Januar 1988)

544	1975 Durchmesser und Toleranzen von Schweißzusatzwerkstoffen für das Lichtbogen- und Gasschweißen
545	1975 Längen und Toleranzen für Schweißstäbe, die nicht gezogen oder gepreßt sind
546	1975 Längen und Toleranzen für gezogene und gepreßte, in geraden Längen gelieferte Schweißstäbe
547	1975 Längen und Toleranzen von Stabelektroden aus unlegierten und niedriglegierten hochfesten Stählen
581	1980 Begriffsbestimmung der Schweißbarkeit
R 615	1967 Prüfverfahren zur Bestimmung der mechanischen Eigenschaften des Schweißguts, das durch Abschmelzen der Stabelektroden mit Kernstabdurchmessern von 3,15 mm aufgetragen wird
698	1975 Zusatzwerkstoffe für das Fugenlöten; Prüfverfahren zur Bestimmung der vereinbarten Haftfestigkeit auf Stahl, Gußeisen und anderen Metallen
R 708	1968 Prüfung von Gasschweißstäben auf ihre Eignung für den Grundwerkstoff
857	1979 Begriffsbestimmung für Schweißverfahren
864	1975 Massivdrähte für das Metall-Schutzgasschweißen von unlegiertem Stahl; Abmessungen der Drähte, Spulen, Rollen und Ringe
1071	1983 Kennzeichnung von umhüllten Stabelektroden zum Lichtbogenhandschweißen von Gußeisen
1106/1	1984 Empfohlenes Vorgehen bei der Durchstrahlungsprüfung von Schmelzschweißverbindungen – Stumpfgeschweißte Verbindungen an Stahlblechen bis 50 mm Dicke
1106/3	1984 – Schmelzgeschweißte Rundnähte an Stahlrohren bis 50 mm Wanddicke
2503	1983 Druckminderer für Gasflaschen für Schweißen, Schneiden und verwandte Verfahren (→ DIN 8546)
2553	1984 Schweißnähte; Symbolhafte Darstellung in Zeichnungen
3041	1975 Schweißvorschriften; Anforderungsklassen für Schweißnaht
3088	1975 Schweißvorschriften; Faktoren, die bei der Festlegung von Anforderungen an Schmelzschweißverbindungen aus Stahl zu berücksichtigen sind
3253	1975 Schlauchanschlüsse für Geräte und Anlagen für Schweißen, Schneiden und verwandte Verfahren (→ DIN 8542)
3580	1976 Umhüllte Stabelektroden zum Lichtbogenhandschweißen von warmfesten Stählen; Schema zur Symbolisierung
3581	1976 Umhüllte Stabelektroden zum Lichtbogenhandschweißen von nichtrostenden und anderen ähnlich hochlegierten Stählen; Schema zur Symbolisierung
3677	1976 Zusätze zum Weich- und Hartlöten; Kennzeichnung
3690	1977 Schweißen; Bestimmung des Wasserstoffs im Schweißgut unlegierter und niedriglegierter Stähle
3690 Add. 1	1983 Schweißen; Bestimmung des Wasserstoffs im Schweißgut niedergeschmolzener Stabelektroden zum Schweißen unlegierter und niedriglegierter Stähle
3690 Add. 2	1983 Empfohlene Angabe für den Wasserstoffgehalt von Einlagenschweißungen
3821	1977 Biegsame Schläuche für Gasschweißen und verwandte Verfahren (→ DIN 8541 Tl. 1)
3843	1978 Schweißvorschriften; Faktoren zur Beurteilung von Schweißbetrieben (→ DIN 8563 Tl. 2)

4063	1978 Liste für Verfahren zum Schweißen und Löten für zeichnerische Darstellung
5171	1980 Manometer für Schweißen, Schneiden und verwandte Verfahren (→ DIN 8549)
5172	1977 Handbrenner zum Schweißen und Schneiden (→ DIN 8543 Tl. 1 und 2)
5175	1983 Anforderungen an Sicherheitseinrichtungen in Gasversorgungsanlagen (→ DIN 8521)
5179	1983 Beurteilung der Löteignung an Prüfstücken mit unterschiedlichem Spalt
5829	1984 Abmessungen für Elektrodenschäfte mit Kegel 1 : 10
5830	1984 Abmessungen für Elektrodenkappen mit Außenkegel
6213	1983 Schweißen; Faktoren, die bei der Sicherung der Güte geschweißter Bauteile zu beachten sind (→ DIN 8563 Tl. 1 und 2)
6848	1984 Wolframelektroden für das Wolfram-Schutzgasschweißen und das Plasma-Schmelzschneiden; Einteilung
6947	1980 Hauptschweißpositionen; Begriffe sowie Nahtneigungswinkel und Nahtdrehwinkel für diese Schweißpositionen an geraden Nähten (→ DIN 1912 Tl. 2)
7286	1986 Bildzeichen für Widerstandsschweißgeräte
7963	1985 Schweißverbindungen aus Stahl; Kontrollkörper 2 für Ultraschallprüfung von Schweißverbindungen
8249	1984 Schweißen; Bestimmung der Ferritzahl im austenitischen Schweißgut von Chrom-Nickel-haltigen Stabelektroden

VDI-Merkblätter und -Richtlinien

VDI 2229		6/1979 Metallkleben; Hinweise für Konstruktion und Fertigung
VDI 2251 VDE Bl. 3		11/1979 Feinwerkelemente; Lötverbindungen
VDI 2251 VDE Bl. 4		4/1965 Feinwerkelemente; Schweißverbindungen
VDI 2251 VDE Bl. 5		8/1970 Feinwerkelemente; Klebverbindungen
VDI 3130		12/1965 Induktionsschweißen
VDI 3134		10/1962 Induktionslöten
VDI 3821		9/1978 Kunststoffkleben

DASt-Richtlinien

DASt 006	1/1980 Überschweißen von Fertigungsbeschichtungen (FB) im Stahlbau
DASt 007	Lieferung, Verarbeitung und Anwendung wetterfester Baustähle
DASt 009	4/1973 Empfehlungen zur Wahl der Stahlgütegruppen für geschweißte Hochbauten
DASt 011	2/1973 Hochfeste schweißgeeignete Feinkornbaustähle StE 460 und StE 690; Anwendung für Stahlbauten
DASt 014	1/1981 Empfehlungen zum Vermeiden von Terrassenbrüchen in geschweißten Konstruktionen aus Baustahl

DIN ISO

669	4/1982 Kenngrößen für Widerstands-Schweißeinrichtungen
693	10/1985 Rohlinge für Rollenelektroden; Maße
E 865	4/1983 T-Nuten in Platten für Buckelschweißmaschinen
1089	10/1985 Elektrodensitze für Punktschweißeinrichtungen
5182	4/1984 Werkstoffe für Elektroden und Hilfseinrichtungen für Widerstands-Schweißeinrichtungen
5183	4/1984 Punktschweiß-Elektrodenschäfte
5184	4/1984 Gerade Punktschweißelektroden
5821	4/1984 Punktschweiß-Elektrodenkappen
E 5822	4/1983 Punktschweißeinrichtungen; Kegellehrdorne und Kegellehrringe
E 5826	4/1985 Transformatoren für Widerstandsschweißeinrichtungen; Grundlegende Anforderungen an alle Transformatoren
E 5827	12/1985 Punktschweißen; Keilelektroden und Klemmstücke für Unterkupfer
5828	10/1985 Sekundär-Anschlußleitungen mit wassergekühlten Kabelschuhen für Widerstandsschweißeinrichtungen; Maße und Kennwerte
E 7284	12/1986 Widerstandsschweißeinrichtungen; Transformatoren mit zwei getrennten Ausgangswicklungen zum Vielpunktschweißen
E 7931	1/1987 Isolierkappen und -buchsen für Widerstandsschweißeinrichtungen

Weiterführende Literatur

Kapitel 2 und 3

Neumann, Herbert: Autogentechnik: Grundlagen-Ausbildung-Praxis Gasschweißen, Löten, Brennschneiden. Ehningen: expert-verlag, 1984.

Eichhorn, Friedrich: Schweißtechnische Fertigungsverfahren. Düsseldorf: VDI-Verlag, 1983.

Ruge, J.: Handbuch der Schweißtechnik. 4 Bände. Berlin, Heidelberg, New York, London, Paris, Tokyo: Springer-Verlag, 1980ff.

Spur, E. (Hrsg.): Handbuch der Fertigungstechnik. Band 5: Fügen, Handhaben und Montieren. München, Wien: Hanser Verlag, 1986.

Killing, Robert: Handbuch der Schweißverfahren. Teil I: Lichtbogenschweißverfahren. Düsseldorf: DVS-Verlag, 1984.

Killing, R. und R. Schäfernolte: Elektrotechnische Grundlagen der Schweißtechnik. Düsseldorf: DVS-Verlag, 1985.

Wunderlin, Alfred: Elektrotechnik in der Schweißpraxis. Ehningen: expert-verlag, 1987.

Wunderlich, Alfred: Die Verfahren der Schweißtechnik. Fachbuchreihe Schweißtechnik Band 55. Düsseldorf: DVS-Verlag, 1974.

Schellhase, M.: Der Schweißlichtbogen – ein technologisches Werkzeug. Düsseldorf: DVS-Verlag, 1985.

Neumann, Herbert: Schweißen mit Stabelelektroden. Ehningen: expert-verlag, 1985

Dorn, Lutz: Fügen und Thermisches Trennen. Plasma-, Elektronenstrahl-, Laserschweißen und -schneiden, Reib-, Diffusions-, Weltraum-, Unterwasserschweißen, Hochtemperaturlöten. Ehningen: expert-verlag, 1984.

Grünauer, H.: Reibschweißen von Metallen. Ehningen: expert-verlag, 1987.

Kapitel 4

Folkhard, Erich: Metallurgie der Schweißung nichtrostender Stähle. Wien, New York: Springer, 1984.

Strassburg, F.W.: Schweißen nichtrostender Stähle. Fachbuchreihe Schweißtechnik Band 67. Düsseldorf: DVS-Verlag, 1982.

Boese, U., D. Werner und H. Wirtz: Das Verhalten der Stähle beim Schweißen. 2 Bände. Fachbuchreihe Schweißtechnik Band 44.
Düsseldorf: DVS-Verlag, 1984

Lohrmann, G.R. und H. Lueb: Kleine Werkstoffkunde für das Schweißen von Stahl und Eisen. Fachbuchreihe Schweißtechnik Band 8. Düsseldorf: DVS-Verlag.

Klock, H. und H. Schoer: Schweißen und Löten von Aluminiumwerkstoffen: Fachbuchreihe Schweißtechnik Band 70. Düsseldorf: DVS-Verlag, 1977.

Dorn, Lutz u.a.: Fügen von Aluminiumwerkstoffen. Schweißen, Löten, Kleben. Ehningen: expert-verlag, 1983.

Dorn, Lutz u.a.: Schweißen von Baustählen und hochfesten Feinkornbaustählen. Ehningen: expert-verlag, 1986.

Seyffarth, P.: Atlas Schweiß-ZTU-Schaubilder. Fachbuchreihe Schweißtechnik Band 75. Düsseldorf: DVS-Verlag, 1983.

Kapitel 6

Aichele, G.: Kalkulation und Wirtschaftlichkeit in der Schweißtechnik. Fachbuchreihe Schweißtechnik Band 83. Düsseldorf: DVS-Verlag, 1985.

Kapitel 7

Hänsch, H.: Schweißeigenspannungen und Formänderungen an stabartigen Bauteilen – Berechnung und Bewertung. Fachbuchreihe Schweißtechnik Band 81. Düsseldorf: DVS-Verlag, 1984.

Neumann, A.: Schweißtechnisches Handbuch für Konstrukteure. 3 Bände. Fachbuchreihe Schweißtechnik Band 80. Düsseldorf: DVS-Verlag, 1983 ff.

Neumann, A. und K.-D. Röbenack: Katalog über Schweißverformungen und -spannungen. Fachbuchreihe Schweißtechnik Band 73. Düsseldorf: DVS-Verlag, 1979.

Sahmel, P. und H.J. Veit: Grundlagen der Gestaltung geschweißter Stahlkonstruktionen. Fachbuchreihe Schweißtechnik Band 12. Düsseldorf: DVS-Verlag, 1983.

Radaj, D.: Gestaltung und Berechnung von Schweißkonstruktionen – Ermüdungsfestigkeit. Fachbuchreihe Schweißtechnik Band 82. Düsseldorf: DVS-Verlag, 1985.

Dorn, Lutz u.a.: Schadensfälle und Fehler an Schweißbauteilen. Ehningen: expert-verlag, 1985.

Kapitel 8

Dorn, Lutz u.a.: Hartlöten – Grundlagen und Anwendung. Ehningen: expert-verlag, 1985.

Kapitel 9

Habenicht, G.: Kleben – Grundlagen, Technologie, Anwendung. Berlin, Heidelberg, New York, London, Paris, Tokyo: Springer-Verlag, 1986.

Kapitel 10

Menges, G.: Einführung in die Kunststoffverarbeitung. München, Wien: Hanser Verlag, 1979.

Schwarz, O. u.a.: Kunststoffverarbeitung. Würzburg: Vogel-Verlag, 1981.

Sachwortverzeichnis